特高含水油藏控水增油关键理论与技术

宋考平　黄　斌　董　驰　著

科学出版社

北　京

内 容 简 介

针对水驱油藏进入特高含水开发期后的动态特征，在Buckley-Leverett方程的基础上，提出水驱和聚合物驱前缘推进与剩余油饱和度预测的φ函数方法，以此为基础建立特高含水油藏无效低效循环水精细快速识别方法，提出控制无效水循环、增加油井产量和提高油藏采收率的关键技术。

根据分子动力学基本原理，提出聚合物溶液黏弹性是聚合物分子与原油分子摩擦力和撞击力的宏观表现。通过对比取心井岩心剩余油饱和度密度分布曲线，研究聚合物驱较水驱减低油层残余油饱和度的规律，提出聚合物交互降黏控水增油提高聚合物驱采收率的方法，并研发出相应的新技术。

分析新理论、新方法和新技术在油田现场应用的效果，展望特高含水老油田开发进一步控水增产及提高采收率的方向和理论技术的发展趋势。

本书可供油气田开发科研和工程技术人员、石油院校相关专业师生参考。

图书在版编目（CIP）数据

特高含水油藏控水增油关键理论与技术 / 宋考平，黄斌，董驰著. -- 北京：科学出版社，2024. 8. --ISBN 978-7-03-079142-9

Ⅰ. TE34

中国国家版本馆CIP数据核字第2024UQ7254号

责任编辑：焦　健　张梦雪 / 责任校对：何艳萍

责任印制：肖　兴 / 封面设计：无极书装

科学出版社出版

北京东黄城根北街16号

邮政编码：100717

http://www.sciencep.com

中煤（北京）印务有限公司印刷

科学出版社发行　各地新华书店经销

*

2024年8月第　一　版　开本：720×1000　1/16

2024年8月第一次印刷　印张：12 1/2

字数：292 000

定价：168.00元

（如有印装质量问题，我社负责调换）

前　　言

我国水驱老油田已相继进入含水率 90%以上的特高含水开发阶段，最具代表性的大庆油田，采出液综合含水已高达 95%以上，其中个别主力开发区含水已超 97%，距离 98%的技术界限只差不到 1 个百分点。随着含水率上升，水油比增速加快，无效水循环加重，相应吨油成本中的注水产液水电成本倍增，控制含水上升甚至降低含水率，成为油田有效高效开发的关键。水驱老油田除了含水率高以外，经几十年的水驱及化学驱，原油采出程度也已高达 30%～55%，可采储量采出程度达到 80%以上。尽管如此，地下仍滞留 190 亿 t 相对优质的巨大储量，其单位体积剩余储量高于低渗、致密、页岩油藏单位体积原始储量。在油藏剩余储量中，用细分开采、加密新井、压裂补孔等综合调整措施，较好地解决了油田开发层内、层间、平面三大矛盾中层间和平面两个矛盾。但层内矛盾因调剖、堵水措施在油层中作用范围小而基本没有解决，从而造成层内（特别是厚层）中上部垂向剩余油富集，占到总体剩余油量的 70%左右。由此可见，控制无效水循环和含水率上升，扩大驱油体系垂向波及体积、提高垂向驱油强度，应成为特高含水油田生产的主攻方向。

特高含水油田的情况，得到了国家自然科学基金、国家油气重大专项，中国石油天然气集团有限公司、中国石油化工股份有限公司、中国海洋石油集团有限公司以及大庆、大港、胜利、渤海等油田科技课题的支持。在大量国内外相关研究的基础上，以作者为核心的课题组，经多年理论、技术和工程实践的攻关，取得了相应的研究成果。本书选取作者部分有代表性的成果写作而成，内容包括特高含水油藏静动态特征分析、无效低效循环形成机理的研究、水驱无效循环精细快速识别方法建立、控水增油关键技术提出和聚合物驱交互降黏驱油理论与技术的研究等。

通过大量研究以及与油田现场科技、工程技术人员交流，分析生产一线实际资料等，我们体会到，国内特高含水油田开发已到了一个重要的历史节点，现有的理论和技术已难以满足油田生产的需要，国外也鲜有可借鉴的经验。考虑到国家石油能源安全与对原油生产的需求，以及对特高含水油田提高采收率必然有持续不断更高的要求，这就需要我们解放思想、开拓创新，瞄准油层内中、上部这最集中、最丰厚的剩余储量，开展先进且适用的理论和技术攻关，“不放弃、不退缩、不止步”，终将获得举世瞩目的采收率和产油量。基于此，在本书最后一章抛砖引玉，提出了特高含水油田进一步提高采收率的理论与技术展望，希望读者继续提出更好的想法，也欢迎与作者进行交流和讨论，以共谋特高含水油田的发展。

本书内容是作者和课题组成员在多位院士、油田企业和研究院所领导、专家的指导和支持下完成的，在此深表谢意！特别感谢东北石油大学和中国石油大学（北京）为课题攻关提供完备的实验条件，衷心感谢计秉玉、王渝明、王凤兰、王加滢、石成方、李保柱、李军、周新茂、王继强、张健、康晓东、唐恩高、韩培慧、隋新光、朱焱、梁文福、万新德、任刚、刘冰、李景、黄伏生、伍晓林、杜庆龙、姜振海、魏金辉、付青春、白振强、赵宇、黎政权、刘永胜、卢玉峰、李宜强、杨二龙、皮彦夫、卢祥国、王克亮、吴景春、丁伟、孙丽艳、王进旗、杨钊、夏惠芬、张继成、刘丽、刘今子、喻琴、宋立甲、谢坤、侯吉瑞、王代刚、蒋声东、付虹、郭虎、刘明熹、付洪涛等给予的指导、支持、帮助和做出的贡献。

由于作者水平有限，书中有不当之处，恳请读者不吝批评指正。

目　录

第1章　特高含水油藏静动态特征

水驱油田开发一般经历无水及低含水开发初期、中含水开发期、高含水开发期和特高含水开发期，特高含水开发期一般是指油田采出液中含水率达到90%以上的时期。而含水率高于95%之后，被称为特高含水后期，清华大学王沫然教授称此时期为水驱非常规开发期。我国陆上水驱老油田基本上均已进入特高含水开发期，大庆油田综合含水率已超过95%，其中喇嘛甸油田含水率已超过97%，距离含水 98%的传统技术界限不到 1 个百分点；我国海上水驱油田含水率也已到89%。特高含水油田基本上都已走过了几十年的开发历程，经过这样漫长的注水开发，普遍面临挖潜难度大、水油比上升速度加快、产量递减快和无效低效循环严重等问题。在此阶段，油田的水驱开发状况、动态特征及开发规律较之前已经发生了很大的变化，加之经过长期的注水开发，注入流体不断冲刷和剥蚀储层黏土矿物，油藏储层孔隙结构和储层物性发生了明显变化，进而影响流体在储层中的流动状态和渗流规律。流体流通通道增大或因堵塞而缩小，非均质性进一步增强，大量注入水沿着高渗透率地带快速突进到油井，造成平面沿高渗透带和主流线、垂向上沿高渗透部位和油层底部的低效、无效循环。油藏静态和动态特征具体表现和有关研究，综述如下。

1.1　特高含水油藏静态特征

随着特高含水阶段的持续开发，储层中的层内、层间和平面三大矛盾（朱丽红等，2015）异常突出，造成水驱波及面积降低，水驱的效果变差。如何对低效或者无效循环井、层进行综合治理，对高含水层位或者强水淹层位的吸水剖面进行有效调整，均需要对储层参数的变化规律进行深入研究和精准预测。油田普遍采用的油藏描述方法是通过传统的地震解释、层序划分、地质建模等方法（何善斌等，2022），利用静态的储层物性数据对油藏进行描述。这种描述是静态的，而油藏经过长期的注水冲刷，储层结构发生了很大变化（廖顺舟，2021），静态的油藏描述不足以定义经过后期变化的储层，而且考虑到储层的物性变化对开发效果的影响不容忽视，研究储层渗透率、孔隙度等物性参数随时间变化而对油藏描述进行改变是很有必要的。

1.1.1 储层参数时变演化机理

高含水油藏含水率持续升高，使油层中油水分布、油田开发状态及水驱规律都发生了很大变化（Li et al.，2022；李鑫等，2023；Zhang et al.，2023a）。对水驱储层参数演化规律的精准分析是油田未来开发方案制定和提高采收率技术实施的重要依据（黄义涛，2020）。

国内外大量学者通过岩石铸体薄片（鲍俊军和乌永兵，2019）、高压压汞（王羽君等，2022）、核磁共振（Xie et al.，2023）、扫描电镜（Zhang et al.，2023b）、测井资料分析（颜世翠，2023；郭京哲等，2023）等方法，构建网络可视化三维数字岩心技术（郭晶晶等，2023；王付勇和赵久玉，2022；Zhou et al.，2022a）和分形理论（Wang et al.，2023），对储层物性的孔隙结构、孔喉变化等进行定性、半定量和定量（魏真真等，2021）描述。采用恒速压汞实验法对毛管压力曲线进行测定，获取能够反映连通性、渗流能力和孔喉大小能力的参数，从而能够对储层的孔隙结构进行快速、准确的半定量研究。恒速压汞测试方法与常规压汞法有较大区别，该方法克服了传统压汞法存在的缺陷，对储层微观结构可以实现更准确的定量表征，应用范围也越来越广泛。

法国数学家 Mandelbrot（1982）提出了分形几何理论，为微观的储层孔隙结构研究和描述提供了新的方法和思路，Katz 和 Thompson（1985）首先把分形几何理论用于分析多孔介质内部的孔隙结构，而多孔介质的孔隙界面和多孔介质的孔隙空间都具有分形结构，并且许多国内外学者都提出，可以利用压汞数据再结合分形理论对不同数学模型的孔隙结构分形维数进行计算。针对长期注水开发后油藏储层动态实际变化情况，绝大多数研究者是通过取心资料和室内实验来描述储层经长期注水开发后结构的变化规律。对此问题开展深入研究，能够为适合岩石孔隙结构分析的分形理论方法起到推动作用。

三维网络孔隙空间通过孔隙和喉道彼此相互连通（孙东盟等，2021），对其研究能够更直观地获取储层微观孔隙结构和储层渗流特性的信息（Jing et al.，2020；Wu et al.，2021；汪新光等，2022；Zhao et al.，2022a；贺斌等，2023）。国内外许多学者多年来对三维孔隙网络模型的建立和孔隙结构数字岩心重构算法与技术等做了积极的探索，使三维孔隙网络模型得到了快速的发展和应用。以高精度CT扫描的数字岩心网络模型为基础的三维孔隙网络模型构建技术最具优势，成为研究储层微观结构未来的发展方向（庞惠文等，2021；巫旭狄等，2022）。由于技术条件、设备等的限制，国内在三维孔隙结构网络模型技术开发这一基础研究方面仍处于相对薄弱的状态，三维孔隙网络模型重构技术在储层微观评价方面的应用研究尚不多见，尤其是对长期水驱油藏储层微观非均质性变化规律的研究更为缺乏（Zhao and Yin，2021；Zhao et al.，2022a；李文浩等，2022）。

室内水驱试验、矿场取心资料分析表明，长期注水冲刷储层，会加剧储层的水淹程度，造成储层渗透率升高（王记俊等，2023）。张洪军等（2019）通过采用核磁共振、液测孔渗等实验技术，对注水前后的岩心进行矿物组成、物性、渗流特征的对比实验研究，得到了不同渗透率级别岩心的多项实验结果（邵晓岩等，2022；张启燕等，2022；Opuwari et al.，2022；Duan et al.，2022）。经研究表明，长期注水储层在强冲刷和高压作用下，其中黏土含量急剧下降，渗透率随冲刷时间的延续而增加，且储层物性条件越好，变化特征越明显（张吉磊等，2020；刘超等，2021；姚秀田等，2023）。与此同时，储层的非均质性加剧，导致开发过程中注入流体沿高渗带出现窜流（张国威，2021）。而孔隙结构在长期注水冲刷下也发生了一定的变化，其中储层矿物成分被剥落和运移，喉道随着矿物成分的减少而增大（Li et al.，2022a）。注入流体的继续冲刷，加剧了储层矿物被分解运移，加之缓慢的溶蚀作用形成了新的连通关系（陈明强，2021；李小彬，2021）。在油藏的一些特定部位形成了大于原始孔道几十甚至上百倍相互连通的大孔道，平均喉道半径增大，喉道个数增加（刘晓彤等，2021；罗超等，2019）。喉道的连通程度提高，同时渗透性增加，注入流体以此为主流线，沿此类通道流通，储层润湿性由初始的亲油转变成强亲水（Nemer et al.，2020；Chen et al.，2022）。

水驱过程的一系列演化，导致岩石润湿性的亲水性加强。油藏水驱后，利用岩石薄片扫描电镜技术分析敏感性对储层造成的损害，得知储层中的水敏性矿物吸水膨胀使孔隙结构被破坏（卢欢等，2019；Jin et al.，2021；Tan et al.，2021；Li et al.，2022b；Luo et al.，2022），破坏后剥离的黏土矿物颗粒随注入水流迁移，使大孔道更加通畅，小孔道更加细小，甚至可能被颗粒架桥堵塞，使大、小孔隙的差异加剧（戴建文等，2021；徐飞等，2023）。同时，水驱也使储层中黏土矿物成分、含量及其组合特征发生一系列演化，这种演化在导致储层孔隙结构及渗流强度改变的同时，也使储层敏感性、润湿性随之改变（熊山等，2019；Feng et al.，2021；Zhou et al.，2022b；Otchere et al.，2022）。这就是储层随注水时间发生一系列变化的时变性（姜瑞忠等，2016；Kai et al.，2020；王少椿等，2023）。

综上所述，国内长期注水开发油田的大量监测资料和室内模拟实验，证实了在油田高含水开发阶段，储层孔喉结构和渗透性等物性发生了很大变化。利用X射线衍射技术对储层水驱前后矿物成分进行分析，以此评价冲刷作用对岩石矿物成分的影响。利用核磁共振技术对水驱前后岩心进行扫描，分析孔喉变化特征，证明长期水驱后特征规律明显区别于开发前期。考虑物性变化的时变性，能够对储层进行更加精准的描述，从而更好地制定水驱后化学驱的高效开发模式。但是由于研究过程基于实验结果和理论推导，缺乏实际动态特征方面明确的机理认识，并且影响储层物性变化因素的复杂多变，储层物性参数时变机理有待进一步深入研究。

1.1.2　储层参数时变演化规律量化表征

储层物性参数是从宏观层面来描述储层的结构和特征，其中储层的结构发生变化决定着储层中物性参数的变化（姚振杰等，2021；张金冬等，2022；朱敬梅，2022）。储层参数的解释在油藏描述中占有重要地位，而建立精确的储层参数模型是进行储层非均质性研究的关键。近几年来，许多研究人员利用测井数据分析、室内实验、生产动态测试及数值模拟进行储层物性变化研究，从不同方面、不同程度证明了储层中的渗透率、孔隙度等随着注入水量的增加而发生不断的变化（李金宜等，2021；郭红鑫等，2022；Qi et al.，2022；Cao et al.，2022）。储层参数变化的分析包括两个方面：一方面通过测井解释对参数的评价，研究储层物性在不同开发阶段的变化特点，建立储层物性参数随着时间变化的规律（朱绍鹏等，2010；赵迪斐等，2014；安纪星等，2017；许璟等，2023），解释储层渗透率、泥质含量、孔隙度等储层定量参数随时间变化的规律，进而对不同开发阶段的演化特点和演化模式进行解释；另一方面通过室内压汞实验和岩心驱替实验交替进行的测试分析（上官禾林，2014；陈科等，2021；柴晓龙等，2022），研究岩心样品在不同水驱驱替倍数下储层物性宏观演化模式，通过室内物理模拟实验给出的结论是储层经过长期注水冲刷后，流体的相对渗透率曲线、储层孔隙度、渗透率等均发生了显著变化，在长期的注水开发中，需要根据储层参数的变化实施合理的生产措施。

油藏数值模拟（Zhang et al.，2015；付强等，2020；谭龙等，2021）是可视化定量描述储层中剩余油分布的一项较为成熟的技术。经过几十年的发展，油藏数值模拟技术同时也可应用于储层物性参数等方面的研究，并在各大油田广泛应用。基于油藏数值模拟的基本原理、数学模型及数值求解方法，在描述多维非混相流体的运动规律中得到广泛应用，计算数学在油藏动态描述中也被成功地应用（张烈辉等，2017；李继强等，2018；王君如等，2020），数学方程被成功应用到不同驱动方式流体渗流规律研究和地层流体渗流模拟研究中（黄延章，1997；肖曾利等，2007；朱维耀等，2008；张晓亮等，2014）。通过计算对油田开发方案进行优选，进而使油藏的数值模拟技术得到逐步发展和完善，并使数值模拟技术得到更为广泛的推广和应用。

随着油气田开采技术的迅速发展，我国在油藏数值模拟方面进行了更加深入的研究，低精度的数值模拟模型已经无法满足实际油田开发的需要。利用数值求解方法（肖阳等，2005；张戈等，2008；黄迎松，2019）将偏微分方程离散后进行数学运算，计算出每个油藏区域坐标点上的压力、饱和度等。虽然对近似值处理的数值模拟方程存在一定误差，但得到的近似解能够较真实地反映储层参数在复杂地层条件下的变化规律。时至今日，各国学者对于数值模型及其求解方法进行了大量的改进和创新，使油藏数值模拟理论和技术更加成熟。

王正茂等（2004）通过考虑体积应变现象、骨架砂剥离情况、可动砂在孔隙中的沉积对储层各项物性参数的影响，建立了出砂储层物性参数的动态模型，利用有限元方法求解了岩土平衡方程，并对数值模拟模型运用有限差分法进行求解，将二者结合求得了数学模型的数值解。刘伟（2004）对驱油过程中堵剂物理特性进行了综合考虑，建立了地层与储层内流体及冻胶类堵剂之间关系的局部加密网格多轮次调剖渗流模型，采用行索引存储方案和预处理双共轭梯度算法进行了模型求解。姜汉桥等（2003）通过研究压力与渗透率的指数增长规律，利用边界元法得出油藏内相关点的压力，并采用正则摄动法，建立油藏双重介质的任意形态应力敏感性不稳定渗流模型。张允和薛亮（2012）对致密油藏数值模拟模型进行有限元离散，利用三角形网格和离散连续介质划分油藏区域，进而提高了模型的精度。

油藏数值模拟在于处理非线性方程的数值解，而对于非线性偏微分方程求解的数值近似方法包括有限差分法和有限元法、有限体积法等。

有限差分方法是应用最早的油藏数值模拟方法（李江涛等，2019；欧伟明，2019；魏帅帅等，2020；张娜等，2023），至今仍被广泛应用。将每一个网格划分为单独的求解区域，每个求解区域的网格用独立的节点来表示，有限差分法利用泰勒（Taylor）级数展开，将每一个控制方程的导数用每一个节点的差商值来代替，对方程进行离散化处理，从而建立代数方程组。该方法直接将微分问题转变为代数问题的近似数值解，表达形式简单，是发展较早且比较成熟的数值计算方法。

有限元方法的基础是加权余量法和变分原理（张伟，2015；马俊修，2016；高中亮等，2023），其求解思路是把求解区域划分为有限单元，但每个单元形状不一，选择合适的节点将每个单元作为求解函数的插值点，将微分方程改写成插值函数的线性表达式，借助于加权余量法或变分原理，将微分方程离散求解。

有限体积法又称为控制体积法（李昂等，2017；唐绪川，2017；唐潮等，2018；赵立安等，2020）。利用计算流体力学中的思路，将每一个计算区域划分为单一的控制体，网格周围是独立存在的单一控制体，对每一个控制体进行积分，得出一组离散方程。因变量在网格点上的数值是未知数，通过对控制体积的积分进行求解，对网格点之间的数值变化规律进行假定，从而对方程进行求解。

利用有限差分法求解微分方程，叠加有限差分网格，利用网格系统离散方程

（王志东等，2003；吴巍等，2010），采用点中心网格、径向网格和块中心网格等结构化网格，其概念明确、方法简单。但存在对于边界的复杂处理较为困难、求解精度偏低和网格取向性严重等缺点。在处理偏微分方程中，有限元方法有较高的计算精度，易于复杂边界的处理，将油藏连续的模拟空间离散为多个单元的有限组合体，由于相互连接方式和本身形状的变化，可以模拟复杂几何形态的储层。并利用片分法将全域上的函数未知场由每个单元内近似差值的函数来表示（胡绿慧，2006；张允，2008；曹成，2014；权景明，2016），最后通过整体叠加方法进行组装求解。对于复杂边界和提高网格的有效利用率，采用有限元方法建立流动方程的数值计算方式存在明显优势，避免了全域近似函数的直接构建，同时能够高精度地处理偏微分方程，并对油藏含有复杂边界区域进行整体剖分。

在国内外油藏数值模拟的运用中，普遍认为油田注水开发过程中的储层物性参数（如相对渗透率、渗透率、润湿性等）不发生变化，储层中的原油黏度只会随着储层压力的变化而改变，也没有考虑储层物性参数对开发效果的影响。同时，常规的数值模拟没有充分考虑流体性质和岩石性质经长期注水冲刷所发生的改变，造成数值模拟的精准度与实际偏差严重。尤其是油田进入高含水开发阶段，储层流体和岩石性质都会发生很大的变化。

1. 分段时变模拟技术

目前，针对油田开发过程中流体和岩石参数的变化，通常采用分段的数值模拟方法（吴湘，1998；盖英杰等，2000；高博禹等，2004；张佳悦，2008），利用分阶段建立的流体模型和地质模型进行模拟计算，计算结果对比储层物性参数不变的数值模拟来说精准度更高，也更加符合实际储层的开发情况。依据储层的开发历程，将经过长期历史开发的储层分为几个模拟阶段，根据不同开发阶段的地质资料和动态开发资料，建立不同阶段的地质模型和动态模拟模型（黄鹤，2008；向进，2017；徐文斌，2020；Huang et al.，2022），进行分阶段的数值模拟研究。分段模拟能够考虑流体参数和储层岩石在开发过程中的变化问题，但由于分段模拟法对于处理数据的不连续性，同时受分段数量的限制，描述的变化点具有起伏跳跃性，对于储层的演化过程得不到较好的描述。油藏的开发过程也可以划分为四个生产阶段，分别为弹性生产阶段、稳定生产阶段、注水开发生产产量递减阶段以及开发措施调整生产阶段（陈淦，1991；Li et al.，2023a）。对于不同的生产阶段，储层的物性参数变化规律也不尽相同，而物性的变化结果直接影响着数值模拟的结果。在弹性生产阶段，依据测井资料和取心井资料建立三维地质模型，通过地质模型的属性建模得到数值模拟的各项参数，结合储层的油水分布特性建立弹性生产阶段的数值模拟静态模型，通过对模型的含水率、产油量、产水量等动态参数的历史拟合（王塞塞，2019；李威等，2021；李平等，2021；卢异等，2022），将弹性生产阶段模型计算结果输出，输出数据作为初始的水驱稳定生产阶段的数值模拟模型。结合储层流体和岩石性质等参数变化规律，建立稳产阶段的数值模拟模型。采取上述方法，依次对水驱开发产量递减阶段和开发措施调整阶段进行数值模拟模型的建立。分段模拟的方法虽然可以很好的解决储层开发过程中流体和岩石性质的变化问题，但是得到的储层参数变化数据是不连续的，对模拟结果的描述也不够准确。

2. 基于含水率的时变模拟技术

储层参数随时间变化的时变数值模拟模型（崔传智和赵晓燕，2004；杨宏伟等，2015），能够对储层参数变化规律进行连续性的表征。在油藏注水开发过程中，储层物性参数随着开发时间的延续发生较大变化。在开发阶段中，不同储层的物性、含油性以及岩性等参数具有不同的变化特征。在物性相对静止的开发初期，储层注水开发内部结构不发生大的变化。但经过长期的注水冲刷，储层进入中高含水及特高含水阶段，储层中的物性、含油性和岩性等特性发生了相对改变（李欣宇，2016；吴徐鹏，2018；梁正中等，2022）。通过对取心井岩心资料统计分析看出，随着注水开发的不断推进，从低含水期到中高含水期再到特高含水期，储层中粒度值、孔隙度和渗透率都相应增大，其中渗透率的改变尤为明显。储层中的束缚水饱和度、泥质含量都有所降低（谭礼洪等，2022；Li et al.，2023b）。另外，油田在水驱开发过程中，储层经过长期水洗，原油性质也发生了很大变化。建立储层物性参数随时间变化而改变的数值模拟模型，能够更加准确地对油田开发过程中动态参数的变化规律进行预测，为开发方案的调整及优化提供可靠的理论支撑。但在储层中有可动水存在的情况下，特别是油田储层含水率不发生变化而冲刷量不断增加的高含水开发阶段，含水率无法精准地对储层参数变化进行表征。

3. 基于含水饱和度的连续时变模拟技术

考虑到分段时变的局限性，利用水驱强度对含水饱和度的影响，来进一步表征储层物性变化的时变连续性（姜瑞忠等，1996；金忠康等，2016）。利用室内实验数据和现场动态数据分析，获得相渗曲线、渗透率与含水饱和度变化的关系，利用含水饱和度随时间的变化通过水驱强度进一步表征储层物性变化以实现储层物性参数的连续时变。对室内实验结果和现场实际数据进行综合分析，获得含水饱和度、渗透率和相渗曲线的时变规律，进而研究分析储层物性参数时变对开发效果造成的影响。该方法相较于分段时变模拟更加连续客观，但含水饱和度易受开发制度的影响而产生跳跃现象，致使水驱强度表征出现一定偏差，此外，渗透率的方向性时变规律无法得到有效体现。

4. 基于注水冲刷倍数的连续性时变模拟技术

此方面，是利用现场数据和实验数据回归出渗透率和注水冲刷倍数的函数关系，改进常规黑油数学模型，实现基于冲刷倍数的连续时变模拟技术，同时综合分析时变数值模拟对平面和纵向剩余油分布的影响。赵寿元（2009）进一步完善了时变技术，综合考虑了渗透率、润湿性和原油黏度随冲刷倍数的变化特征，将研究参数导入到时变数学模型中，考虑的时变参数较为全面，模拟结果也更加准确；刘显太（2011）综合分析了孤岛油田渗透率、相渗曲线与注水冲刷倍数之间的关系，并在自研软件中加入物性时变模拟功能，更准确地认识特高含水期油藏剩余油的变化特征，为开发后期孤东油田井网调整提供有力的技术支持。

基于注水冲刷倍数的连续时变模拟有效克服了含水率和含水饱和度时变方法无法表征水驱强度方向性的缺陷，但冲刷倍数为相对值，它随参照物的变化而变化。因此，在数值模拟中易受网格划分的影响，即油藏同一区域不同网格划分方法，得到的冲刷倍数不同，造成模拟结果稳定性较差的局面。

5. 基于面通量的连续性时变模拟技术

面通量即单位截面积下累计通过的水量。姜瑞忠等（2016）考虑到冲刷倍数的不足，开创性地将面通量引入时变数值模拟中，综合分析面通量相较于冲刷倍数的优势，总结面通量与渗透率和相渗曲线之间的时变关系，进一步改进连续时变数值模拟技术（张旭等，2017；翟上奇等，2019；李威等，2021），但时变参数考虑尚不全面，还需进一步完善。同时面通量表征的是网格截面的冲刷量，而实际冲刷是在孔隙空间中进行的，该参数在一定程度上削弱了水驱强度的作用，且在相同注入量下，对于不同孔隙度的同尺寸岩心，其面通量均一样，无法区分水驱强度的差异，仍需进一步进行改进和完善。

通过大量文献调研，认为储层经过长期注水开发后，储层的物性参数发生了很大变化，这些变化都将对开发方案的制定和开发方案的调整等产生影响。目前，对油藏注水开发特高含水期储层物性参数变化规律和机理的研究多限于简单的资料统计和规律总结，没有考虑储层参数随时间的变化规律。而将时间概念引入到储层参数变化的研究中，不但能准确描述动态参数的变化规律，还可更加准确地预测未来开发过程的参数变化，为特高含水后期开发方案的制定和实施提供可靠的理论支撑。

1.1.3　特高含水油藏储层时变规律

1. 水驱储层矿物成分的变化

注水形成的高渗渗流通道一般是油藏中油层内的某一部位，是渗透率较相邻部位的渗透率高出多倍的渗流通道，大多数高渗渗流通道出现在油藏开发前原始渗透率较高、成岩演化程度较低、胶结程度较弱的部位。由于长期的注采井对的连通关系，其在平面上通常具有方向性，在形成高渗渗流通道后，油藏的开发动态以及该部位的地质特征具有明显变化。此处通过对取心井岩心室内模拟试验，分析储层长期冲刷后物性参数的变化规律。

电子计算机断层（computed tomography，CT）扫描、岩石铸体薄片等技术能直观观测岩石或填隙物的成分及含量的变化特征，并可直观观察岩石骨架及孔喉网络等的变化情况，便于分析岩石骨架及孔喉在长期水驱流体作用环境下发生的变化规律。黏土矿物 X 衍射分析可定量分析水驱前后岩样的黏土矿物成分及相对含量和总含量等参数，间接反映孔喉网络的变化特点。

东北石油大学提高采收率课题组，选取处于特高含水开发阶段的 GD 典型区块 G1、G2 井的岩心，采用气测法测量渗透率（$748\times10^{-3}\mu m^2$、$1496\times10^{-3}\mu m^2$），分别注水 10PV、100PV、500PV、1000PV①，测定长期水驱后注入水体积对储层物性变化的影响。经 X 射线衍射测定组成成分分析，结果如表 1.1 所示。

表 1.1　矿物组成对比表　　（单位：%）

时间	岩心编号	钾长石	斜长石	石英	方解石	黏土矿物
驱替前	G1	15.93	31.25	33.06	7.75	12.01
	G2	16.86	30.32	33.38	6.25	13.19
驱替后	G1	15.25	30.23	38.45	7.07	9.00
	G2	16.01	29.15	40.01	5.60	9.23

由全岩矿物测试结果统计可知，研究区块储层岩石成分主要由钾长石、斜长石、石英、方解石、黏土组成，其中石英含量最高，G1、G2 含量分别为 33.06%和 33.38%；其次为斜长石，含量分别为 31.25%和 30.32%；钾长石含量分别为 15.93%和 16.86%；黏土矿物分别为 12.01%和 13.19%；方解石含量分别为 7.75%和 6.25%。

对 G1、G2 岩心进行了水驱前后 X 射线衍射矿物组成对比分析，由矿物组成

① PV 为 pore volume，孔隙体积，1000PV 即为 1000 倍的孔隙体积。

表 1.1 可知，对比 G1、G2 水驱前和水驱后黏土矿物含量变化，G1 黏土矿物含量由 12.01%降至 9.00%，降低了 3.01 个百分点；G2 黏土矿物含量由 13.19%降至 9.23%，降低了 3.96 个百分点。水驱前后对比发现，黏土矿物降低幅度较大，其主要原因是：黏土矿物在地层水冲刷过程中不断发生膨胀、剥落、破坏等，使得黏土矿物含量大幅度下降。对比 G1、G2 的结果发现，渗透率越高，长期水驱后矿物成分流失越多。

通过 X 射线衍射图谱，分析试验样品的黏土矿物组成。

基于 X 射线衍射图谱分析：对比了 G1、G2 岩心水驱前后的黏土矿物组成，由矿物组成（表 1.2）可知，水驱后 G1 高岭石含量由 33.06%降至 29.82%，降低了 3.24 个百分点；G2 高岭石含量由 34.62%降至 30.52%，降低了 4.1 个百分点；G1 绿泥石含量由 41.69%降至 39.87%，降低了 1.82 个百分点；G2 绿泥石含量由 40.98%降至 38.96%，降低了 2.02 个百分点。从下降幅度可以看出，高岭石含量变化幅度最大，其次是绿泥石。分析认为降低的主要原因是：在水驱过程中，各种黏土矿物长期遭到地层水的冲刷，不断发生膨胀、破坏、剥落，造成了各种黏土矿物含量降低。但因各种矿物性质不同，所以在水驱过程中矿物含量降低程度有所不同。例如，高岭石的附着性质差，在流体作用下易发生脱落、破碎，进而随流体进行运移。通过 G1、G2 分析，随着渗透率的升高，黏土矿物组成流失成分增多。

表 1.2　黏土矿物组成对比　　（单位：%）

时间	岩心编号	高岭石	绿泥石	伊利石	伊/蒙
驱替前	G1	33.06	41.69	15.02	10.23
	G2	34.62	40.98	14.95	9.45
驱替后	G1	29.82	39.87	14.86	15.45
	G2	30.52	38.96	14.23	16.29

2. 高倍水驱实验研究

在油藏长期水驱开发过程中，由于水驱对孔喉内弱胶结颗粒的冲刷作用，具有较大孔喉直径的高渗透油藏的渗透率有增加的趋势，而中低渗有降低的趋势；大量岩心水驱实验表明，岩心渗透率与水驱孔隙体积倍数（PV 数）呈对数关系（杜庆龙和朱丽红，2004）。

为了进一步加深研究天然岩心长期注水冲刷前后的驱替特征，明确经历高倍水驱前后的水驱效果，开展了高倍水驱效果测定实验及相对渗透率测定实验，分别对不同渗透率级别的天然岩心水驱 2000PV，分析驱替前后孔喉和渗透率的变化。

高倍水驱前的岩心饱和模拟地层水后称重，通过干重、湿重的质量差确定每块岩心的孔隙体积以及孔隙度，使用模拟油进行饱和后记录最终出水量，通过最终出水量确定出含油饱和度，计算结果如表 1.3 所示。

表 1.3　高倍水驱前岩心孔隙度及含油饱和度

样品编号	孔隙度/%	渗透率/$10^{-3}\mu m^2$	含油饱和度/%
43-1	19.30	3.60	59.76
165-2	20.77	21.12	62.16
574-2	24.73	131.51	65.53
236-1	26.86	386.76	73.60
504-3	27.12	700.20	75.47
608-1	29.92	978.38	77.74

高倍水驱（2000PV）后的岩心经过洗油后，干燥 2h 并再次测定渗透率。饱和模拟地层水后称重，通过干重、湿重的质量差确定每块岩心的孔隙体积以及孔隙度，使用模拟油进行饱和后记录最终出水量，通过最终出水量确定出含油饱和度，计算结果如表 1.4 所示。

表 1.4　高倍水驱（2000PV）后岩心孔隙度及含油饱和度

样品编号	孔隙度/%	渗透率/$10^{-3}\mu m^2$	含油饱和度/%
43-1	17.96	3.0	58.76
165-2	20.07	18.3	61.10
574-2	25.18	121.9	64.19
236-1	27.25	372.8	72.07
504-3	27.67	749.8	73.87
608-1	31.19	1073.7	75.79

记录高倍水驱前的岩心驱替过程中每 2min 时刻的压力、出水量、出油量，通过驱替过程的压力数据、出水量及出油量绘制驱替特征曲线，结果如图 1.1～图 1.5 所示。

高倍水驱实验得出：岩心渗透率与渗透率变化率成对数关系、岩心孔隙度与孔隙度变化率成对数关系、岩心渗透率与水驱 PV 数成对数关系。

根据实验室测试数据可得：渗透率以 300mD①为界限，高渗的天然岩心渗透率会增大，而低渗天然岩心会减小。

① $1mD=10^{-3}\mu m^2$。

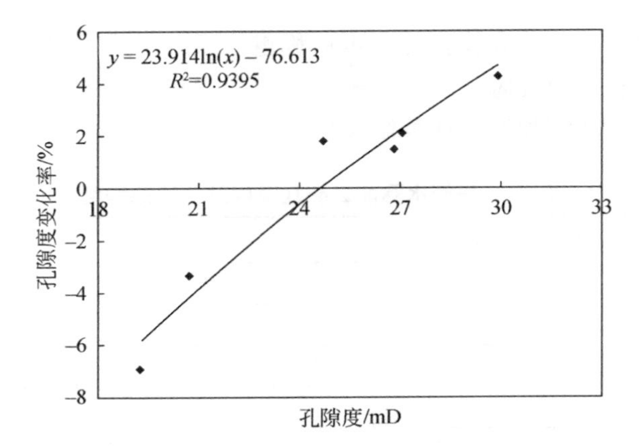

图 1.1　不同渗透率高倍水驱后孔隙度变化率

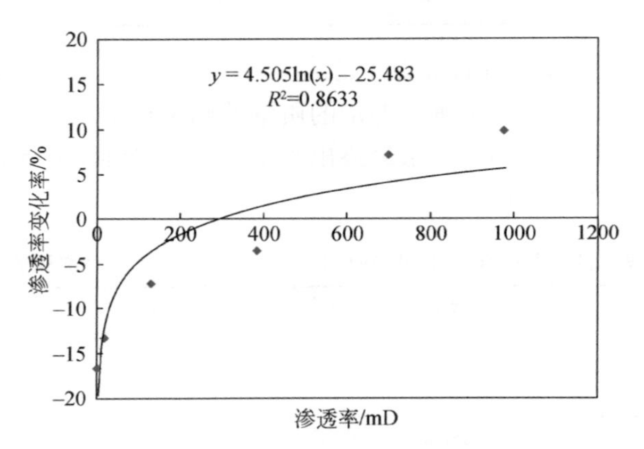

图 1.2　不同渗透率高倍水驱后渗透率变化率

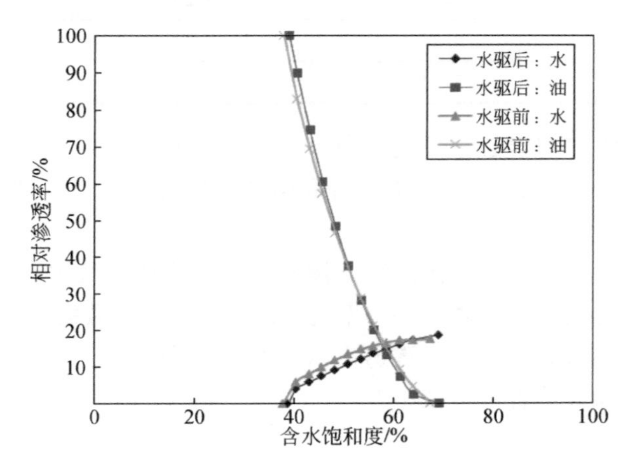

图 1.3　20mD 高倍水驱前后相渗曲线

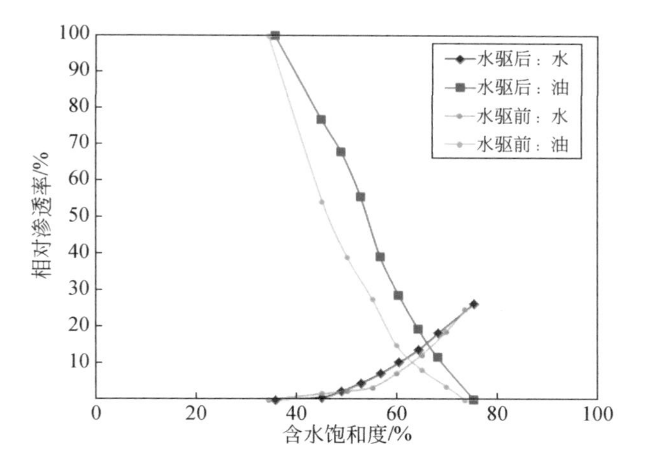

图 1.4 120mD 高倍水驱前后相渗曲线

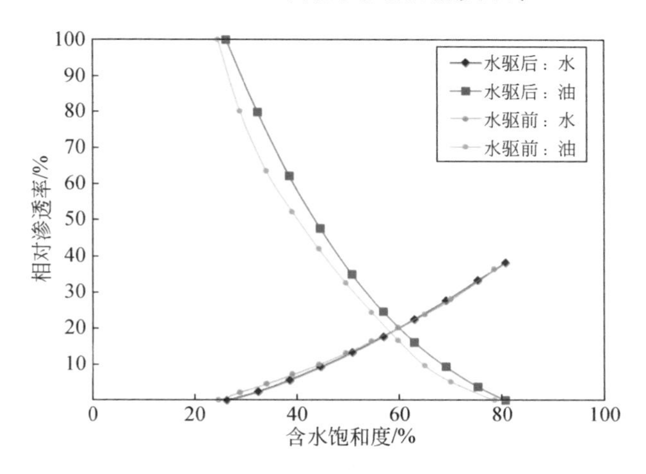

图 1.5 700mD 高倍水驱前后相渗曲线

综上所述，在注水初期，岩心中微小颗粒逐渐发生运移，导致渗透率升高幅度较大。中、高渗透率的岩心胶结相对疏松，岩心中的弱胶结微粒随注水量的增加，逐渐被冲散并发生运移，一定程度上产生了高渗渗流通道，促进了微小颗粒通过储层孔隙介质，使渗透率增大；而渗透率较低的孔喉，由于运移颗粒的堵塞，使渗透率进一步降低。

高倍水驱后，油水两相相对渗透率向右偏移，随着天然岩心渗透率增大，水相相对渗透率增加；经过高倍水驱后，油相相对渗透率相较于水驱前增加，残余油饱和度向右偏移 1～3 个百分点；高倍水驱后，水相相对渗透率增加较为明显，平均增加 2 个百分点左右。

1.2 特高含水油藏动态特征

1.2.1 产水及含水上升速度

以大庆油田为例，研究特高含水油田的动态特征。自 2004 年大庆油田含水率达到 90%以后，我国陆上和海上水驱老油田陆续进入特高含水开发期，作为大庆油田主产油区的长垣喇油田、萨油田、杏油田，到 2021 年底，采出程度已到 52.83%，综合含水率已达 95.92%（图 1.6），其中喇嘛甸油田综合含水率已达 97.2%。

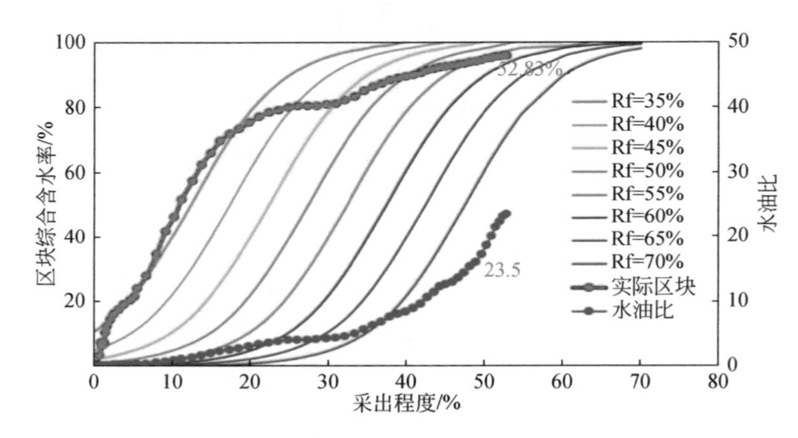

图 1.6 大庆长垣含水-采出程度变化曲线

Rf 为最终采收率

从大庆长垣投产到目前含水率-采出程度变化规律来看，在进入高含水后期（80%）之前，含水上升率较高，含水率在 80%左右有一段增长缓慢的时期，水油比也处于低值。但采出程度进入 30%之后，含水上升速度又明显加快，采出程度进入 40%之后尽管含水率增速较低，但增长趋势是直线，水油比急剧增加。

特别是聚合物驱（简称聚驱）结束的区块含水率更是高于此值，无效循环在不断加剧（表 1.5）。这也预示着一类和二类油层化学驱，虽然为油田高产稳产和提高采收率作出了巨大的贡献，但化学驱结束进入后续水驱后含水率的增长速度会远远高于同期水驱的油层，并将迅速进入无效水循环阶段，而且这些产液量占比高的一、二类油层的无效水循环会对整个油田的有效开发带来巨大的困难，甚至危及整个油田的持续发展。

表 1.5　大庆油田典型区块 2021 年 5 月不同层系无效循环情况

井网	投产时间	井网数据				无效循环							
		生产油井数/口	月产液/万 t	月产油/万 t	月产水/万 t	生产油井数/口	井数占比/%	月产液/万 t	液量占比/%	月产油/万 t	油量占比/%	月产水/万 t	水量占比/%
基础井网	1971 年	155	39.93	1.22	38.71	34	5.08	7.44	7.06	0.16	4.84	7.28	7.13
四条带	1989 年	69	5.27	0.28	4.99	13	1.94	1.20	1.14	0.02	0.70	1.18	1.15
加密井网	1996 年	152	21.91	0.86	21.05	27	4.04	3.10	2.95	0.07	2.08	3.03	2.98
萨零组	2008 年	22	2.19	0.07	2.12	9	1.35	0.86	0.82	0.02	0.59	0.84	0.82
蒸汽驱井网	2009 年	20	3.56	0.12	3.44	2	0.30	0.10	0.10	0.00	0.07	0.10	0.10
聚驱井网	2011 年	251	32.47	0.78	31.69	180	26.91	23.57	22.38	0.41	12.37	23.16	22.70
合计		669	105.33	3.33	102.00	265	39.62	36.27	34.45	0.68	20.65	35.59	34.88

注：判定条件为油价 57 美元/bbl①，吨液费 60 元，日开井费 202 元。

同时，含水率的上升将给油田带来越来越大的经济效益压力。按照注水和产液电费 20 元/m^2 计算，含水 99%时吨油电费是 2000 元，含水 99.5%时吨油电费则是 4000 元(约 80 美元/bbl)，含水 99.75%时吨油电费则是 8000 元(约 160 美元/bbl)。因此，控制含水上升速度是确保油田持续稳产和经济高效开发，乃是油田生命期长短的关键。按照百年油田建设的目标，以含水率 98%为限，则要求油田综合含水率上升至少每 10 年不能超过 1 个百分点。

综合考虑技术经济指标判定，大庆油田典型区块到 2021 年 5 月无效水循环占总产水量的比例为 34.88%，无效循环井比例为 39.62%，但对这两项指标的贡献主要来自聚驱井网的后续水驱，分别是 22.7%和 26.91%，如表 1.5 所示。

从进入特高含水后期油田这种含水率上升缓慢，但水油比增速显著加快的现象可以看出，含水率高于 95%以后，即使含水率有小幅上升，也会导致水油比的急剧增加，而且水油比的增加速度更快。例如，含水率从 90%增到 91%时，水油比从 9 增加到 10.1，增加不明显；但当含水率从 97%增加到 98%时，含水率同样增加 1 个百分点，但水油比却从 32.3 增加到 49；当含水率从 98%增加到 99%时，水油比则更是从 49 增到 99，增加了 1 倍以上，由此引起的原油单位生产成本将大幅度增加。从这一角度来看，即使到含水率 98%以后油田生产仍然有一定的效益，但突破这一技术界限之后，由于水油比成倍增加，油田生产很快进入无效循环阶段。

① 1bbl=1.58987×$10^2$$dm^3$。

1.2.2　含油饱和度分布

特高含水期后，剩余油饱和度分布更加零散，特别是聚合物驱之后，聚合物波及到的区域剩余油饱和度降幅明显，水驱难以动用的区域，聚合物驱仍然难以波及，高低渗透层和油层部位剩余油饱和度的差值更大。图 1.7、图 1.8 所示的相距 30m 两口聚驱前后密闭取心井剩余油解释结果表明：聚驱大幅度降低了渗透率较高、水驱后剩余油多的 PI2 油层的含油饱和度；渗透率最高的 PI3 油层在聚驱前水驱阶段已是强水洗，聚驱后剩余油饱和度降低不明显，出现无效循环；渗透率低的 PI4 油层，聚驱前后剩余油饱和度基本无变化，说明聚驱未波及到。

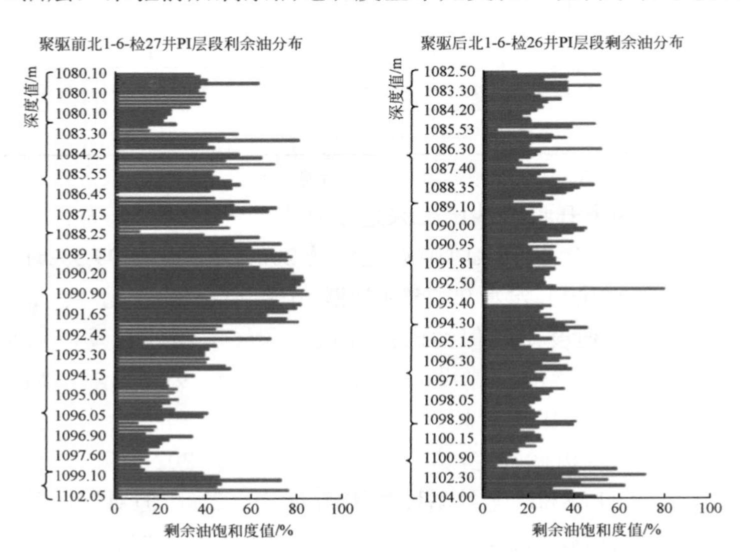

图 1.7　同井场密闭取心井垂向剩余油饱和度

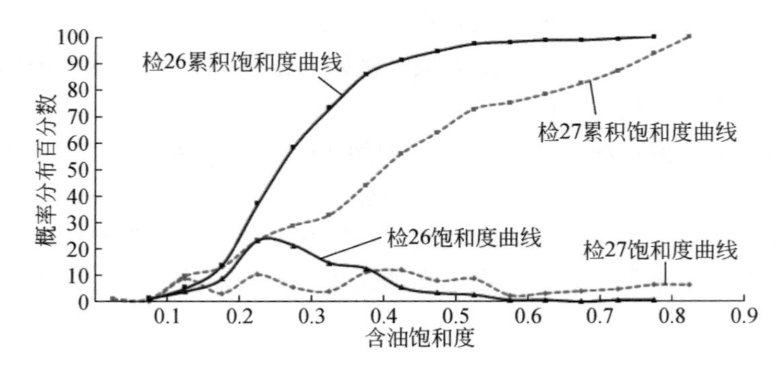

图 1.8　同井场密闭取心井垂向剩余油饱和度密度分布

1.2.3　原油采收率

在实际油田中，标定采收率的方法一般用童氏图版法（图 1.9）、驱替特征曲线法、数值模拟法等。

童氏公式：$\lg\left(\dfrac{f}{1-f}\right)=7.5(R-R_{\mathrm{m}})+1.69$

式中，f 为含水率；R 为采出程度；R_{m} 为采收率，均为小数。

但油田进入特高含水期后，部分区域、油层在不同驱油方式下，采出程度已高于传统方法标定的采收率。

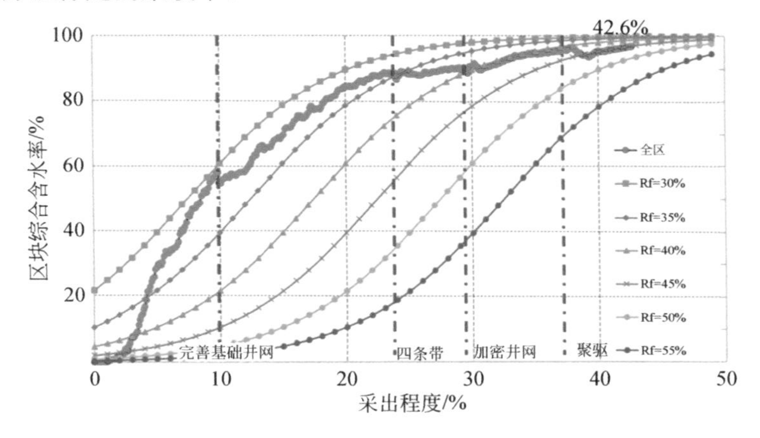

图 1.9　大庆油田萨北过渡带采收率预测曲线（大庆油田萨北过渡带童氏图版）

北过渡带整体童氏图版特征：曲线平稳，采收率偏向 50%

如表 1.6 所示，大庆油田水驱后标定采收率是 40%左右，但聚驱后采出程度已远远高于标定的采收率值。截至 2021 年 12 月，大庆油田已开展聚合物驱工业化区块中，有 72 个区块进入后续水驱阶段，进入后续水驱储量 8.76 亿 t，聚驱后采出程度已达 57.6%，比聚驱后标定的采收率 52%高出 5.6 个百分点，含水率达到 98%时，最终采收率将会更高。这里有聚驱注入方案动态优化调整、综合调整配套措施提高采收率的因素，也应该有传统提高采收率预测方法不适应特高含水后期以及聚驱后水驱情况的问题。

表 1.6　大庆油田聚驱统计表

油层类型		区块数/个	油井数/口	水井数/口	地质储量/万 t	剩余储量/万 t
一类油层	聚驱	19	1928	1479	9350	—
	后续水驱	50	4505	3789	65897	28138

续表

油层类型		区块数/个	油井数/口	水井数/口	地质储量/万 t	剩余储量/万 t
二类油层	聚驱	21	3714	3184	17218	—
	后续水驱	22	2711	2420	21699	9005
合计		112	12858	10872	114164	37143

1.2.4 特高含水期驱替特征

利用水驱规律曲线研究油田含水、采出程度等预测动态指标，属于经验统计方法的范畴。这种方法是利用油田开采中的实际生产资料，分析认识含水的规律，把握各开发指标之间的内在联系，提出对含水规律、注采量的定量认识。确切地说，将有关参数在一定坐标系下建立起很好的直线关系，保证经验方面对预测指标的可靠性，从而为指定油田规划提供可靠依据，具代表性的方法有以下几点。

1959 年，苏联的 M.K. 马克西莫夫认为在水驱油田末期对一个层系而言，累积产油量（NP）和累积产水量（WP）之间存在着一种统计关系，之后发展出了一系列的水驱特征曲线表达式及曲线，包括马克西莫夫-童宪章水驱曲线、张金庆广义水驱特征曲线、俞启泰广义特征曲线等。

驱替特征法对岩石和流体物性中等的油田是适用的，并且含水率随采出程度变化规律呈 S 形，而对岩石和流体物性很好或较差的油田不太适用或很不适用。特高含水油田油层物性向两极发展，物性好的油层或条带在高 PV 数注入水的冲刷下渗透率更高，而低渗透层或区域更容易被堵塞使渗透率更低，这就出现了这种方法不适应的情况。

实践也证明，各种性质的油田具有不同类型的驱替特征形态。我国石油工程师万吉业论述了“含水率-采收率”关系曲线与油田储油层岩石孔隙结构、流体性质及其润湿性的关系，并根据其特点可分为五种驱替特征类型，简称“驱替系列”。用公式表示为凸形、凸形和 S 形过渡、S 形、S 形和凹形过渡、凹形。

特高含水期后，不论是室内相对渗透率测定法计算、高 PV 数水驱实验，还是油田实际生产，驱替特征曲线都普遍出现了上翘现象，用已有方法直线段外推出的采收率存在与实际不符的情况。中国石化石油勘探开发研究院、胜利油田、中国石油勘探开发研究院、大庆油田等在此方面进行了高 PV 数水驱的实验研究，均发现了这一现象。

由于驱替特征曲线关系式的基础是相对渗透率曲线，所以，此处我们通过研究相对渗透率曲线的变化来说明驱替特征曲线“上翘”的现象。选取了大庆油田具代表性的 10 条不同渗透率岩心相对渗透率曲线进行研究。取油相黏度为

7.5mP·s、水相黏度为 0.6mP·s，根据不同渗透率岩心相对渗透率曲线计算得到水的分流量（f_w）（对应含水率）及其关于（S_w）的微分（φ）（对应含水上升率），计算结果如图 1.10、图 1.11 所示。

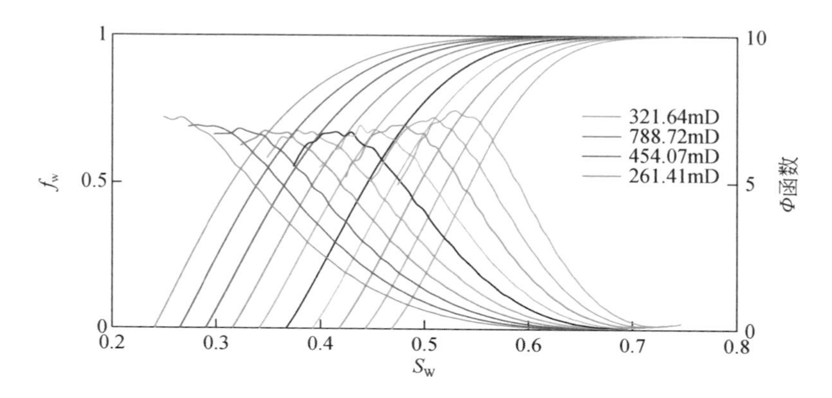

图 1.10　大庆油田典型相渗曲线对应水相分流量及增长率曲线

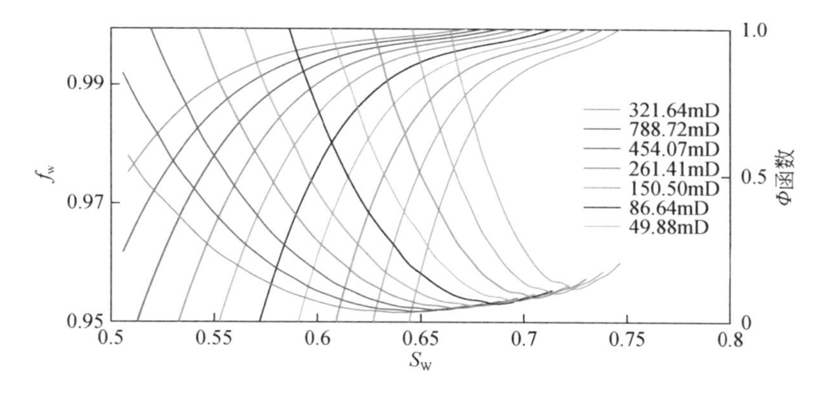

图 1.11　图 1.10 的局部放大图

从图 1.10 和图 1.11 中可以看出，在含水率小于 90%之前，含水上升速度较快，但上升速度逐渐递减。当含水率为 90%～99%时，含水上升速度降到很低，这也就表明绝大部分原油是在这一阶段采出的。但含水率高于 99.5%以后，含水上升速度开始由递减转为回增，这一现象预示着，油田含水率一旦达到 98%～99%这样的极限，就不会像我们以前预想的那样缓慢地无限接近于 100%，而是“一步登天”快速增到 100%，达到不出油只产水。对应实际生产井，会出现从少量出油到突然不出油的快速突变，这种突变一旦成规模，则会导致区块、开发区甚至整个油田生产的突然终结。

由于室内测试相对渗透率曲线受计量精度的限制，以上结果有待高 PV 数水驱油与高精度计量方法和技术的验证。从特高含水后期油水渗流规律来分析，可以初步认识到，此时油水渗流是处于水为连续相，油为非连续相状态，出口端是一个个“油滴”随水而出的，而且“油滴”数量随着水驱油的进程越来越少，驱出“油滴”的间隔时间越来越长，直到不出“油滴”，含水率达到绝对的 100%。

从室内实验和油田实际只产出少量“油花”的部分生产井来看，瞬时化验的含水率已经不能说明岩心或者油层的产油能力，这需要用一段时间内的累积产出油、水量来做评价指标。例如，油井井史中每月选值的日产油量，要用月总产油量甚至季总产油量代替，这是因为在一个月或一个季度内，有若干天有原油产出而另外若干天只产水不产油，具有随机性。此时“油滴”的产出规律具有随机性，要准确掌握其规律，就要引用随机分析等理论，建立随机渗流力学和方法。

另外，描述瞬时流速与瞬时压力梯度之间关系的达西定律是否适用，怎样建立更加适用的油水两相流基本定律及驱替特征理论，是否要进行室内实验来描述阶段累积或平均指标之间的关系，都是非常有必要研究的理论问题。

剩余油饱和度、剩余储量、采收率等油藏开发动静态指标预测是否准确，受构造、储层、窄小泥质夹层、孔喉、微观渗流以及测试、增产措施、原油价格等多方面不确定因素的影响，需要引入随机理论，提高预测精度。进而研究油田生命周期与油价、新增储量、新增可采储量、年产油量等的关系，预测油田终止的时间，为油田转型（如做储油库、CO_2 驱油与封存等）做好准备。

1.2.5　特高含水油田剩余油潜力

高含水老油田石油产量和储量占比均在我国总量的 70%以上，可采储量采出程度已高达 80%（表 1.7），特别是进入特高含水期后（含水率超过 90%），无效循环水剧增、产量递减加快。尽管如此，由于采收率低，地下仍滞留 190 亿 t 相对优质的储量，其单位体积剩余储量高于低渗、致密、页岩油田单位体积原始储量（袁士义和王强，2018；韩大匡，2010）。如表 1.8 所示，已进入特高含水开发后期的大庆主力产区喇萨杏油田，油层单位体积内仍含 9%～11%剩余油，甚至高于低渗透油层原始含油量的 8%（李宜强等，2023）。

表 1.7　国内主要高含水老油田开发指标汇总

含水分级	地质储量/亿 t	可采储量/亿 t	标定采收率/%	综合含水/%	可采储量采出程度/%	采油速度/%	储采比
[60%，80%)	78.5	16.7	21.2	71.8	65.8	0.56	13.0
[80%，90%)	65.8	16.9	25.7	85.4	79.8	0.64	8.2

续表

含水分级	地质储量/亿 t	可采储量/亿 t	标定采收率/%	综合含水/%	可采储量采出程度/%	采油速度/%	储采比
90%以上	111.3	45.8	41.1	95.6	89.7	0.46	9.1
合计	255.6	79.4	31.0	91.4	82.4	0.54	10.1

注：源于大庆油田汇报材料，数据截至 2019 年底。

表 1.8　不同渗透率油层原始含油量

渗透率/mD	孔隙度/%	原始含油饱和度/%	单位体积油层原始含油/%	来源
0.01	7.5	微含油	很少	延长组Ⅳ类储层
0.1	8	35	2.8	延长组长 6 油层
1	11	37	4.1	延长组Ⅱ类油层
10	15	40	6.0	大庆杏一区部分薄差油层
50	19	42	8.0	大庆萨零层
200	22	63	13.9	大庆杏一～三区表内薄层
300	25	68	17.0	大庆高台子油层
500	27	71	19.2	大庆萨尔图油层
800	29	79	22.9	大庆葡Ⅰ油层

与油田水驱开发层内、层间和平面三大矛盾相对应，可把剩余油潜力分为层内潜力、层间潜力和平面潜力，相应的剩余油称为残余油、层内可动剩余油、层间可动剩余油和平面可动剩余油。层内可动剩余油可定义为目标油层内由于垂向非均质性和重力分异作用而未驱出的可动剩余油；层间可动剩余油可定义为多层同采未动用油层内的可动剩余油；平面可动剩余油可定义为目标油层内由于平面非均质性、平面压力分布和流度分布不均匀而未驱出的可动剩余油。量化描述则用原油储量、含油饱和度、储量丰度等指标来实现。残余油量的计算已有标准的方法，层间可动剩余油按此处的定义计算即可。层内和平面剩余油的计算和识别则可用数值模拟方法，对目标油层计算。方案 1：计算出实际情况或地质模型生产到相应时间的剩余油分布；方案 2：计算与方案 1 模型对应的油层均质、均衡压力及流线均匀驱替但保留垂向非均质性，并考虑重力分异作用的理想模型生产到采出液含水 98%时的剩余油分布。两个方案剩余油计算的差值即为平面剩余油，方案 2 计算结果与残余油的差值即为层内剩余油。

在油田生产中，对残余油的挖潜采用提高驱油效率和扩大微观波及体积的方法和技术，如水驱后的化学驱、微生物驱、多元泡沫驱、气驱等；对层间剩余油的挖潜采用细分层系、精细注采、压裂、补孔、调剖、堵水、提液等措施；对平面剩余油的挖潜采用加密新井、转注、压裂、堵水、调剖等液流转向、完善注采关系、提高水驱（化学驱）控制程度等措施。而油田开发进入特高含水期后，针对水驱油田开发的层内、层间及平面三大矛盾，采用的这些调整措施，虽然较好地解决了层间和平面两个矛盾，较大幅度地提高了层间和平面剩余油的动用，但唯独层内矛盾因调剖、堵水措施的作用范围小而基本没有解决，导致层内（特别是厚层）中上部垂向剩余油富集，占到总体剩余可采油量的70%左右（根据中国石油勘探开发研究院研究结果），而在下部因油水重力分异作用及几十年的持续水驱，油层多处于强水洗状态（程杰成等，2020；孙焕泉等，2023）。

另外，与国外水驱油田相比，尽管我国在提高采收率方面取得了举世瞩目的领先成果，但在特高含水期阶段仍然有很大增产和提高采收率的潜力。如加拿大Provost Glauconitic“A”油田，水驱采收率达到50%，含水90%以后产油占累积产量的65%，含水95%以后产油占累积产量50%以上，油田含水率超过99%后加密，可提高采收率2～4个百分点。而大庆油田主力产区，预测采收率达到57.5%，累积油量主要是在含水率90%之前产出的，含水90%以后产油只占累积产量的26%，含水95%以后的产油仅占累积产量的6%，尽管加拿大Provost Glauconitic“A”油田在特高含水之前采出程度低，但与其比较，大庆油田主力产区仍有很大的提高采收率潜力。

1.3 结　论

（1）水驱油田进入特高含水后期开采阶段，油层孔喉及渗透率发生了变化，大孔道优势渗流通道内的无效循环和油层内中上部富集的难以动用的垂向剩余油之间的矛盾更加突出，控制无效循环扩大驱油体系的波及体积是油田减缓产量递减、稳产、增产的必然选择；

（2）特高含水后期驱替特征曲线出现“上翘”现象，说明产量递减速度比以往传统方法预测地更快，是油田生产值得高度重视的影响持续发展的问题；

（3）对油藏更加精细地描述，实现深度精细开发，是特高含水油田的必经之路；

（4）少打井、多扩大波及体积，是特高含水油田剩余储量挖潜和高效开发的重要方向；

（5）具有完全自主知识产权的数值模拟软件以及动态指标预测方法，是特高含水油田持续高效开发的有力保障；

（6）从渗流机理、达西定律等基础理论，到水驱、化学驱及综合调整等技术，要进行系统的攻关，以适应特高含水后期油田的实际情况，特别是挖潜层内垂向剩余油，应成为特高含水老油田最重要的理论和技术的攻关方向。

第2章　特高含水油藏无效低效循环形成的机理

储层的非均质性、注水强度和注水冲刷时间等因素都对优势渗流通道的形成有影响，为了确定优势渗流通道形成的主要影响因素及其影响程度，采用物理模拟实验和数值模拟相结合的方式，从层间渗透率差异、平面非均质性、厚油层韵律性、注采井距和注采强度等方面入手开展研究，为优势渗流通道识别参数的选取提供依据。

2.1　水驱无效循环的控制因素

2.1.1　地质因素

储层的微观非均质性是指微观孔道内影响流体流动的地质因素的非均质性，主要包括孔隙、喉道的大小、分布、配置与连通性，以及岩石的组分、颗粒排列方式、基质含量与胶结物的类型等。当孔喉大小差别较大时，可能会出现孔间干扰，特别是存在大孔道的情况下，流体趋向于沿大孔道渗流，而小孔则可能被封闭。储层宏观非均质性是指油气储层在漫长的地质历史中，经历了沉积、成岩及后期构造作用的综合影响，使储层的空间分布及内部的各种属性都产生极不均匀的变化，包括层间非均质性、平面非均质性及层内非均质性，本小节主要是针对宏观非均质性对优势渗流通道的影响开展研究。

1. 层间非均质性

层间的渗透差异，是形成优势渗流通道的重要因素之一，采用并联岩心驱替实验，结合数值模拟来研究不同的层间渗透率非均质程度对优势渗流通道的影响。

1）物理模拟研究

A. 实验材料

本节选取岩心渗透率范围为 $100\sim1500\times10^{-3}\mu m^2$ 的岩心，设计了平均渗透率为 $600\times10^{-3}\mu m^2$，级差分别为3、5、12、15的四种不同并联模型，开展了不同渗透率级差、不同组合方式的并联岩心驱替实验，具体岩心组合方案见表2.1。

模拟用油：利用中性煤油和变压器油配制精致模拟油，0.25μm滤膜过滤，48℃下黏度为9.05mPa·s。

表 2.1　并联岩心模型参数设计表

参数	方案 1	方案 2	方案 3	方案 4
低渗透层渗透率/$10^{-3}\mu m^2$	300	200	100	100
中渗透层渗透率/$10^{-3}\mu m^2$	600	600	500	200
高渗透层渗透率/$10^{-3}\mu m^2$	900	1000	1200	1500
平均渗透率/$10^{-3}\mu m^2$	600	600	600	600
渗透率级差	3	5	12	15
渗透率突进系数	1.5	1.67	2	2.5
渗透率变异系数	0.4082	0.5443	0.7577	1.0628

模拟用水：采用蒸馏水配置地层水，矿化度为 7000mg/L。

B. 实验结果

分别计量了不同注入孔隙体积倍数时高、中、低渗透层的采出程度和分层吸水量，如图 2.1 和图 2.2 所示。随着分层渗透率级差增大，高、中、低渗透层的采出程度差异越来越明显，当分层渗透率级差达到 5 时，低渗透层的采出程度为 12.78%，约为高渗透层的 1/4；当级差扩大到 15 时，低渗透层的采出程度不足 5%，高渗透层采出程度比低渗透层高 10 倍以上。从吸水状况来看，随注入 PV 数的增加，岩心中含油饱和度降低，渗流阻力下降，高渗层吸水比例升高，含油饱和度下降速度快，因此其渗流阻力快速下降，高渗层吸水比例呈现增加趋势，低渗层吸水比例越来越小。高低渗透层的吸水量比值均大于分层渗透率的比值，从而说明，分层吸水量不仅仅是渗透率的差异造成的，同时还取决于渗透率的非均质程度、连通程度以及层间含油饱和度的差异，若单纯地按照 KH 值进行分层，吸水量和产液量的劈分存在较大误差。

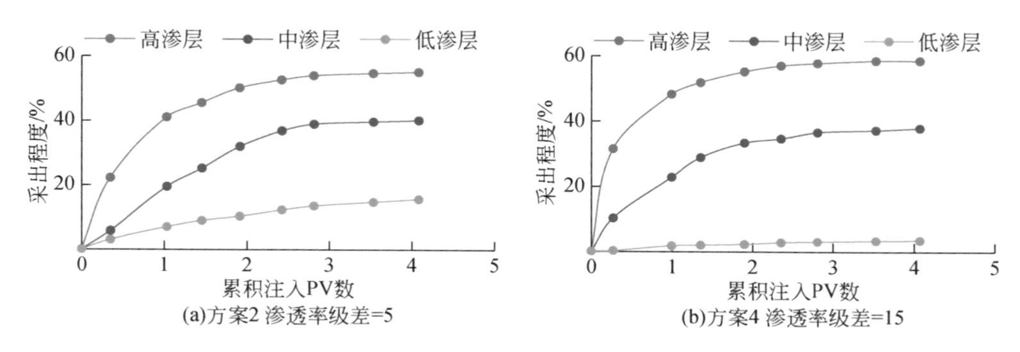

(a)方案2 渗透率级差=5

(b)方案4 渗透率级差=15

图 2.1　各方案分层采出程度对比图

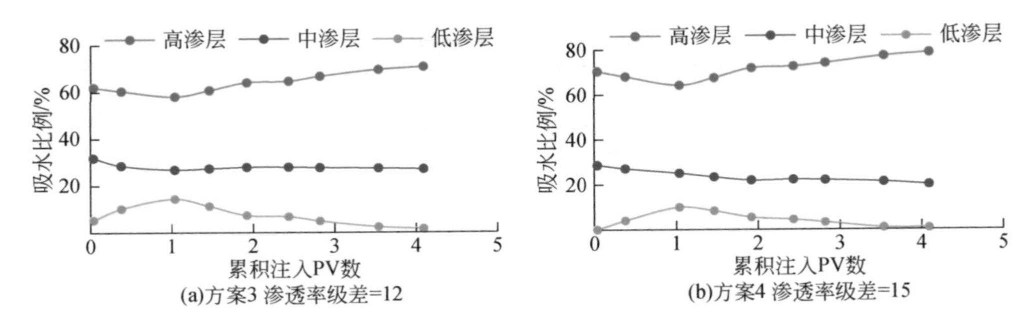

图 2.2 各方案分层吸水比例对比图

从图 2.3 中不同岩心组合的驱替实验结果可以看出，随着累积注入 PV 数的增加，采出程度增加幅度逐渐变小，当渗透率级差达到 5 以上的时候，采出程度曲线存在一个拐点，说明在达到该点之后高渗层形成优势渗流通道，消耗了大部分的注入水，高渗层水淹严重，剩余油饱和度过低，而中、低渗透层得不到有效动用，整体采出程度增加幅度非常小。通过对比不同级差条件下的实验结果发现，渗透率级差越大，拐点出现越早，最终采收率越低。从各方案驱替到 4PV 时的阶段采收率对比结果可以看出（图 2.4），渗透率级差由 3 增大到 5，采收率降低了 2.54%，说明优势渗流通道的作用已经非常明显。

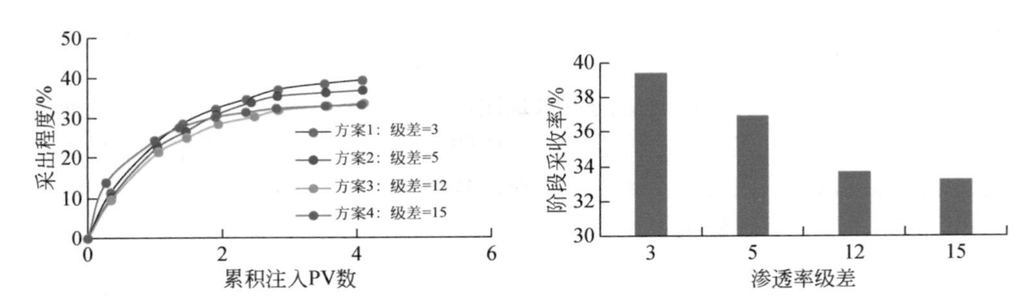

图 2.3 各方案采出程度与累积注入 PV 数关系图

图 2.4 不同方案的渗透率级差与阶段采收率对比图

2）数值模拟研究

储层渗透率是决定流体在储层中渗流能力的重要参数，前期研究也表明，渗透率层间差异可以通过级差、变异系数及突进系数来表征，这几种参数虽然存在一定的关联性，但是对优势通道形成的影响并不完全一致。室内实验过程耗时长，实验样本数量有限，为了辅助研究各项参数对优势渗流通道的影响规律，本文采用数值模拟的方法开展不同层间渗透率极差、变异系数和突进系数数值模拟研究。根据对某油田中高渗储层的地质和开发特征分析，提取了相关物性和开发参数，建立概念模型。

A. 渗透率级差

建立层间渗透率级差为 1、3、5、10、15、20 的概念模型，模型分层渗透率设计见表 2.2。

表 2.2　不同级差方案的渗透率参数表

层序号	渗透率/$10^{-3}\mu m^2$					
	方案 1	方案 2	方案 3	方案 4	方案 5	方案 6
1	600	900	1125	1125	1125	1500
2	600	750	750	675	900	600
3	600	600	600	600	600	450
4	600	450	300	487.5	300	375
5	600	300	225	112.5	75	75
平均值	600	600	600	600	600	600
级差	1	3	5	10	15	20
变异系数	0	0.354	0.542	0.543	0.637	0.802
突进系数	1	1.5	1.875	1.875	1.875	2.5

方案模拟结果如图 2.5 和图 2.6 所示，分析采收率变化规律，可以看出，相同平均渗透率、不同级差条件下，采收率随级差增大呈现缓慢减小的趋势，级差达到 5 时，高渗层的单层吸水量达到低渗层的吸水量的 5 倍以上，已经出现优势渗流通道；当级差继续增大时，高渗层的优势渗流通道效应更加明；级差达到 15 时，低渗层吸水比例极小，高渗层吸水量超过低渗层的 10 倍以上，出现了非常严重的注入水单层突进现象。

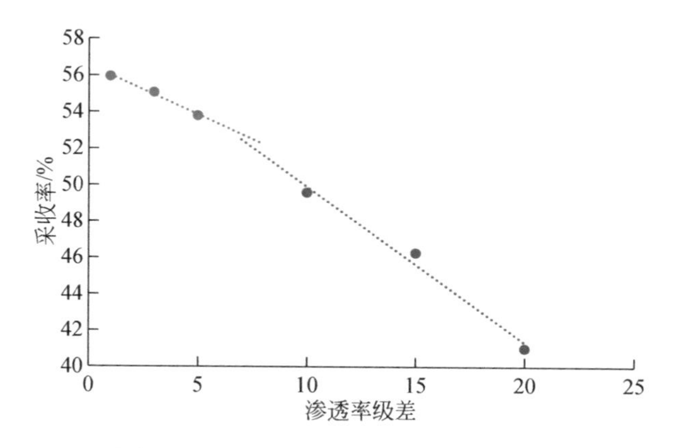

图 2.5　层间渗透率级差对采收率的影响

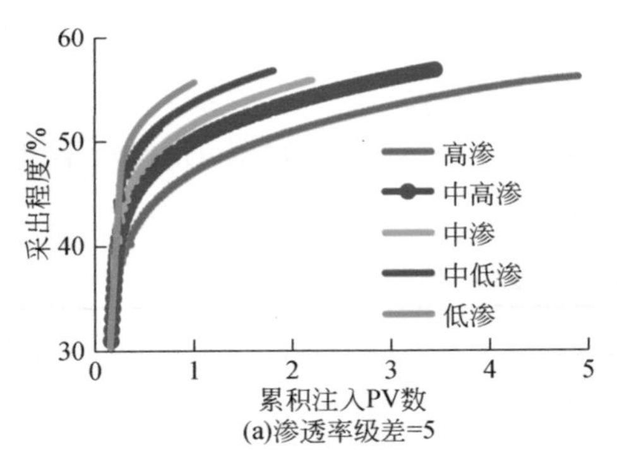

(a)渗透率级差=5

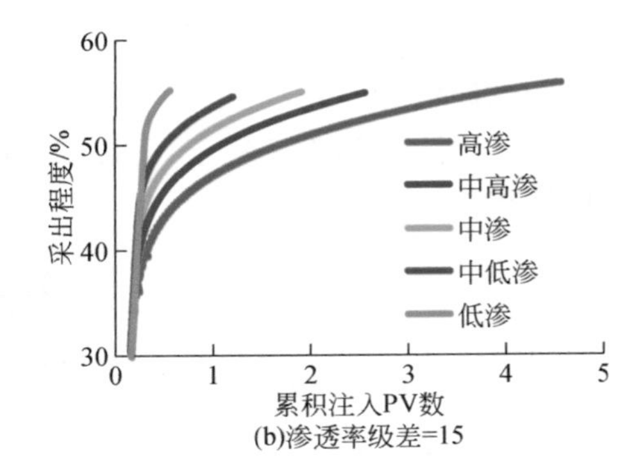

(b)渗透率级差=15

图 2.6　不同级差条件下累积注入水体积倍数与分层采出程度关系

为了明确渗透率水平的影响，通过对原模型渗透率整体乘倍数的方式模拟了平均渗透率为 $400\times10^{-3}\mu m^2$ 和 $1200\times10^{-3}\mu m^2$、级差为 15 的方案。从各层吸水量与采出程度的对比（图 2.7）可以看出，平均渗透率不同、级差相同时，平均渗透率越高，层间干扰程度对渗透率级差越敏感，越容易形成优势渗流通道。

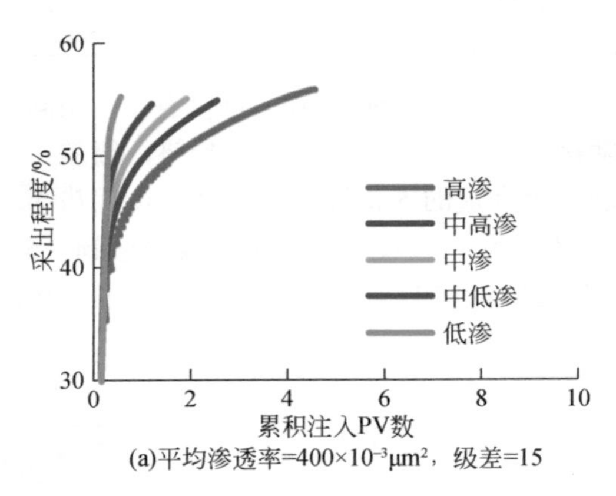

(a)平均渗透率=$400\times10^{-3}\mu m^2$，级差=15

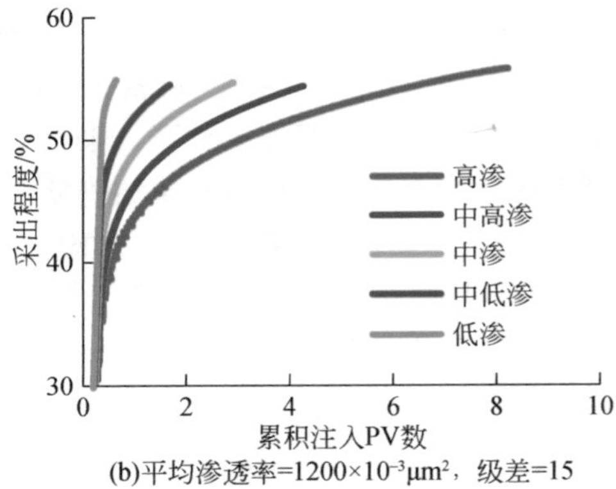

(b)平均渗透率=$1200\times10^{-3}\mu m^2$，级差=15

图 2.7　渗透率对分层开发效果的影响

B. 渗透率变异系数

采用基础模型，通过改变单层渗透率组合，设计了平均渗透率为 $600\times10^{-3}\mu m^2$、变异系数区间为 0～1.376 的 7 套模拟方案，具体参数设计如表 2.3 所示。

表 2.3　渗透率变异系数方案参数表

层序号	渗透率/$10^{-3}\mu m^2$						
	方案 1	方案 2	方案 3	方案 4	方案 5	方案 6	方案 7
1	600	1125	1125	1125	1125	1680	2250

续表

层序号	渗透率/$10^{-3}\mu m^2$						
	方案 1	方案 2	方案 3	方案 4	方案 5	方案 6	方案 7
2	600	675	900	975	1125	680	225
3	600	600	600	675	600	340	187.5
4	600	525	300	150	75	188	187.5
5	600	75	75	75	75	112	150
平均值	600	600	600	600	600	600	600
级差	1	15	15	15	15	15	15
变异系数	0	0.559	0.637	0.707	0.783	0.962	1.376
突进系数	1	1.875	1.875	1.875	1.875	2.8125	3.75

从图 2.8 中的计算结果来看，在平均渗透率和级差相同、变异系数逐渐增大的过程中，方案采收率呈现降低的趋势，但是并不是绝对的线性关系，当渗透率变异系数达到 0.7 以上时，采收率出现明显的降低，说明此时优势渗流通道对开发效果影响明显。方案 5 和方案 6 出现了采收率随变异系数增大而增大的现象，原因是方案设计过程中为了保持平均渗透率和级差相同，高渗层的渗透率较高，其余层的渗透率差异较小，仅一个层对其余层造成的干扰程度降低，导致整体采收率有所上升。从以上现象也可以说明，优势渗流通道对开发效果的影响程度取决于优势渗流通道在全井中所占的比例。

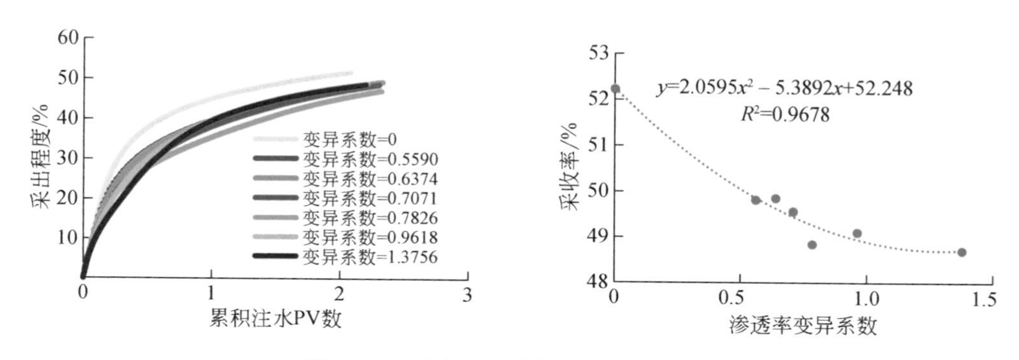

图 2.8 渗透率变异系数对采收率的影响

C. 突进系数

通过改变分层渗透率大小，设计突进系数分别为 1、1.5、1.875、2.5、2.8125、3.75 的 6 套方案，并进行数值模拟（表 2.4）。通过模拟结果对比可以看出，突进系数越大，层间干扰越严重，当层间突进系数大于 2 以后，高低渗透层吸水倍数出现明显差异，形成优势渗流通道。

表 2.4 渗透率突进系数方案参数表

层序号	渗透率/$\times10^{-3}\mu m^2$					
	方案 1	方案 2	方案 3	方案 4	方案 5	方案 6
1	600	900	1125	1500	1680	2250
2	600	750	750	600	680	225
3	600	600	600	450	340	187.5
4	600	450	300	375	188	187.5
5	600	300	225	75	112	150
平均值	600	600	600	600	600	600
级差	1	3	5	20	15	15
变异系数	0	0.354	0.542	0.802	0.962	1.376
突进系数	1	1.5	1.875	2.5	2.8125	3.75

从图 2.9 和图 2.10 中的模拟结果可以看出，随着累积注水量的增加，采出程度逐渐增大，最终趋于平缓，同等注水量的情况下，随着突进系数的增大，采出程度逐渐降低；在平均渗透率相同、突进系数逐渐增大的过程中，方案采收率降低，且出现明显的线性关系。从分层吸水量和采出程度的对比情况可以看出，当最大渗透率突进系数达到 2 左右时，高渗层吸水倍数达到低渗层的 5 倍左右，单层突进现象明显，形成优势渗流通道。

从不同方案的剖面对比图可以看出，当突进系数为 1.5、变异系数为 0.354 时，各层水驱前缘比较均匀，整体驱替效果较好；当突进系数为 2.5、变异系数＞0.8 以后顶部高渗透层对底部低渗层的动用产生了明显的影响，形成了优势渗流通道。

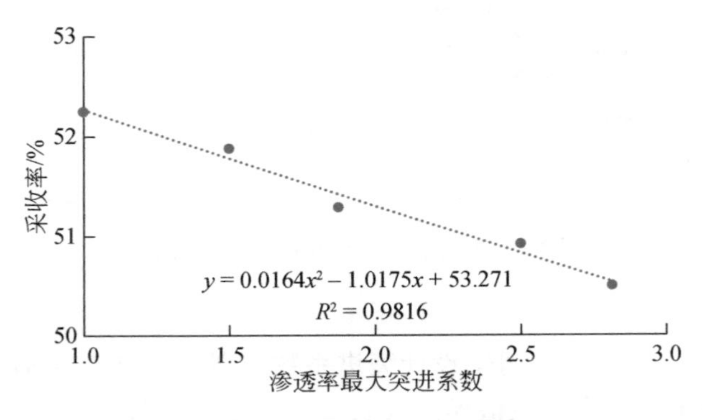

图 2.9 渗透率变异系数对采收率的影响

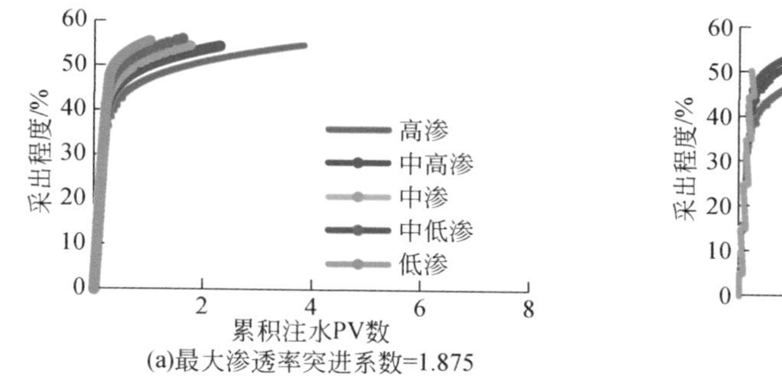

(a)最大渗透率突进系数=1.875

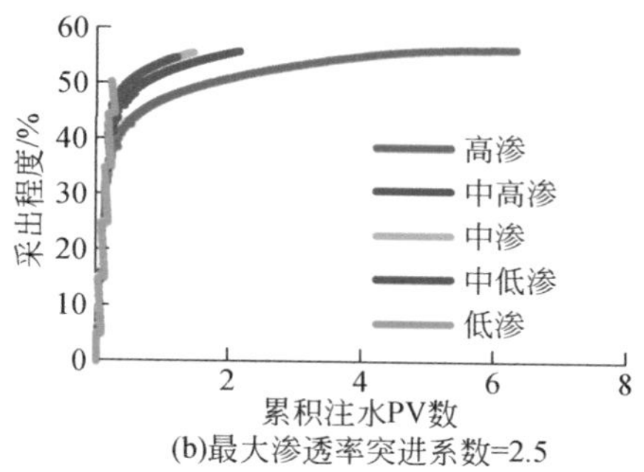

(b)最大渗透率突进系数=2.5

图 2.10 分层注水 PV 数与采出程度对比图

2. 平面非均质性

1）物理模拟研究

A. 实验设计

实践证明如果控制一定的加压强度、胶质用量及粒度分布方差（σ），粒度中值和岩心渗透率之间依然存在着很强的依赖关系。根据岩心渗透率与粒度中值之间的相关性，本小节的实验材料采用不同目数的石英砂及筛网控制不同区域的渗透率，进而制作成三种不同非均质程度的平面非均质岩心，具体参数见表 2.5。

表 2.5 平面非均质岩心模型参数设计表

参数	方案 5	方案 6	方案 7
低渗透区渗透率/$\times10^{-3}\mu m^2$	300	100	100
中渗透区渗透率/$\times10^{-3}\mu m^2$	600	500	200
高渗透区渗透率/$\times10^{-3}\mu m^2$	900	1200	1500
平均渗透率/$\times10^{-3}\mu m^2$	600	600	600
渗透率级差	3	12	15
渗透率突进系数	1.5	2	2.5
渗透率变异系数	0.4082	0.7577	1.0628

B. 实验结果

平面非均质岩心分区渗透率是通过砂子的粒径换算的，不能精确测定，且不能分别计量不同渗透率区域的采出流量，因此只能通过对比不同非均质程度条件下的岩心整体采出程度来评价其对开发效果的影响。做三组方案的采出程度对比曲线，如图 2.11 所示，从实验结果可以看出，平面渗透率级差增大时注入水沿着高渗透条带迅速突进到出液口后沿着该条带形成优势渗流通道，导致含水率快速上升，岩心整体采收率低，级差为 15 的方案采收率比级差为 3 的方案采收率低 8.55%。

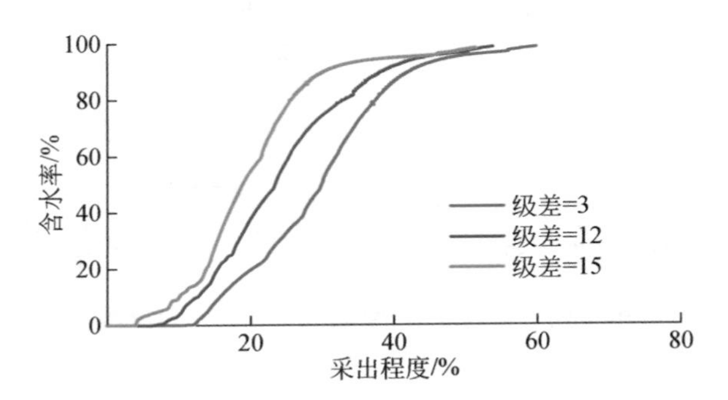

图 2.11 不同岩心的采出程度与含水率关系曲线对比

2）数值模拟研究

为了精确量化平面非均质性，明确平面非均质与优势渗流通道之间的关系，建立平面渗透率级差为 1、3、5、10、15、20 的一注四采概念模型，模型四口生产井分别位于不同的渗透率区域，设计参数见表 2.6。

表 2.6 不同平面非均质方案的渗透率参数表

层序号	渗透率/$10^{-3}\mu m^2$					
	方案 1	方案 2	方案 3	方案 4	方案 5	方案 6
1	600	900	975	1125	1350	1500
2	600	750	750	750	675	525
3	600	450	480	412.5	285	300
4	600	300	195	112.5	90	75
平均值	600	600	600	600	600	600
级差	1	3	5	10	15	20
变异系数	0	0.3953	0.4870	0.6297	0.8025	0.9057
突进系数	1	1.5	1.625	1.875	2.25	2.5

从采收率的变化规律分析（图 2.12），不同平面渗透率级差条件下，采收率随级差增大呈现减小的趋势；从不同方向上产液与含水率之间的关系曲线可以看出，当级差达到 5 时，分区之间的产液量出现明显的差异，级差越大，差异越明显，如图 2.13 所示。对比图 2.14 中分层产油量与累积注水量的关系可以看出，平面渗透率差异变大后对分层采油量的影响更为明显。从图 2.15 中的流线分布规律来看，

级差增大后，高渗透方向形成优势渗流通道，且通道的波及区域越来越窄，流线更密集，也就是说无效水循环强度大，但通道越来越集中。由于级差增大后，高渗透方向的注水波及面积明显减小，严重影响了该方向上的注水开发效果，体现出高渗透方向的累积产油量比低渗透方向更低。

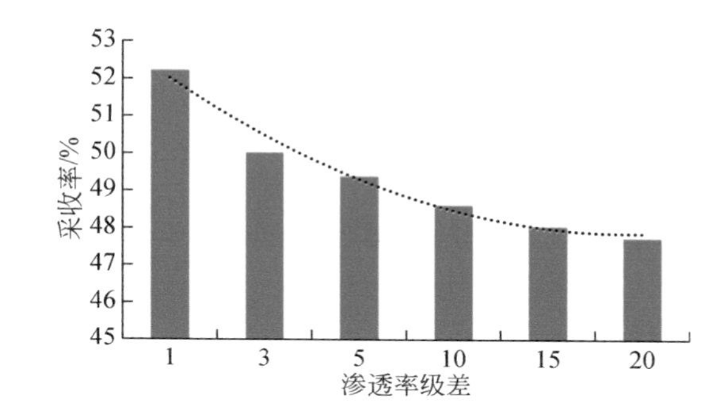

图 2.12　平面渗透率级差对采收率的影响

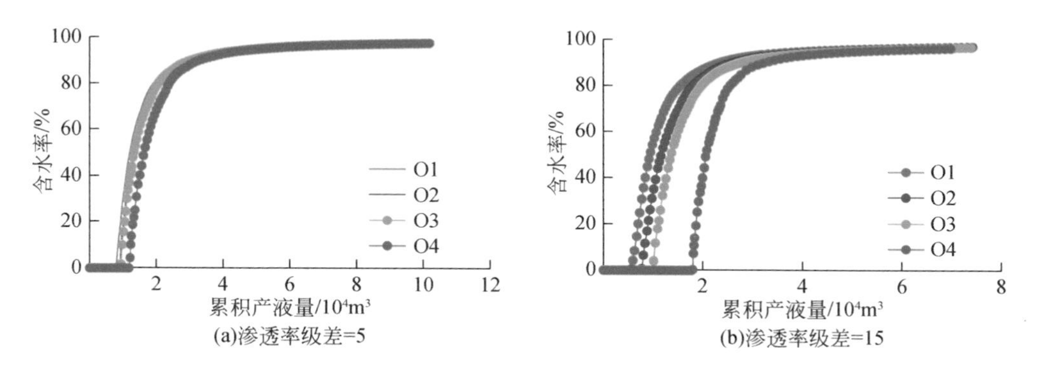

图 2.13　不同方向油井累积产液量与含水率关系

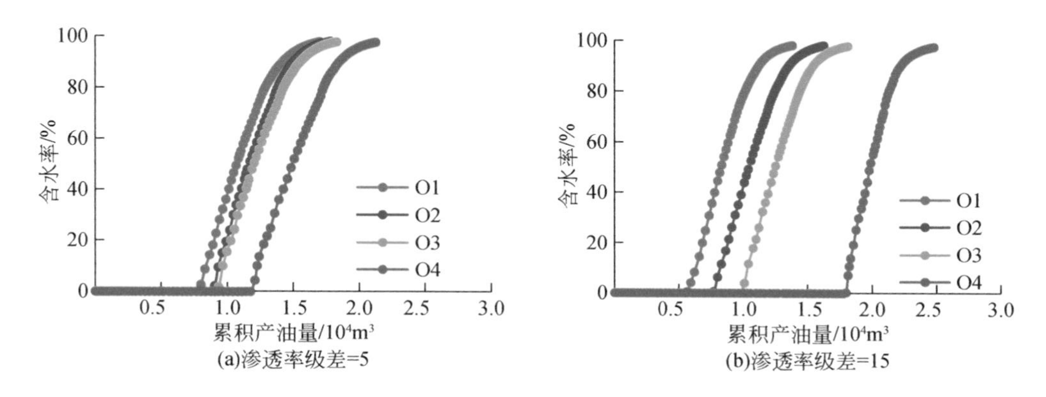

图 2.14　不同方向油井累积产油量与含水率关系

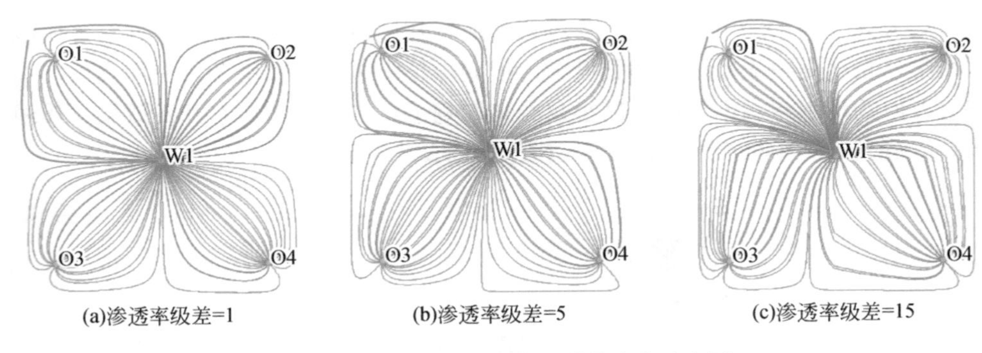

图 2.15　不同平面渗透率级差的流线分布图

3. 层内非均质性

在对非均质多层合注的油藏各层注水时，由于各种河道砂岩储层孔隙结构不同及渗透率的差异性，形成注入水优先沿着河道砂体高渗透带向油井快速突进，各层渗透率相差越大，高渗透层吸水量越多，在水驱开发中就越容易在高渗透层产生优势渗流通道。为了明确厚油层内非均质性对优势渗流通道的影响，设计制作了大型填砂可视模型实验装置，开展了层内非均质填砂模型水驱油实验，如图 2.16 所示。

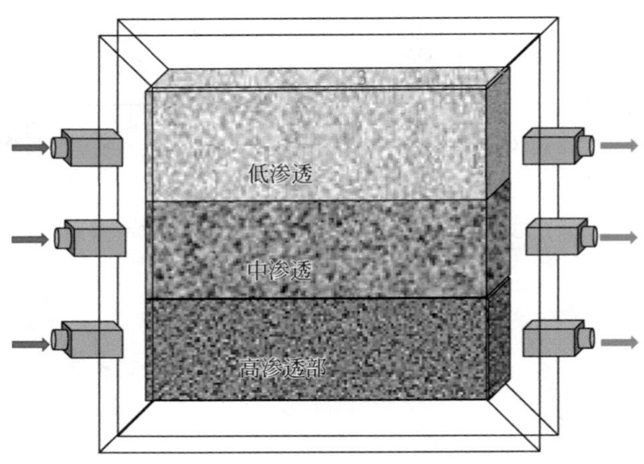

图 2.16　非均质剖面填砂模型实验装置及模型示意图

1）实验步骤

模型制作：采用不同目数的石英砂填充，按照正韵律和反韵律的渗透率分布制作了非均质剖面填砂实验模型，模型各层填砂空气渗透率分别为 $1250\times10^{-3}\mu m^2$、

$640\times10^{-3}\mu m^2$ 和 $280\times10^{-3}\mu m^2$。

饱和油：模型抽真空并饱和水，通过油驱水造束缚水。

水驱油实验：水驱油速度为 0.3mL/min，相当于注入水在模型内的平均推进速度为 1m/d，与油层内的平均渗流速度相近。

实验过程中记录实验油水注入速度及实验过程中注入端压力，累积产油量、产水量、时间，并在驱替过程中拍照。

2）实验结果

正韵律模型在注水开发过程中，受油层非均质的影响和重力的作用，易发生注入水沿油层下部突进的现象，从而在底部形成严重的优势渗流通道，影响整体采出程度，如图 2.17 所示。

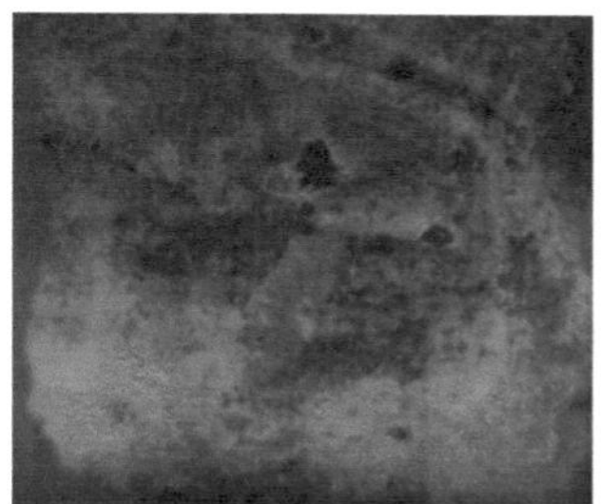
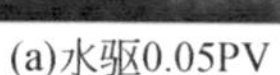
(a)水驱0.05PV

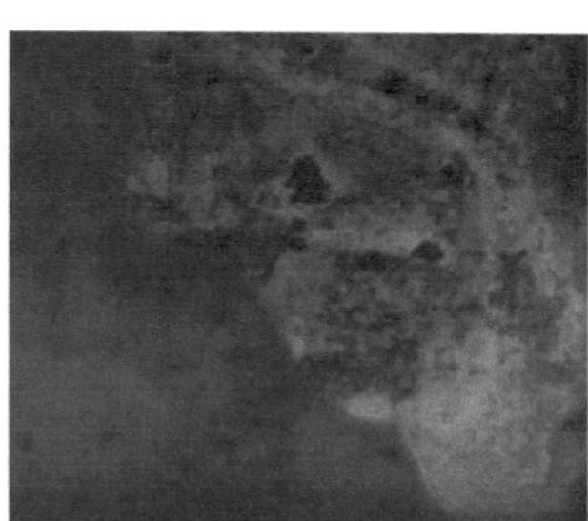
(b)水驱0.25PV

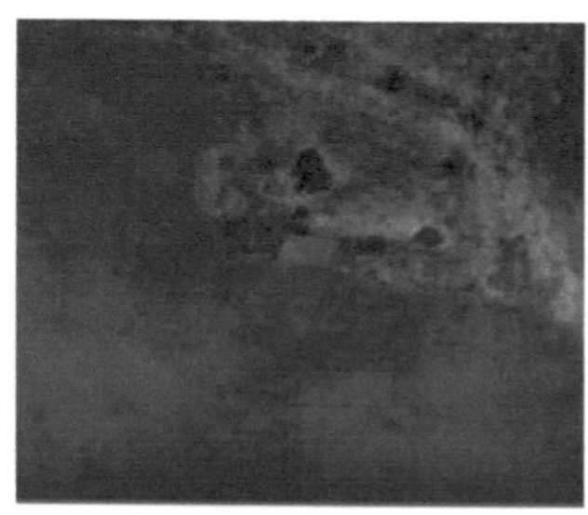
(c)水驱1.0PV

图 2.17　正韵律厚油层填砂模型水驱油过程

反韵律模型在注水过程中，由于上部岩心渗透率均较大，注入水容易沿平面推进。且在重力作用下，下部中低渗透率段也能达到水驱效果，如图 2.18 所示。虽然后期仍然在高渗层形成优势渗流通道，但是波及面积比正韵律模型大，整体采出程度也更高。

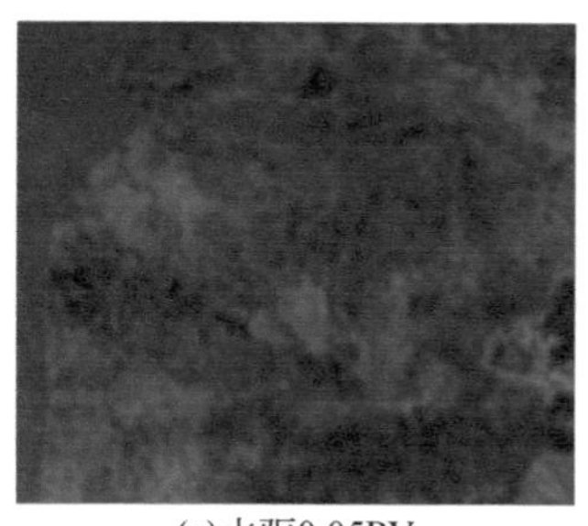
(a)水驱0.05PV

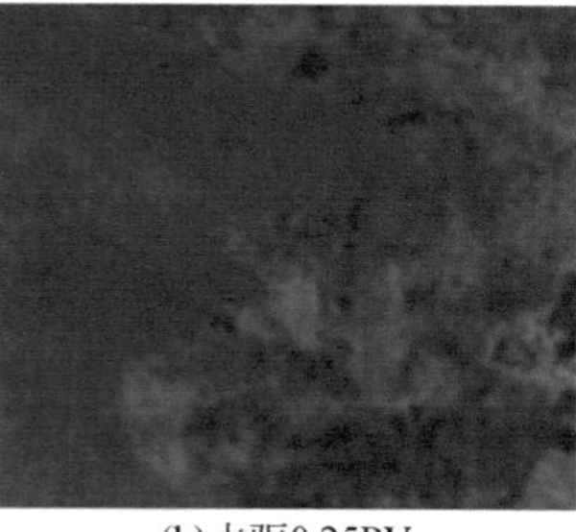
(b)水驱0.25PV

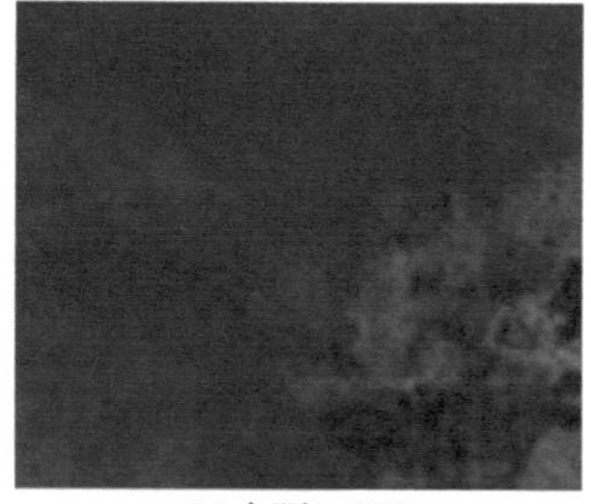
(c)水驱1.0PV

图 2.18　反韵律厚油层填砂模型水驱油过程

不同韵律储层模型不同部位的采出程度如图 2.19 所示。正韵律模型在注水驱替过程中，注水初期时，高渗透部位（底部）采出程度随注入倍数的增加而快速增加；到注水中期，采出程度增加幅度开始变缓；到水驱末期，注水不断增加，但采出程度增加幅度很小，模型顶部吸水比例很小，动用差，模型最终采收率为 46.61%。反韵律模型高渗透部位水淹速度较正韵律模型相对缓慢，在重力作用影响下，中、低渗透部位吸水比例增加，吸水剖面相对均匀，对顶部高渗透区域优势渗流通道的形成有一定的抑制作用，模型整体采收率比正韵律模型高 3.7%。可见，在层内非均质程度相同的条件下，正韵律油层更容易在储层底部形成优势渗流通道，反韵律油层虽然对抑制优势渗流通道的形成有一定的正效应，但是当级差足够大的情况下，当油层顶部高水淹以后，同样会形成优势渗流通道，在油层下部形成大量剩余油。

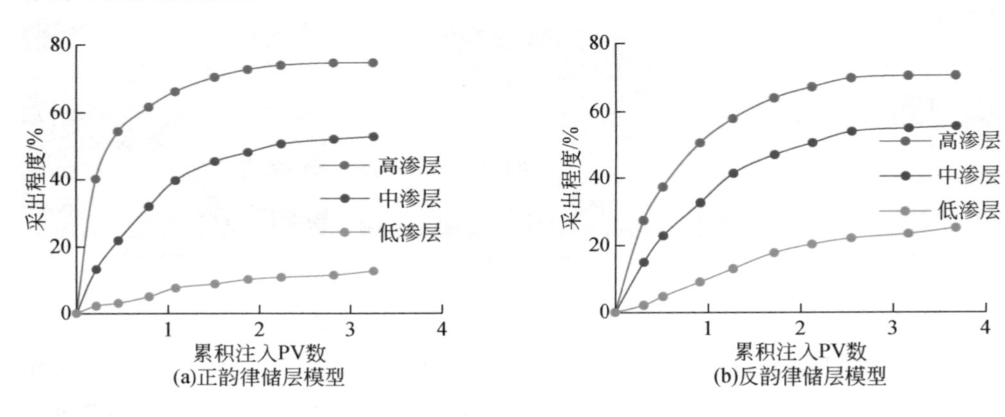

图 2.19 厚油层模型分层采出程度图

2.1.2 开发因素

1. 注水强度

1）物理模拟研究

A. 实验设计

本小节实验设计原则和实验设备与 3.1.1.1 节相同。为了模拟实际油田不同的注水强度，在室内物理模拟的过程中转化为注水速度方案。为了对比不同注入速度对优势渗流通道的影响，采用渗透率级差为 15 的岩心组合，在方案 4 的基础上，改变注水速度进行对比分析。

B. 实验结果

多层合采时，采出端压力不变，提高注入速度后，注采压差提高。从第一次驱替结果可以看出，当高渗层驱替到 3PV 以上时已经几乎不再出油，提高压差后部分剩余油又得到了动用，因此，各渗透率级别岩心采出程度均有一定幅度的提高。从分层吸水比例来看，提高压力梯度使高渗层对中渗层和低渗层的影响进一步加剧。虽然中渗层由于加大压差和增加注水量采出程度得到了一定程度的提高，但低渗层的采出程度仍然很低，仅达到 5.56%，也就是说，注水强度过高会加剧优势渗流通道的形成。

2）数值模拟研究

存在优势渗流通道的井具有高注水强度和高采液强度的特征，实验研究也验证了提高注水强度会增大高、低渗透层之间的吸水比例差异，从而促进优势渗流通道的形成。为了进一步量化注水强度与优势渗流通道之间的关系，采用数值模拟的方法进行了 5 种注水强度的方案模拟，具体方案设计如表 2.7 所示。

表 2.7　注水强度方案参数表

参数	方案 1	方案 2	方案 3	方案 4	方案 5
注水强度	10	12	16	18	20
渗透率级差（均质）	1	1	1	1	1
渗透率级差（非均质）	15	15	15	15	15

在模拟过程中，注水端设置不同的注水强度，采出端按照注采平衡计算产液量，模拟结果如图 2.20 所示。储层均质时，注水强度对采收率几乎没有影响，整体采收率略有上升。在非均质模型中，虽然高注水强度方案的注水倍数增加，但最终采收率仍呈现下降趋势，从分层吸水和采油的情况分析，如图 2.21 所示，当

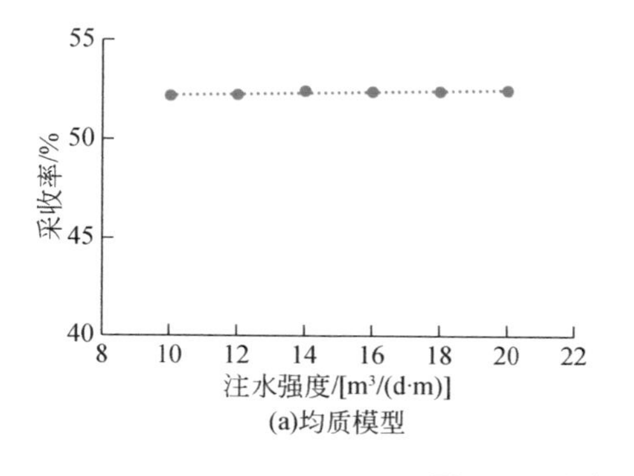

(a)均质模型

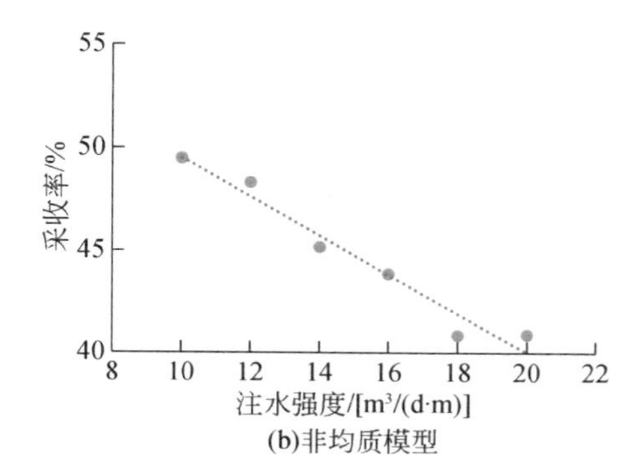

(b)非均质模型

图 2.20　注水强度对采收率的影响

有效厚度注水强度超过 12m³/（m·d）时，对于级差为 15 的非均质储层，注入水沿着阻力较低部位迅速推进，使生产端见水时间缩短，增加的注水量沿着高渗透层低效无效循环，形成明显的优势渗流通道。随着注水强度的增加，高渗透层的吸水倍数快速上升，优势渗流通道的影响明显。

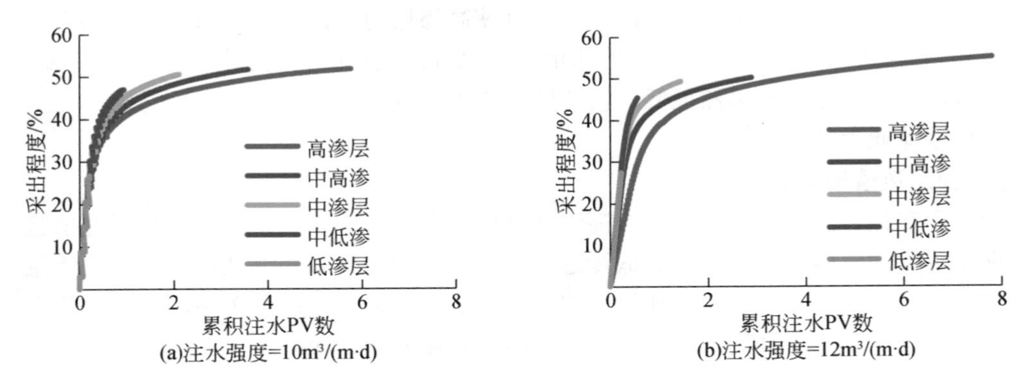

图 2.21　分层采出程度与分层累积注水体积倍数的关系

2. 注采井距

1）物理模拟研究

前期研究表明，注采井距的均匀程度与优势渗流通道之间存在一定的关系（如图 2.22 所示），为了验证井距对优势渗流通道的影响，设计了与方案 4 相同渗透率级别的三块岩心并联驱替实验方案。通过实验结果与方案 4（等注采压差）的结果进行对比，可以看到当高渗透层的注采距离变小以后，更容易也更快形成优势渗流通道，进而对中低渗透层的动用程度产生了更明显的影响，同样驱替至 4PV，整体采出程度降低了 0.9 个百分点。

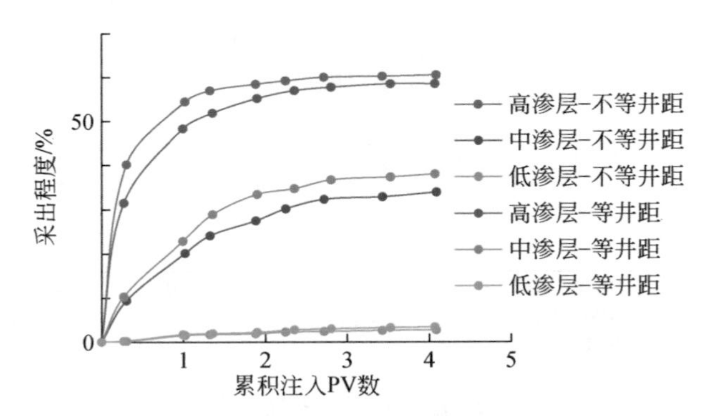

图 2.22　不同注采距离对分层采出程度的影响

2）数值模拟研究

根据前面实验研究的结果可以看出，注采井距对优势渗流通道的形成及其发育程度有着明显的影响（如图 2.23 所示），因此本书采用数值模拟的方式分别针对均质和非均质两种情况，进行了不同井距方案的模拟，具体渗透率组合设计见表 2.2 中的方案 1 和方案 5。在模拟过程中，通过改变四口生产井中的一口井距，分别设计了 5 种不同的注采井距组合方案，通过模拟计算井距对优势渗流通道形成的影响程度，具体注采井距参数设计见表 2.8。

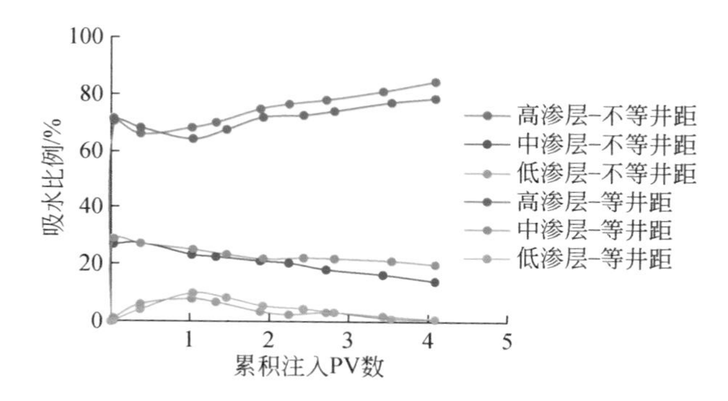

图 2.23　不同注采距离对分层吸水比例的影响

表 2.8　注采井距方案参数表

参数	方案 1	方案 2	方案 3	方案 4	方案 5
平均值渗透率/$10^{-3}\mu m^2$	600	600	600	600	600
渗透率级差（均质）	1	1	1	1	1
渗透率级差（非均质）	15	15	15	15	15
最小注采井距	311	255	205	149	92

不同方案计算的采收率如图 2.24 所示，从对比结果来看，随着注采井距逐渐减小，采收率逐渐下降，当井距小于 200m 以后，采收率降幅明显。对比均质和非均质两种模型的采收率可以看出，储层非均质性越强，当井距缩小后对采收率的影响越明显。

对比相同非均质条件下 311m 和 205m 井距的两种情况，如图 2.25 所示，缩小井距后高渗层的吸水 PV 数从 4.49 增加到 5.77，可以看出随着注采井距减小，油水井间压力梯度不变，渗流阻力减小，注入水更易形成突进，加剧了优势渗流通道的形成。

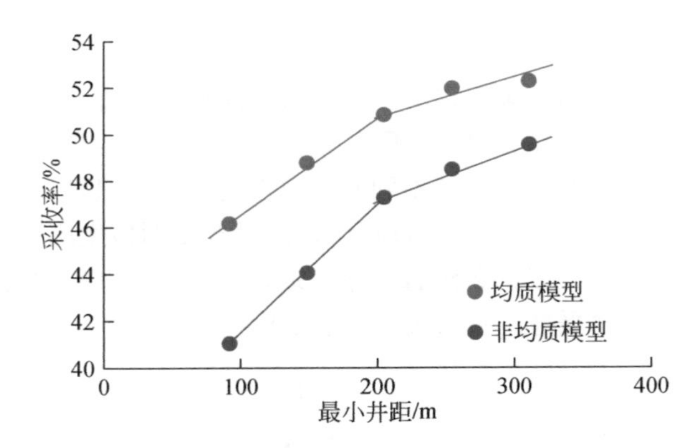

图 2.24 注采井距对采收率的影响

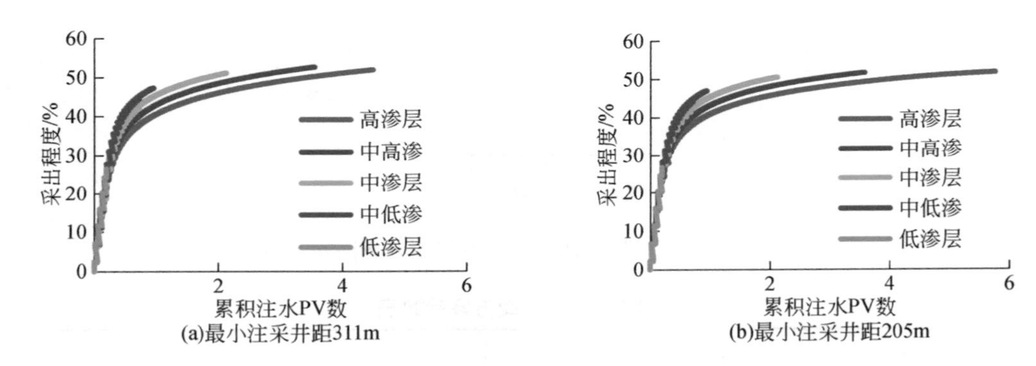

图 2.25 分层采出程度与分层累积注水体积倍数的关系

3. 饱和度差异

1）物理模拟研究

A. 实验设计

从前面的实验研究结果可以看到，随着注水倍数的增加，高渗层的吸水比例越来越大，也就说明在物性参数和注采参数没有变化的情况下，由于岩心含水饱和度不同，会导致优势渗流通道的加剧。为了明确含水饱和度对优势通道形成的影响，选择渗透率均为 $600\times10^{-3}\mu m^2$ 的三块岩心，通过改变每块岩心的驱替时长，制作不同含水饱和度的岩心，然后进行并联驱替实验方案。

B. 实验结果

在三块渗透率相同的岩心进行并联驱替的情况下，各岩心的吸水量应该是近似相等的，如果同步进行驱替，饱和度变化速度相近，吸水比例保持不变。方案中通过依次对三块岩心注水，形成相同渗透率、不同岩心含水饱和度条件下的并联驱替，实验结果见图 2.26。三块岩心都打开之后，三块岩心的吸水比例差距逐渐扩大，初始高含水饱和度的岩心吸水比例高并且逐渐增加，低饱和度的岩心吸水比例最低且随着注水倍数的增加，与高含水岩心的渗流阻力差异进一步扩大，吸水比例也越来越低。

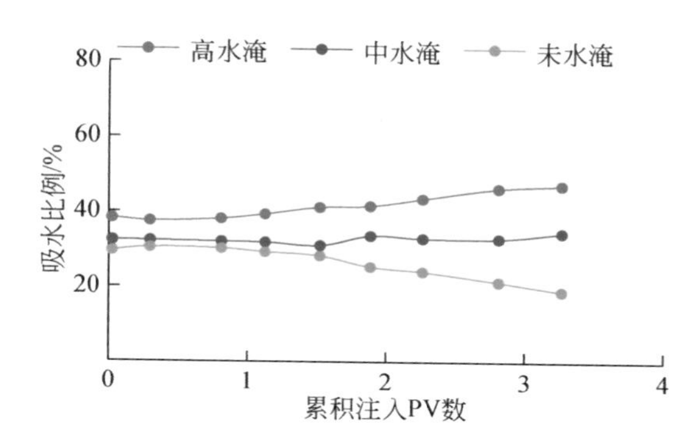

图 2.26　不同饱和度岩心吸水比例对比图

2）数值模拟研究

为研究层间含水差异对优势渗流通道的影响程度，通过在模型中先射开高渗透层，间隔时间（t）射开中高渗透层，依次延后射开不同层位的方式，形成不同层间的含水饱和度差异后，再开始预测生产指标。共设计了 14 套层间含水饱和度差异的模拟方案，方案设计如表 2.9 所示。

表 2.9　不同含水率变异系数的层系划分重组方案

方案编号	含水率级差	含水率变异系数	方案编号	含水率级差	含水率变异系数
方案 1	1.25	0.06	方案 8	1.52	0.16
方案 2	1.31	0.09	方案 9	1.57	0.17
方案 3	1.36	0.11	方案 10	1.84	0.165
方案 4	1.39	0.12	方案 11	1.94	0.24
方案 5	1.43	0.1	方案 12	1.91	0.18
方案 6	1.45	0.14	方案 13	2.19	0.22
方案 7	1.47	0.15	方案 14	2.21	0.32

利用 Eclipse 数值模拟软件对上述 14 套方案进行模拟，不同含水率差异与采收率模拟结果如图 2.27 所示。

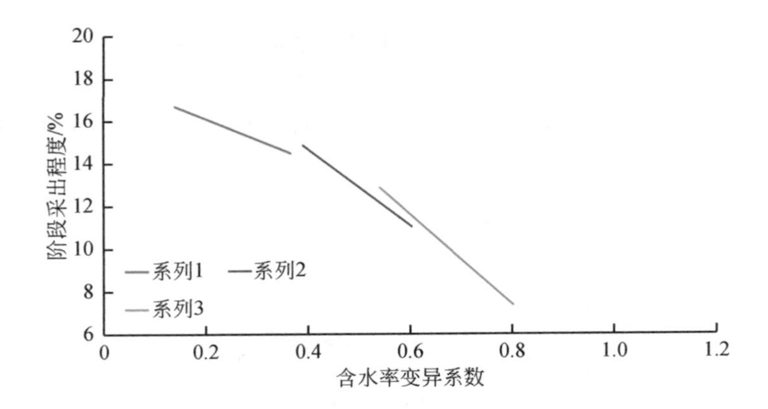

图 2.27　不同含水率变异系数对采收率的影响

系列 1：含水率级差≤1.5；系列 2：1.5＜含水率级差≤2；系列 3：含水率级差＞2

从图 2.27 中可以看出，当含水饱和度级差小于 1.5 时，含水饱和度变异系数对层段采出程度的影响幅度较小；当含水饱和度级差大于 1.5 时，随着含水饱和度变异系数的增大，采收率明显呈现下降趋势，且含水饱和度变异系数越大，低渗层采出程度越低，采出程度整体下降幅度也越大。

除以上方案以外，还对储层厚度差异、井网、井型、储量控制程度等因素进行了模拟计算，模拟结果显示这几项因素对优势渗流通道的影响不显著，文中不做阐述。

2.1.3　小结

通过自主发明的近似模拟高渗透储层微观孔喉参数变化过程的特制岩心，开展了物理模拟实验，结合数值模拟研究成果，明确了不同因素对优势渗流通道的影响规律。得到具体认识如下。

（1）通过室内实验和数值模拟研究，明确了层间渗透率级差、层间渗透率变异系数、层间渗透率突进系数、平面渗透率级差、厚油层韵律性、注水强度、注采井距以及层间饱和度级差对优势渗流通道的影响规律。

（2）研究了储层非均质性、注水强度、注采井距以及层间饱和度差异对优势渗流的影响，结果表明，当层间渗透率级差大于 5、渗透率变异系数大于 0.7、渗透率突进系数大于 2.5、注水强度大于 $12m^3/(m \cdot d)$、注采井距小于 200m 或层间含水饱和度级差大于 1.5 时，各因素对采收率变化幅度的影响变大。

2.2　聚合物驱无效循环的控制因素

影响剩余油分布的因素很多，通常划分为两类：地质因素和开发因素。地质因素主要包括油藏非均质性、构造、断层等；开发因素主要包括注采系统的完善程度、注采关系和井网布井、生产动态等。受生产动态因素影响的剩余油富集区有注水分流区、注水二线区及生产井网稀且单井控制储量大的井区，这些井区多为高产区，但受人为因素影响大，情况经常发生变化。例如，由于新注水井投注，原有水线发生变化，分流区可变为主流区，二线区也可变为一线区；新的加密井投产，稀井网变为密井网，单井控制储量由大变小。故这类井区的井高产时间不易持久。另外，上述是假定油层为一平面均质体，而实际所有油层都是起伏不平和非均质的，故实际地下情况远比设想的复杂得多，有时甚至与设想相反。前者属于内因，后者属于外因。它们的综合作用就导致了目前剩余油分布的多样化。

受地质因素影响的剩余油富集区主要涉及油层自身和构造两方面：断层及油层边角地带的滞留区；构造高部位及正向微型构造区；储集砂体核心部位，油层厚度大、物性好的地区。由于地质因素在开发过程的短暂时间内不会发生变化或变化甚微，受人为影响小，成为影响剩余油分布的主要因素，受其影响的加密井，常能保持高产稳产。

2.2.1　物理模拟实验研究

1. 实验条件

（1）模型：采用石英砂环氧树脂胶结而成，其规格为 30.0cm×4.5cm×4.5cm。模型分为四种类型，三种为非均质模型，渗透率按低、中、高三层均匀排列，每小层厚度为 1.5cm，变异因数（V_k）为 0.8、0.72 和 0.6，第四种为均质模型，变异系数（V_k）为 0，模型特性参数见表 2.10。

（2）实验用油：由原油和煤油配制的模拟油，模拟油黏度（45℃）10mPa·s 左右。

（3）实验用水：饱和模型用水为人工合成盐水，矿化度为 6778mg/L，配制聚合物用水为人工合成盐水，矿化度为 508mg/L，岩心驱替用水为人工合成盐水，矿化度为 3700mg/L。

（4）实验用聚合物：分别采用分子量为 2500 万、1500 万、1000 万的聚合物。

（5）实验温度：均在 45℃条件进行。

表 2.10 岩心情况表

岩心编号	长度/cm	截面积/cm^2	孔隙体积/mL	孔隙度/%	含油饱和度/%	气测渗透率/mD	水测渗透率/mD	变异系数
1 号	29.72	19.35	149.7	25.3	75.2	1209	680	0.72
2 号	29.8	19.98	146.1	24.5	74.3	1259	729	0.72
3 号	29.86	20.07	151.4	25.3	77.6	1176	727	0.72
4 号	29.8	20.16	148.7	24.8	76.3	1232	722	0.72
5 号	29.8	19.85	149	25.2	73.5	1291	790	0.72
6 号	29.72	20.16	147	24.5	73.8	1259	672	0.72
7 号	29.8	20.16	152.7	25.4	76.4	1295	778	0.72
8 号	29.86	19.935	149.5	25.1	76.7	1221.07	732	0.72
9 号	29.95	19.89	142.5	23.9	75.1	—	709	0.6
10 号	29.42	19.76	138.9	23.9	70.9	—	849	0.8
高 11	9.41	4.9	14.5	31.4	71.03	3224.78	2320	—
中 11	9.45	4.9	13.5	29.2	67.4	1096	695	—
低 11	9.51	4.9	13.4	28.7	64.2	299	170.3	—

其中 1 号、2 号、3 号、4 号、5 号、6 号、7 号、8 号、9 号和 10 号岩心为三层非均质长方体岩心，高 11、中 11 和低 11 为均质圆柱状岩心。

2. 实验方案设计

方案 1：岩心渗透率变异系数 V_k 为 0.72；水驱至含水率 98%；然后注入聚合物溶液，聚合物分子量为 1500 万，注入溶液 PV 数为 0.57，聚合物溶液浓度为 1200mg/L；最后后续水驱，至含水率再次达到 98%结束。

方案 2：岩心渗透率变异系数 V_k 为 0.72；水驱至含水率 98%；然后注入聚合物溶液，聚合物分子量为 1500 万，注入溶液 PV 数为 0.57，聚合物溶液浓度为 1000mg/L；最后后续水驱，至含水率再次达到 98%结束。

方案 3：岩心渗透率变异系数 V_k 为 0.72；水驱至含水率 98%；然后注入聚合物溶液，聚合物分子量为 1500 万，注入溶液 PV 数为 0.57，聚合物溶液浓度为 800mg/L；最后后续水驱，至含水率再次达到 98%结束。

方案 4：岩心渗透率变异系数 V_k 为 0.72；水驱至含水率 98%；然后注入聚合物溶液，聚合物分子量为 1500 万，注入溶液 PV 数为 0.57，聚合物溶液浓度为 600mg/L；最后后续水驱，至含水率再次达到 98%结束。

方案 5：岩心渗透率变异系数 V_k 为 0.72；水驱至含水率 98%；然后注入聚合物溶液，聚合物分子量为 1500 万，注入溶液 PV 数为 0.64，聚合物溶液浓度为 1000mg/L；最后后续水驱，至含水率再次达到 98%结束。

方案 6：岩心渗透率变异系数 V_k 为 0.72；水驱至含水率 98%；然后注入聚合物溶液，聚合物分子量为 1500 万，注入溶液 PV 数为 0.30，聚合物溶液浓度为 1000mg/L；最后后续水驱，至含水率再次达到 98%结束。

方案 7：岩心渗透率变异系数 V_k 为 0.72；水驱至含水率 98%；然后注入聚合物溶液，聚合物分子量为 2500 万，注入溶液 PV 数为 0.57，聚合物溶液浓度为 1000mg/L；最后后续水驱，至含水率再次达到 98%结束。

方案 8：岩心渗透率变异系数 V_k 为 0.72；水驱至含水率 98%；然后注入聚合物溶液，聚合物分子量为 1000 万，注入溶液 PV 数为 0.57，聚合物溶液浓度为 1000mg/L；最后后续水驱，至含水率再次达到 98%结束。

方案 9：岩心渗透率变异系数 V_k 为 0.60；水驱至含水率 98%；然后注入聚合物溶液，聚合物分子量为 1500 万，注入溶液 PV 数为 0.57，聚合物溶液浓度为 1000mg/L；最后后续水驱，至含水率再次达到 98%结束。

方案 10：岩心渗透率变异系数 V_k 为 0.80；水驱至含水率 98%；然后注入聚合物溶液，聚合物分子量为 1500 万，注入溶液 PV 数为 0.57，聚合物溶液浓度为 1000mg/L；最后后续水驱，至含水率再次达到 98%结束。

方案 11：三块圆柱状人造岩心并联；水驱至含水率 98%；然后注入聚合物溶液，聚合物分子量为 1500 万，注入溶液 PV 数为 0.57，聚合物溶液浓度为 1000mg/L；最后后续水驱，至含水率再次达到 98%结束。

方案 12：三块圆柱状人造岩心并联；水驱至含水率 98%；然后注入聚合物溶液，聚合物分子量为 2500 万，注入溶液 PV 数为 0.57，聚合物溶液浓度为 1000mg/L；最后后续水驱，至含水率再次达到 98%结束。

3. 结果与讨论

实验结果见表 2.11 所示。通过实验可以研究渗透率变异系数、聚合物溶液注入孔隙体积倍数、聚合物分子量和聚合物溶液浓度对聚合物驱后剩余油潜力及分布的影响。

表 2.11　物理模拟实验结果表　（单位：%）

方案	岩心编号	水驱采收率	聚合物驱阶段采收率	总采收率	方案总采收率
1	1 号	33.2	34.4	67.6	67.6
2	2 号	34.7	32.1	66.8	66.8

续表

方案	岩心编号	水驱采收率	聚合物驱阶段采收率	总采收率	方案总采收率
3	3号	34.7	31.1	65.8	65.8
4	4号	33.9	30.2	64.1	64.1
5	5号	32.6	34.9	67.5	67.5
6	6号	33.3	24.5	57.8	57.8
7	7号	34.8	33.1	67.9	67.9
8	8号	35.3	22.6	57.9	57.9
9	9号	36.5	30.9	67.4	67.4
10	10号	31.9	33.5	65.4	65.4
11	高11	48.5	19.4	67.9	62.1
	中11	42.8	21.9	64.7	
	低11	26.7	25.6	52.3	

1）渗透率变异系数的影响

可以由方案2、方案9和方案10的实验结果来分析渗透率变异系数对剩余油潜力的影响，详见表2.11、图2.28和图2.29。

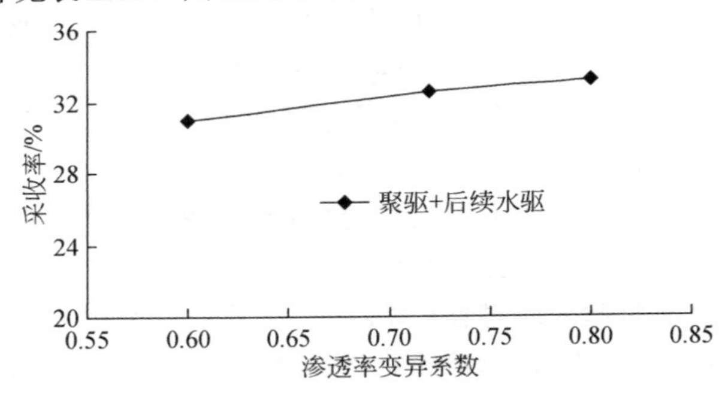

图2.28　聚合物驱阶段采收率与渗透率变异系数的关系

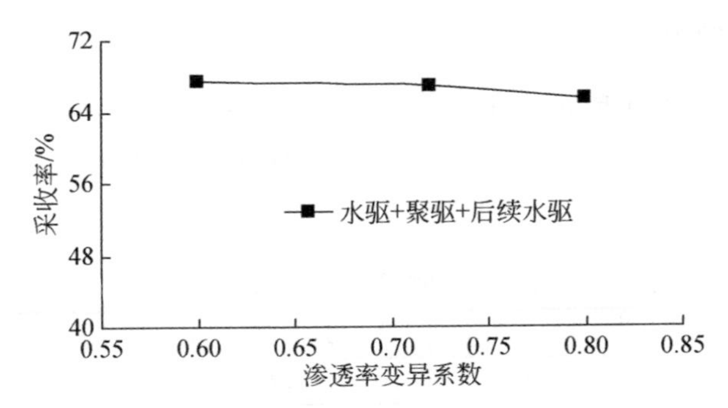

图2.29　方案总采收率与渗透率变异系数的关系

由表 2.10、表 2.11、图 2.28 和图 2.29 可以看出，方案 2、方案 9 和方案 10 的岩心渗透率变异系数 V_k 分别为 0.72、0.6 和 0.8，三个方案的聚合物驱阶段采收率分别为 32.1%、30.9%和 33.5%，即随着岩心渗透率变异系数增大，聚合物驱阶段采收率也增大。而方案 2、方案 9 和方案 10 三个方案的总采收率分别为 66.8%、67.4%和 65.4%，即随着岩心渗透率变异系数增大，方案总采收率变小，但相差不多。

其原因是渗透率变异系数越大，岩心纵向非均质差异就越大，即岩心底部高渗透层的渗透率相对越大。由于水的黏度比较低，岩心的连通性较好，水驱时，大部分水量沿着岩心底部的高渗透层流过，而大部分中、低渗透层没有波及到，反映水驱采收率不高，岩心中的剩余油相对较多。而渗透率变异系数较小的岩心，由于岩石纵向非均质差异较小，水驱的波及体积要明显大于渗透率变异因数较大的岩心，水驱采收率相对较高，岩心中剩余油相对较少。但聚合物驱时，由于变异系数大的岩心中剩余油相对较高，且聚合物黏度比较高，岩心中注入了聚合物后，增加了水的黏度，降低了水相渗透率，改善了油层内水油流度比，有效地扩大了水驱波及体积，从而采收率的提高幅度要明显高于渗透率变异系数较小的岩心。

2）聚合物分子量的影响

可以由方案 2、方案 7 和方案 8 的实验结果来分析聚合物分子量对剩余油潜力的影响，详见表 2.11 与图 2.30～图 2.33。

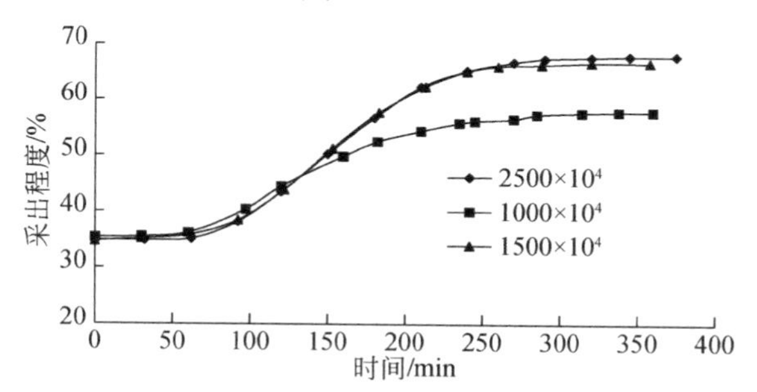

图 2.30　不同分子量下采出程度随时间的变化曲线

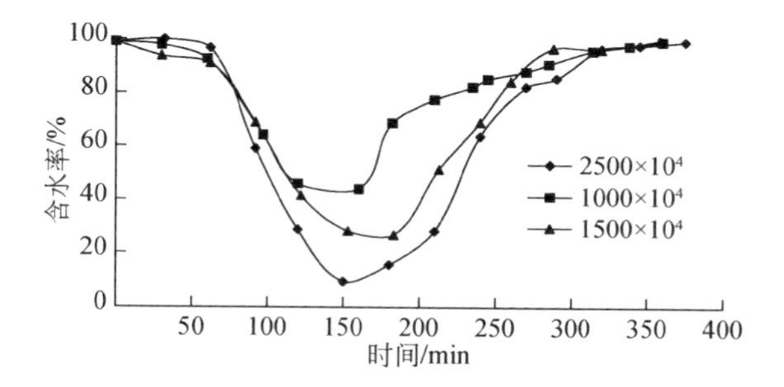

图 2.31　不同分子量下含水率随时间的变化曲线

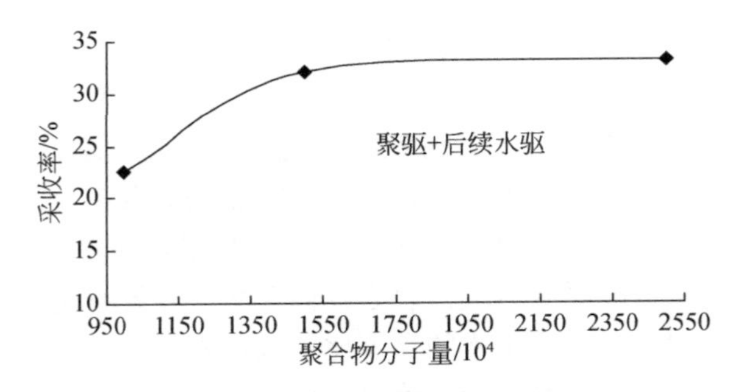

图 2.32 聚合物驱阶段采收率与聚合物分子量的关系

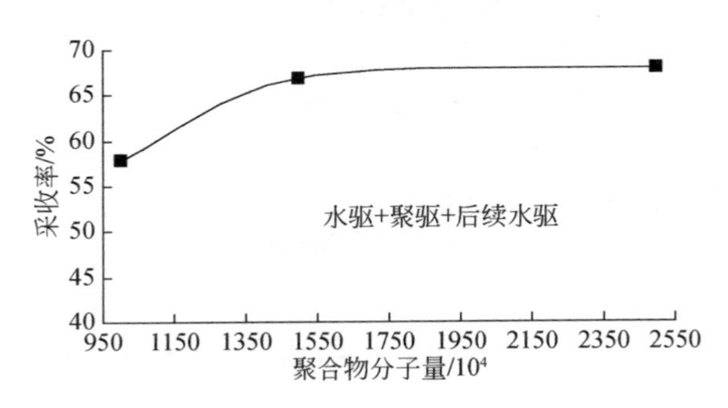

图 2.33 方案总采收率与聚合物分子量的关系

从表 2.11 与图 2.30～图 2.33 可以看出，方案 7、方案 2 和方案 8 的聚合物分子量分别为 2500 万、1500 万和 1000 万，其聚合物驱阶段采收率分别为 33.1%、32.1%和 22.6%，方案总采收率分别为 67.9%、66.8%和 57.9%。表 2.11 与图 2.30～图 2.33 表明，随着聚合物分子量的增大，聚合物驱效果变好，含水率下降幅度增大，聚合物驱阶段采收率和方案总采收率均增大。这是由于聚合物相对分子质量增加，聚合物溶液的黏度就增加，聚合物溶液的调剖能力也增加，因而扩大了驱替液的波及体积，最终使流度比也得到了较大提高。从宏观角度分析，聚合物相对分子质量大小及其特征直接关系到聚合物的增稠能力及水相渗透能力，因而直接影响聚合物的驱油效果。从微观的角度分析，不同分子量的聚合物具有不同的水动力学半径，在油层孔道中流动时所经历的路径将有一定差别，从而产生不同微观及宏观驱油效果。

3）聚合物溶液浓度的影响

可以由方案 1、方案 2、方案 3 和方案 4 的实验结果来分析聚合物溶液浓度对剩余油潜力的影响，见表 2.11、图 2.34 和图 2.35。

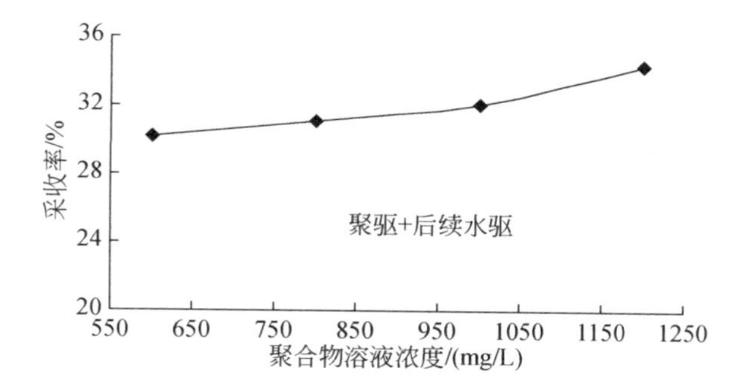

图 2.34　聚合物驱阶段采收率与聚合物溶液浓度的关系

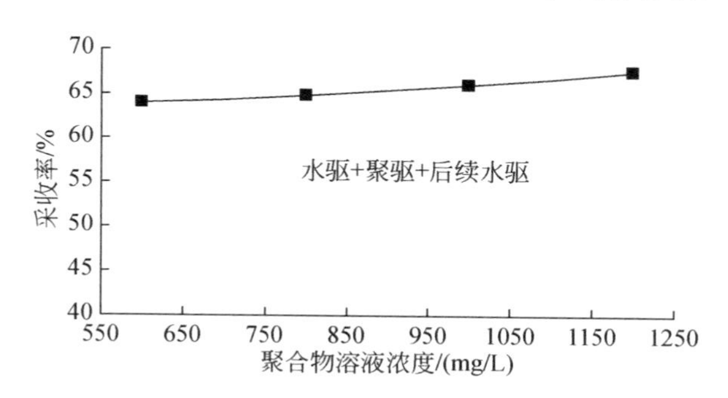

图 2.35　方案总采收率与聚合物溶液浓度的关系

从表 2.11、图 2.34 和图 2.35 可以看出，当方案 4、方案 3、方案 2 和方案 1 的聚合物浓度分别为 600mg/L、800mg/L、1000mg/L 和 1200mg/L 时，其聚合物驱阶段采收率分别为 30.2%、31.1%、32.1%和 34.4%，方案总采收率分别为 64.1%、65.8%、66.8%和 67.6%，说明随着聚合物溶液浓度增大，聚合物驱阶段采收率增高，剩余油饱和度降低。其原因在于，随着聚合物溶液浓度增加，聚合物体系的黏弹性增加，使得孔喉中的残余油两端均被聚合物溶液不同程度地“拽”出，降低了孔隙中的残余油饱和度，提高了驱油效率。同时，聚合物溶液浓度增大，聚合物流度控制及调剖作用加强，防止了指进现象，扩大了波及体积，提高了波及效率。

由表 2.11 中的数据计算可知，方案 4、方案 3、方案 2、方案 1 的剩余油饱和度分别为 27.37%、26.52%、24.71%、24.35%，即随着聚合物溶液浓度增加，剩余油饱和度下降。因此，在实际试验中，在注入能力允许条件下，尽量选用较高浓度的注聚方案。

4）注入聚合物溶液段塞大小的影响

可以由方案 5、方案 2 和方案 6 的实验结果来分析注入聚合物溶液段塞尺寸对剩余油潜力的影响，见表 2.11、图 2.36 和图 2.37。

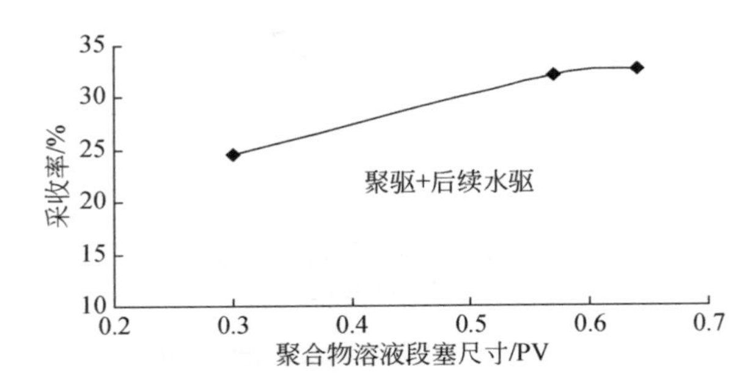

图 2.36　聚合物驱阶段采收率与注入聚合物溶液段塞尺寸的关系

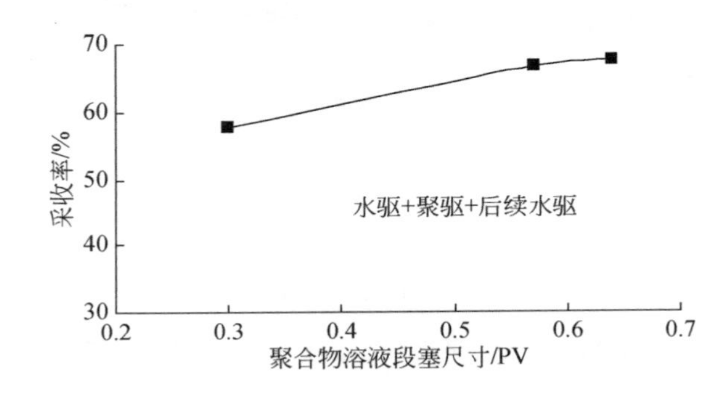

图 2.37　方案总采收率与注入聚合物溶液段塞尺寸的关系

从表 2.11、图 2.36 和图 2.37 可以看出，方案 5、方案 2 和方案 6 的注入孔隙体积倍数分别为 0.64PV、0.57PV 和 0.30PV，其聚合物驱阶段采收率分别为 34.9%、32.1%和 24.5%，说明注入聚合物溶液段塞尺寸越大，聚合物驱阶段采收率越大，剩余油饱和度越大。

由表 2.11 数据计算可知，方案 5、方案 2、方案 6 剩余油饱和度分别为 23.89%、24.71%、31.16%，剩余油量分别为 35.6mL、36.10mL、45.8mL，两者均随着聚合物溶液注入孔隙体积倍数增大而降低。这主要是由于在注入聚合物溶液段塞较小时，后续水驱对聚合物溶液段塞的“破坏”作用相对要大一些，会造成后续水突破得快一些，从而使生产井聚合物产出浓度大幅度下降，水相黏度的降低，导致生产井含水上升加快，驱油效果变差。因此在保证经济效益的前提下，应该采用较大聚合物溶液段塞。

5）三管并联情况下剩余油潜力分布

方案 11 为并联实验。由表 2.11 可知，方案总采收率为 62.1%；高渗透岩心聚合物驱阶段采收率为 19.4%，中渗透岩心聚合物驱阶段采收率为 21.9%，低渗透岩心聚合物驱阶段采收率为 25.6%；高渗透岩心总采收率为 67.9%，中渗透岩心总采收率为 64.7%，低渗透岩心总采收率为 52.3%。可以看出，以高渗透率岩心采收率较高，剩余油潜力较大。

图 2.38 为方案 11 高、中、低渗透率各块岩心的剩余油饱和度对比图，图 2.39 为方案 11 高、中、低渗透率各块岩心的剩余油量对比图。

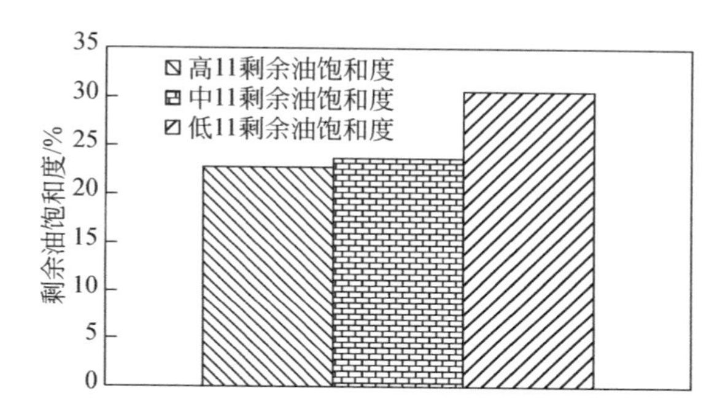

图 2.38　方案 11 各块岩心剩余油饱和度情况

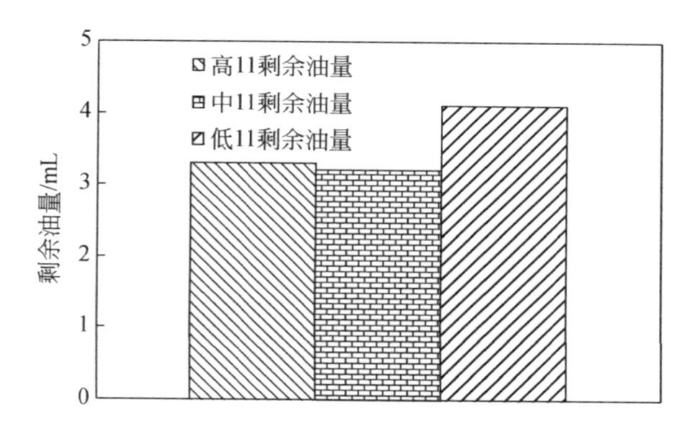

图 2.39　方案 11 各块岩心剩余油量情况

由图 2.38 和图 2.39 可以看出，聚合物驱后，高渗透率岩心剩余油饱和度较高，低渗透率岩心剩余油饱和度较低，中渗透率岩心剩余油饱和度居中；从剩余油量来看，由于岩心孔隙体积很小，高中低岩心剩余油量差别不大。对于实际油田而言，中高渗透率储层厚度大，孔隙度高，总孔隙体积大，所以对于实际油田进行聚合物驱后，中高渗透率储层是剩余油潜力所在，并且由于中等渗透率储层剩余油饱和度高于高渗透率储层，而中渗透率储层与高渗透率储层的孔隙体积、原始含油饱和度差别不大，所以又以中等渗透率储层为聚合物驱后剩余油主要潜力所在。

2.2.2 数值模拟研究

1. 概念模型的建立

建立概念模型如图 2.40 所示，该概念模型网格数为 21×21×3，即该模型的网格划分为 N_x=N_y=21，N_z=3；X、Y、Z 方向上的网格步长分别为 6.73m、6.73m、1m；该概念模型各向同性，各层沿 X、Y、Z 方向上的渗透率分别为 98.7mD、296.1mD、888.3mD（在该模型的基础上，分别设计了方案 1～方案 31，来研究聚合物溶液浓度、聚合物分子量、聚合物溶液注入孔隙体积倍数对聚合物驱后剩余油潜力及分布的影响。方案 32～方案 39 为渗透率变异系数对聚合物驱后剩余油潜力及分布的影响，仅在该模型的基础上改变渗透率，其渗透率值见以下具体方案）。该模型的原始地层压力为 11MPa，各层的孔隙度分别为 0.244、0.245、0.246，含水饱和度分别为 0.251、0.250、0.249，原始溶解油气比为 0.58cm^3/cm^3，该模型共有两口井，井距为 200m，其中一口为注水井，其网格坐标为（1，1），以 100m^3/d 注入量进行注水，另一口为采油井，其网格坐标为（21，21），以 BHP=5MPa 进行生产。

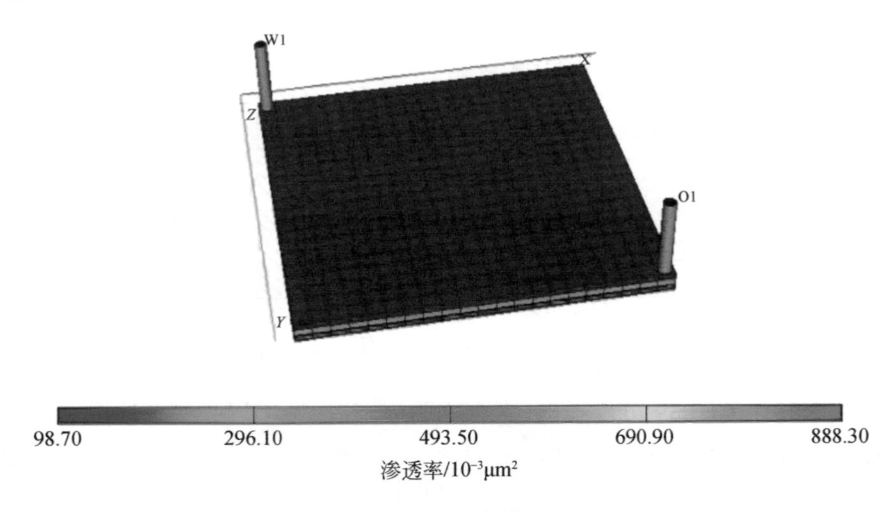

图 2.40 概念模型

用概念模型数模研究聚合物溶液浓度、聚合物分子量、聚合物溶液注入孔隙体积倍数和渗透率变异系数对聚合物驱后剩余油潜力及分布的影响。

2. 设定注聚方案

方案 1：水驱至含水率 98%；然后注入聚合物溶液，聚合物分子量为 1500 万，注入溶液 PV 数为 0.57，聚合物溶液浓度分别为 800mg/L；最后后续水驱，至含水率再次达到 98%结束。

方案 2～方案 39：水驱至含水率 98%；然后注入聚合物溶液，聚合物分子量、注入溶液 PV 数、聚合物溶液浓度分别取不同值；最后后续水驱，至含水率再次达到 98%结束。

3. 结果与讨论

数值模拟结果见表 2.12。通过数值模拟可以研究聚合物溶液浓度、聚合物分子量、聚合物溶液注入孔隙体积倍数和渗透率变异系数对聚合物驱后剩余油潜力及分布的影响。

表 2.12　数值模拟结果表

方案	聚合物溶液浓度 /（mg/L）	聚合物分子量 /10^4	注入聚合物溶液段塞大小（PV 数）	渗透率变异系数	水驱采收率 /%	聚驱采收率 /%	方案总采收率/%
1	800	1500	0.57	0.72	39.22	9.23	48.45
2	900	1500	0.57	0.72	39.22	10.04	49.27
3	950	1500	0.57	0.72	39.22	10.38	49.61
4	1000	1500	0.57	0.72	39.22	10.71	49.94
5	1500	1500	0.57	0.72	39.22	13.41	52.63
6	1600	1500	0.57	0.72	39.22	13.73	52.96
7	1700	1500	0.57	0.72	39.22	14.04	53.26
8	1800	1500	0.57	0.72	39.22	14.31	53.53
9	1900	1500	0.57	0.72	39.22	14.47	53.69
10	2000	1500	0.57	0.72	39.22	14.67	53.89
11	2200	1500	0.57	0.72	39.22	14.91	54.13
12	2500	1500	0.57	0.72	39.22	15.02	54.24
13	4000	1500	0.57	0.72	39.22	15.29	54.52
14	1000	500	0.57	0.72	39.22	3.17	42.39
15	1000	800	0.57	0.72	39.22	6.16	45.39
16	1000	1000	0.57	0.72	39.22	8.76	47.99
17	1000	2000	0.57	0.72	39.22	12.25	51.48

续表

方案	聚合物溶液浓度 /（mg/L）	聚合物分子量 /10^4	注入聚合物溶液段塞大小（PV 数）	渗透率变异系数	水驱采收率/%	聚驱采收率/%	方案总采收率/%
18	1000	2500	0.57	0.72	39.22	13.16	52.39
19	1000	2800	0.57	0.72	39.22	13.43	52.66
20	1000	3000	0.57	0.72	39.22	13.74	52.97
21	1000	1500	0.3	0.72	39.22	8.57	47.79
22	1000	1500	0.44	0.72	39.22	9.68	48.91
23	1000	1500	0.72	0.72	39.22	11.66	50.89
24	1000	1500	0.8	0.72	39.22	12.08	51.30
25	1000	1500	1	0.72	39.22	13.08	52.30
26	1000	1500	1.1	0.72	39.22	13.47	52.69
27	1000	1500	1.2	0.72	39.22	13.80	53.03
28	1000	1500	1.3	0.72	39.22	14.04	53.26
29	1000	1500	1.5	0.72	39.22	14.13	53.36
30	1000	1500	2	0.72	39.22	14.14	53.36
31	1000	1500	2.5	0.72	39.22	14.14	53.37
32	1000	800	0.57	0	40.69	48.22	—
33	1000	800	0.57	0.248	40.13	47.73	—
34	1000	800	0.57	0.433	40.03	47.72	—
35	1000	800	0.57	0.59	39.68	47.45	—
36	1000	800	0.57	0.72	39.33	46.99	—
37	1000	800	0.57	0.82	39.22	45.44	—
38	1000	800	0.57	0.89	37.59	43.20	—
39	1000	800	0.57	0.968	34.54	39.68	—

1）聚合物溶液浓度的影响

可以由方案 1～方案 12 的数模结果来分析聚合物溶液浓度对剩余油潜力的影响。

可以看出，聚合物溶液浓度越高、采收率越高、含水率越低，产出液的处理费用低。聚合物驱阶段采收率及方案总采收率与聚合物溶液浓度的关系曲线以聚合物溶液浓度 2000mg/L 为界限，分为两段。第一段即聚合物溶液浓度小于 2000mg/L 时，随着聚合物溶液浓度增大，聚合物驱阶段及方案总采收率增加幅度大，剩余油饱和度降低幅度大；第二段即聚合物溶液浓度大于等于 2000mg/L 时，随着聚合物溶液浓度增大，聚合物驱阶段及方案总采收率变化幅度小，基本上保持不变，剩余油饱和度也基本不变。

因此，在实际生产中，在注入能力允许及考虑经济效益的前提下，尽量选用聚合物溶液浓度为 2000mg/L 的注聚方案。

2）聚合物分子量的影响

可以由方案 4 与方案 14～方案 20 的数模结果来分析聚合物分子量对剩余油潜力的影响。

可以看出，聚合物分子量越高，采收率越高，含水率越低，产出液的处理费用低。聚合物驱阶段采收率及方案总采收率与聚合物分子量的关系曲线以聚合物分子量 1000 万为界限，分为两段。第一段即聚合物分子量小于 1000 万时，随着聚合物分子量增大，聚合物驱阶段及方案总采收率增加幅度大，剩余油饱和度降低幅度大；第二段即聚合物分子量大于等于 1000 万时，随着聚合物分子量增加，聚合物驱阶段及方案总采收率变化幅度相对较缓，但仍呈上升趋势，剩余油饱和度变化趋势与采收率相同。

因此，在实际生产中，聚合物的分子量越高其比水驱提高采收率幅度越大，要达到相同的采收率幅度，低分子量聚合物的用量就会很大。目前由于分子量大与分子量小的价格相同，因而在不堵塞油层的条件下，应尽量选择高分子量的聚合物。

3）注入聚合物溶液段塞大小的影响

可以由方案 4 与方案 21～方案 31 的数模结果来分析注入聚合物溶液段塞尺寸对剩余油潜力的影响。

可以看出，注入聚合物溶液段塞尺寸 PV 数越大，采收率越高，含水率越低，产出液的处理费用低。聚合物驱阶段采收率及方案总采收率与注入聚合物溶液段塞尺寸的关系曲线以注入聚合物溶液段塞尺寸 1.3PV 为界限，分为两段。第一段即注入聚合物溶液段塞尺寸小于 1.3PV 时，随着注入聚合物溶液段塞尺寸增大，聚合物驱阶段及方案总采收率增加幅度大，剩余油饱和度降低幅度大；第二段即注入聚合物溶液段塞尺寸大于等于 1.3PV 时，随着注入聚合物溶液段塞尺寸增大，聚合物驱阶段及方案总采收率增加幅度小，基本上保持不变，剩余油饱和度也基本不变。

因此，在实际生产中，在注入能力允许及考虑经济效益的前提下，尽量选用注入聚合物溶液段塞尺寸为 1.3PV 的注聚方案。

4）渗透率变异系数的影响

可以由方案 32～方案 39 的数模结果来分析渗透率变异系数对剩余油潜力的影响。

可以看出，水驱和聚合物驱的含水率都随着油层非均质系数 V_k 值的增大而升高，水驱和聚合物驱的采收率都随着油层非均质系数 V_k 值的增大而降低，聚合物驱相对水驱的增采幅度，首先随 V_k 值增大而增加，在 V_k=0.72 附近取得极大值，进而随 V_k 值增大而缩小，V_k=0.72 附近邻域是聚合物驱油非均质系数的最佳取值范围。

5）高中低渗层剩余油潜力分布

由表 2.12 可知，方案 4 的方案总采收率为 49.94%。根据数值模拟结果，方案 4 的高渗透层聚合物驱阶段采收率为 12.30%，中渗透层聚合物驱阶段采收率为 11.19%，低渗透层聚合物驱阶段采收率为 8.63%；高渗透层总采收率为 54.72%，中渗透层总采收率为 50.29%，低渗透层总采收率为 44.74%。结果表明，以高渗透率层采收率较高，剩余油潜力较大。

聚合物驱后，低渗透率岩心剩余油饱和度较高，中渗透率岩心剩余油饱和度居中，高渗透率岩心剩余油饱和度较低；从剩余油量来看，由于岩心孔隙体积很小，高中低岩心剩余油量差别不大。对于实际油田而言，中高渗透率储层厚度大，孔隙度高，总孔隙体积大，所以聚合物驱后，中高渗透率储层就是剩余油潜力所在，并且由于中等渗透率储层剩余油饱和度高于高渗透率储层，而中渗透率储层与高渗透率储层的孔隙体积、原始含油饱和度差别不大，所以又以中等渗透率储层为聚合物驱后剩余油主要潜力所在。

6）影响因素界限分析

用概念模型数模研究聚合物溶液浓度、聚合物分子量、聚合物溶液注入孔隙体积倍数和渗透率变异系数对聚合物驱后剩余油潜力及分布的影响，各影响因素界限分析结果见表 2.13。

表 2.13 影响因素界限表

影响因素	界限值	备注
聚合物溶液浓度	2000mg/L	聚合物溶液浓度大于 2000mg/L 时，随着聚合物溶液浓度增大，聚合物驱阶段及方案总采收率基本上保持不变，尽量选用聚合物溶液浓度为 2000mg/L 的注聚方案
聚合物分子量		聚合物分子量大于 1000 万时，随着聚合物分子量增加，聚合物驱阶段及方案总采收率变化幅度相对较缓，聚合物分子量越大越好，但是要考虑注入能力问题
聚合物溶液注入孔隙体积倍数	1.3PV	注入聚合物溶液段塞尺寸大于 1.3PV 时，随着注入聚合物溶液段塞尺寸增大，聚合物驱阶段及方案总采收率基本上保持不变，尽量选用注入聚合物溶液段塞尺寸为 1.3PV 的注聚方案
渗透率变异系数	0.72	聚合物驱相对水驱的增采幅度，首先随 V_k 值增大而增加，在 V_k=0.72 附近取得极大值，进而随 V_k 值增大而缩小，在 V_k=0.72 附近邻域是聚合物驱油非均质系数的最佳取值范围

2.2.3 小结

（1）聚驱后剩余油潜力主要受变异系数、聚合物分子量、聚合物溶液浓度、注入聚合物溶液段塞大小等因素影响。

（2）物理模拟实验结果表明：岩心渗透率变异系数越大、聚合物分子量越大、聚合物溶液浓度越大、聚合物溶液段塞尺寸越大，聚驱采收率就越大，剩余油饱和度就越低。

（3）数值模拟结果表明：渗透率变异系数 V_k=0.72 附近邻域是聚合物驱油渗透率变异系数的最佳取值范围；在注入能力允许及考虑经济效益的前提下，选用聚合物溶液浓度为 2000mg/L，注入聚合物溶液段塞尺寸上限为 1.3PV，分子量越大越好。

2.3 无效水循环形成的机理

特高含水时期油藏，在水驱以及聚合物/表面活性剂/碱水溶液三元复合等化学驱情况下，油层中的流体主要为油相和水相，油水上下分异现象严重，剩余油分布受重力因素的影响日趋显著。本章利用数值模拟方法、室内岩心驱替实验和可视化平板填砂模型驱油实验，研究了重力对剩余油分布作用的机理；在达西定律和已有渗流模型基础上，建立了考虑油水密度差造成浮力的水驱及化学驱油水两相渗流数学模型，研究了受重力影响的水驱及化学驱油机理；利用平板大模型驱油实验，研究了不同注入介质驱油效果以及压力场和饱和度场变化规律。

2.3.1 重力影响的水驱及化学驱油机理分析

1. 研究理论基础

达西经过单相液体（如水）渗流实验总结出来的达西定律的最基本公式：

$$Q_L = \frac{Ak_L}{\mu_L} \cdot \frac{P_1 - P_2}{\Delta L} \tag{2-1}$$

式中，A 为岩心截面积，cm^2；k_L 为液体渗透率，μm^2；ΔL 为岩心长度，cm；μ_L 为液体黏度，mPa·s；P_1、P_2 为岩心两端的压强（渗流力学中称之为压力），kg/cm^2；Q_L 为液体渗流量，cm^3/s。

之后不断发展出了二维、三维以及两相、三相流体的渗流速度表达式，如三维油、水两相渗流速度的表达式为

$$
\text{油相}\begin{cases}V_{ox}=-\dfrac{kk_{ro}}{\mu_o}\cdot\left(\dfrac{\partial P_o}{\partial x}-\rho_o\cdot g\dfrac{\partial D}{\partial x}\right)\\V_{oy}=-\dfrac{kk_{ro}}{\mu_o}\cdot\left(\dfrac{\partial P_o}{\partial y}-\rho_o\cdot g\dfrac{\partial D}{\partial y}\right)\\V_{oz}=-\dfrac{kk_{ro}}{\mu_o}\cdot\left(\dfrac{\partial P_o}{\partial z}-\rho_o\cdot g\dfrac{\partial D}{\partial z}\right)\end{cases}\tag{2-2}
$$

$$
\text{水相}\begin{cases}V_{wx}=-\dfrac{kk_{rw}}{\mu_w}\cdot\left(\dfrac{\partial P_w}{\partial x}-\rho_w\cdot g\dfrac{\partial D}{\partial x}\right)\\V_{wy}=-\dfrac{kk_{rw}}{\mu_w}\cdot\left(\dfrac{\partial P_w}{\partial y}-\rho_w\cdot g\dfrac{\partial D}{\partial y}\right)\\V_{wz}=-\dfrac{kk_{rw}}{\mu_w}\cdot\left(\dfrac{\partial P_w}{\partial z}-\rho_w\cdot g\dfrac{\partial D}{\partial z}\right)\end{cases}\tag{2-3}
$$

式中，下角标 o 为油相；下角标 w 为水相；g 为重力加速度；D 为倾斜地层任一点到基准面的距离。

以上方程均是在油、水两相流为连续流的条件下得到的，但在油层实际中，往往存在油包水或水包油的非连续状态。特别是在水驱开发初期，注入水进入油层后，处于“油多水少”的状态，易出现油包水而使水相为非连续相渗流的状态。在含水率 90%以上特高含水阶段的水驱及化学驱开发后期，往往经过长达几十年的水冲洗，油层内则会出现水包油而使油相为非连续渗流的状态。在这种油相或水相非连续状态下，基于重力的作用，油、水密度差造成的浮力则会起到不可忽视的作用，而且经过长期持续的作用，在油层中则会出现明显的油水重力分异现象，即油倾向于向上渗流，水则倾向于向下渗流，从而造成油层上部原油难以被水驱出，油层下部则形成越来越严重的水窜（图 2.41），因此导致油层下部孔喉不断被水冲蚀使渗透率增大而形成优势渗流通道。

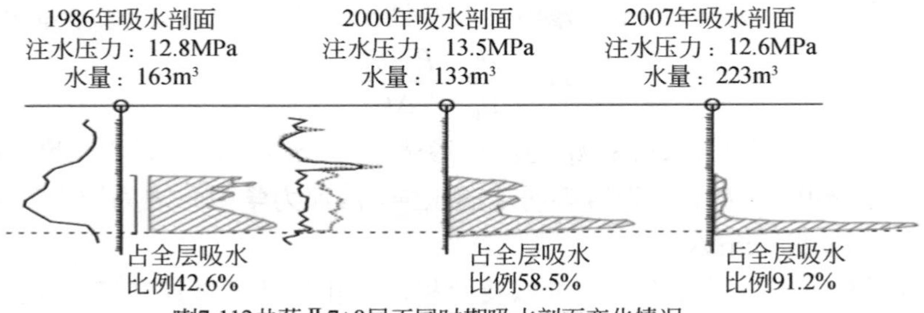

图 2.41　典型井吸水剖面变化（来自大庆油田测试资料）

2. 考虑重力作用的渗流数学模型

考虑到以上情况，为更加客观地认识储层孔渗参数的时变规律，更加准确地预测油层中剩余油分布和生产井产液量、产水量、含水率等动态指标，本章在此处建立考虑重力作用的水驱及化学驱油、水两相渗流方程。

如图 2.42 所示，假设水平油层中体积为$\Delta x\Delta y\Delta z$ 的“油滴”被水相包围，在垂直方向上、下两个面的压强分别为 P_{o2} 和 P_{o1}，则形成的压力分别为 $P_{o2}\Delta x\Delta y$ 和 $P_{o1}\Delta x\Delta y$。由于油水密度的差异，水对“油滴”的浮力与“油滴”自身重力的合力是 $g(\rho_w-\rho_o)\Delta x\Delta y$，如果考虑到与压力量纲公斤力一致，这个合力的量纲也用公斤力，则可表示为（$\rho_w-\rho_o$）$\Delta x\Delta y$。与前面两个面上的压力形成向上的合力则为 $P_{o1}\Delta x\Delta y-P_{o2}\Delta x\Delta y+$（$\rho_w-\rho_o$）$\Delta x\Delta y\Delta z$，根据达西定律，$z$ 方向上油相的流量为

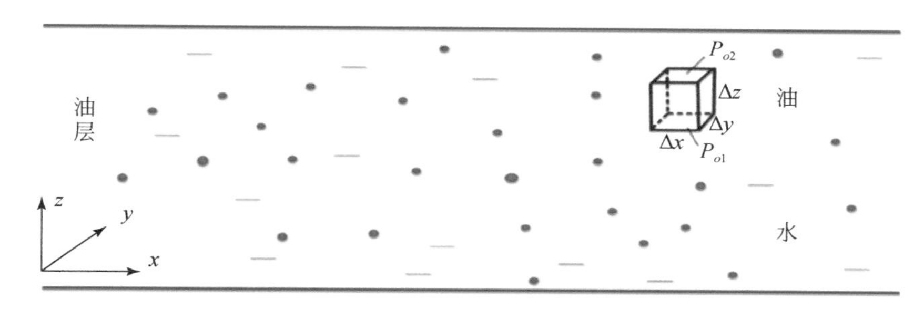

图 2.42　油层中水包油示意图

$$Q_{oz}=\frac{kk_{ro}}{\mu_o}\cdot\frac{P_{o1}\Delta x\Delta y-P_{o2}\Delta x\Delta y+(\rho_w-\rho_o)\Delta x\Delta y\Delta z}{\Delta z} \tag{2-4}$$

渗流速度则是流量除以截面积$\Delta x\Delta y$，得

$$V_{oz}=\frac{kk_{ro}}{\mu_o}\cdot\left(\frac{P_{o1}-P_{o2}}{\Delta z}+\rho_w-\rho_o\right) \tag{2-5}$$

令 $\Delta z\to0$，得

$$V_{oz}=-\frac{kk_{ro}}{\mu_o}\cdot\left(\frac{\partial P_o}{\partial z}+\rho_o-\rho_w\right) \tag{2-6}$$

对于倾斜地层：

$$V_{oz}=-\frac{kk_{ro}}{\mu_o}\cdot\left(\frac{\partial P_o}{\partial z}-\rho_o\cdot g\frac{\partial D}{\partial z}+\rho_o-\rho_w\right) \tag{2-7}$$

同理可得油包水情况下，水相垂向上的渗流速度为

$$V_{wz}=-\frac{kk_{rw}}{\mu_w}\cdot\left(\frac{\partial P_w}{\partial z}-\rho_w\cdot g\frac{\partial D}{\partial z}+\rho_w-\rho_o\right) \tag{2-8}$$

与已有的油水两相渗流速度公式比较，此种情况下垂向上油相和水相渗流速度表达式中多了（ρ_w-ρ_o）项，这正体现了浮力的作用。

在水平面 x 和 y 方向上，不存在重力的差异，所以 x 和 y 方向上的渗流速度表达式仍为原来的表达式。

基于物质守恒定律建立的等温油水两相渗流基本微分方程组则变为

$$\text{油相}\begin{cases}\dfrac{\partial}{\partial x}\left[\dfrac{\rho_o k k_{ro}}{\mu_o}\left(\dfrac{\partial P_o}{\partial x}-\rho_o\cdot g\dfrac{\partial D}{\partial x}\right)\right]+q_o=\dfrac{\partial}{\partial t}(\rho_o\phi S_o)\\ \dfrac{\partial}{\partial y}\left[\dfrac{\rho_o k k_{ro}}{\mu_o}\left(\dfrac{\partial P_o}{\partial y}-\rho_o\cdot g\dfrac{\partial D}{\partial y}\right)\right]+q_o=\dfrac{\partial}{\partial t}(\rho_o\phi S_o)\\ \dfrac{\partial}{\partial z}\left[\dfrac{\rho_o k k_{ro}}{\mu_o}\left(\dfrac{\partial P_o}{\partial z}-\rho_o\cdot g\dfrac{\partial D}{\partial z}+\rho_o-\rho_w\right)\right]+q_o=\dfrac{\partial}{\partial t}(\rho_o\phi S_o)\end{cases}\tag{2-9}$$

$$\text{水相}\begin{cases}\dfrac{\partial}{\partial x}\left[\dfrac{\rho_w k k_{rw}}{\mu_w}\left(\dfrac{\partial P_w}{\partial x}-\rho_w\cdot g\dfrac{\partial D}{\partial x}\right)\right]+q_w=\dfrac{\partial}{\partial t}(\rho_w\phi S_w)\\ \dfrac{\partial}{\partial y}\left[\dfrac{\rho_w k k_{rw}}{\mu_w}\left(\dfrac{\partial P_w}{\partial y}-\rho_w\cdot g\dfrac{\partial D}{\partial y}\right)\right]+q_w=\dfrac{\partial}{\partial t}(\rho_w\phi S_w)\\ \dfrac{\partial}{\partial z}\left[\dfrac{\rho_w k k_{rw}}{\mu_w}\left(\dfrac{\partial P_w}{\partial z}-\rho_w\cdot g\dfrac{\partial D}{\partial z}+\rho_w-\rho_o\right)\right]+q_w=\dfrac{\partial}{\partial t}(\rho_w\phi S_w)\end{cases}\tag{2-10}$$

式中，q_o、q_w 分别为井点处单位体积油层注入油量和注入水量（生产井为负）。

需要说明的是，以上考虑油水密度差及重力影响的数学模型的基本假设之一是“油包水”或“水包油”，适用于这种油相为非连续相或水相为非连续相的情况，对于原有模型中油水两相为连续性的假设条件，可以根据任意时间、地点含水饱和度和含油饱和度的比值，给出这一比值代表“油包水”和“水包油”的两个界限，在这两个界限内对应使用此处建立的模型。

3. 算例分析

为了针对油田实际情况用以上所建模型研究重力对油水渗流规律影响的机理，在大庆油田注采井距为 150m 的二类油层井网中，选取三口注入井，油层有效厚度分别为 10.2m、9.7m、18.7m，渗透率分别为 $281.89\times10^{-3}\mu m^2$、$393.25\times10^{-3}\mu m^2$、$225\times10^{-3}\mu m^2$，日注水量分别是 $30m^3$、$35m^3$、$65m^3$，这三口水井的平均有效厚度、渗透率和注入量是 12.87m、$300.05\times10^{-3}\mu m^2$、$43.3m^3/d$，孔隙度为 0.25，水相黏度取 0.6mPa·s，油相黏度取 9.4mPa·s，地面、地下油密度分别取 $0.85g/cm^3$、$0.80g/cm^3$，水密度为 $1g/cm^3$，周围油井含水率均在 90%以上，已处于特高含水开采阶段。假定一口注入井以此三口注入井平均参数为基础，周围均匀分布四口生产井，构成均质等厚的注采油层和注采井系统，生产井产液量与注入井注水量相等。

根据已有达西定律和渗流模型，计算得到在距注入井75m处（注采井距之半），油水两相组成的液相流体渗流速度为 0.71cm/d，考虑到孔隙度，则流体实际流速为 2.84cm/d，此处的压力梯度为 1.35×10^{-5}MPa/cm，折算成水柱表示，为 0.137m 水柱/m，而水包油状态下油水密度差形成的水对油的浮力则是 0.2m 水柱/m，“油滴”受垂向上的力甚至大于注采宏观压力形成的水平方向上的力，更加促使原油继续占据或向上运移到油层上部孔隙空间，迫使水向下运移占据油层下部孔隙空间。经过几十年长时间的这种作用，造成油层下部过水孔隙体积倍数越来越大，对孔喉的冲刷越来越严重，在油层渗透率较高的情况下，使孔隙度和渗透率进一步提高，导致如图 2.71 所示的更多的注入水沿油层下部进入和渗流而出，这也体现了储层物性参数时变对驱油特征的影响。

4. 重力作用下油水两相渗流机理

本书所研究的化学驱是指聚合物驱、聚合物/表面活性剂二元驱和聚合物/表面活性剂/碱三元复合驱，这三种驱油方式均是在水相中加入聚合物等化学剂，由于化学剂用量与水的用量相比很少（如油田常用的 1000ppm①聚合物溶液，每升水中只有 1g 聚合物），所以加入化学剂后的水溶液密度仍可近似为水的密度。因此，重力以及浮力对油水两相影响的规律仍然与水驱时基本一致，所不同之处主要在于化学驱后水相的黏度增加，水相的相对渗透率也有所变化，在应用上面的方法研究化学驱油水渗流规律时，关系式中的水相黏度和相对渗透率要用化学驱时的数值代替。

1）重力及油水浮力作用的机理

根据上述研究，从式（2-6）可以看出，由于重力影响，在油水密度差及浮力的作用下，对于水包油的“油滴”来说，存在比宏观压力梯度造成的多出的一个向上的渗流速度，即

$$V_{oz}=\frac{kk_{ro}}{\mu_o}\cdot(\rho_w-\rho_o) \tag{2-11}$$

而对于油包水的“水滴”来说，则存在比宏观压力梯度造成的多出的一个向下的渗流速度，即

① $1\text{ppm}=10^{-6}$。

$$V_{wz} = -\frac{kk_{rw}}{\mu_w} \cdot (\rho_w - \rho_o) \tag{2-12}$$

这是油层中油水上下分异的根本原因之一。对于油层垂向非均质性为正韵律的情况，这种作用更加明显。另外，油层越厚、渗透率越高，储层物性参数时变幅度就会越大，这种作用就会越强，而且又反过来加速储层物性参数的时变。

对于化学驱，水相黏度增加、相对渗透率减小，式（2-12）中表达的向下的渗流速度降低，而且重力及浮力对向下水流速度的影响幅度也有所减缓，由此导致油层下部水洗增强的速度放缓，抑制注入水及化学剂溶液沿油层下部的突进，更有利于扩大驱油剂波及油层上部剩余油，从而提高原油采收率。

2）注采初期井筒中流体密度作用的机理

另外，由于重力的影响，在油田开发初期，生产井尚未见水阶段，井筒中充满的是原油和天然气，与注水井筒中充满水形成了鲜明的对比。由于油气密度小于水的密度，这就导致在相同垂直井段长度上生产井向下形成的压力增量低于注水井向下形成的压力增量，从而使油层底部位置注采井之间的生产压差大于油层顶部的生产压差（图 2.43），尽管这是微小的差异，但这是形成底部强水洗甚至造成无效循环的“原始动力”，这种初始的微小差异导致生产后油层底部渗流阻力逐次降低，不断扩大油层上下渗透率的差异（正韵律情况下），加剧层内非均质性以及储层物性时变的演变。

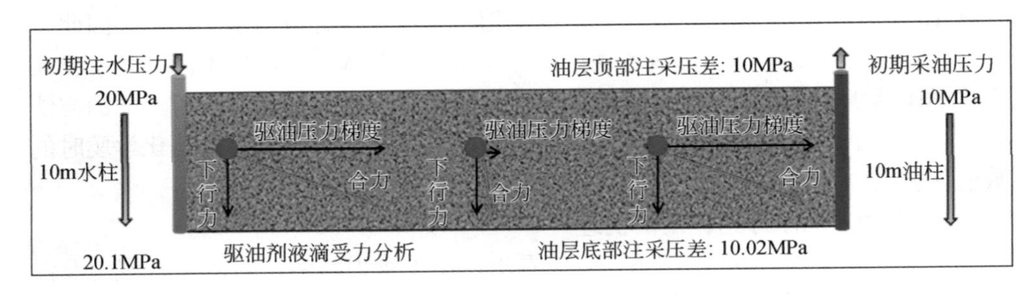

图 2.43　重力作用下油层中水的受力示意图

总之，以上分析的受重力影响油水密度差造成的油层内部浮力的作用和水驱开发初期油层底部与顶部不同生产压差的作用，是影响特高含水期油田油水两项渗流规律的两个重要因素，对水驱剩余油分布以及剩余油挖潜和提高采收率均有不可忽视的影响。通过以下岩心驱油实验可以印证这一点。

3）人造岩心实验验证

岩心尺寸为 4.5cm×4.5cm×30cm，孔隙度为 23.87%，原始含油饱和度为 79.31%，注入速度为 0.2mL/min，流体流动速度=59cm/d，压力梯度为 7.6m 水柱/m。

如图 2.44 所示，水驱到含水率 98.46%时，采收率为 41.48%，紧接着把岩心上下倒置继续水驱，含水率下降到 96.55%，继续水驱到含水率 98.33%时，采收率达到 44.40%，在原基础上又多采出 2.92 个百分点。说明岩心上部剩余油较多，克服重力影响能够提高采收率。

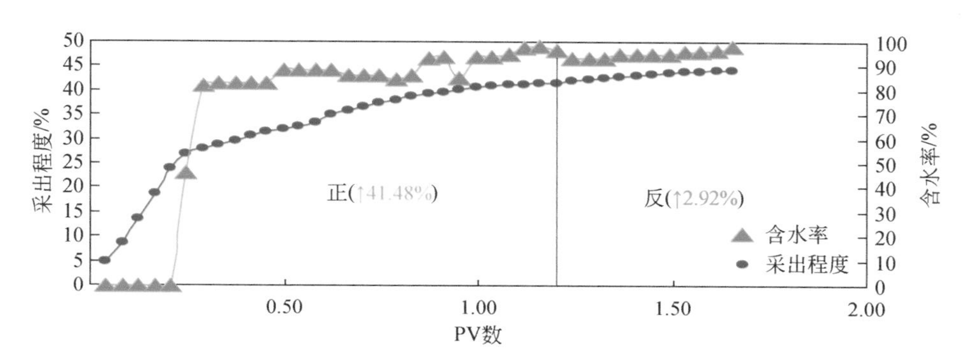

图 2.44　人造岩心驱油采出程度变化曲线

4）可视化填砂模型观测

制作均质平板填砂模型，模型尺寸为 20cm×20cm×1cm，模拟油黏度为 23mPa·s，流速为 0.3mL/min，砂粒为 40 目左右。饱和油后直立从右边向左边水驱油，如图 2.45 所示。从实验结果可以看出，在水驱初期第一时间，注入端充满水、采出端充满油，这就造成底部注采压差高于顶部注采压差。开始驱替后水先从下部渗流，而且随着驱替的进行，下部水淹程度越来越高，上部原油几乎未动用，剩余油在上部富集，直到下部被强水洗甚至形成无效水循环。

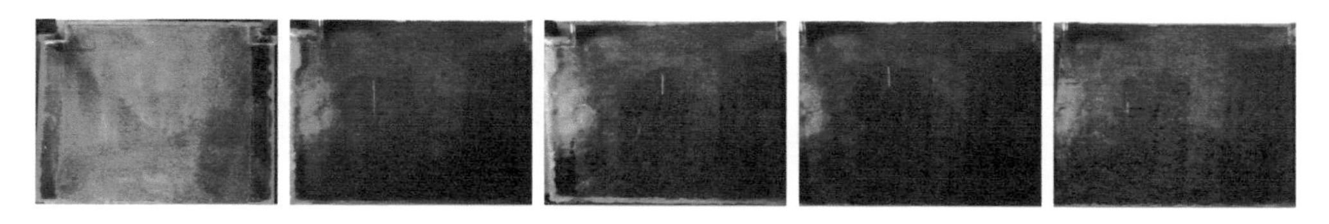

图 2.45　可视化填砂模型水驱油从开始到结束不同时间油水分布

2.3.2　不同驱替介质平板大模型驱油效果对比

为了研究不同注入体系驱油的效果，通过大型平板人造岩心物理模拟实验，对聚合物驱、二元复合驱和三元复合驱体系的驱油效果、饱和度场和不同阶段的压力场变化进行了研究，确定了提高采收率幅度最大的驱油体系。

1. 聚合物驱驱油效果研究

1）实验岩心设计

实验用岩心：三维非均质岩心，岩心参数见表 2.14 和表 2.15，岩心物理模型见图 2.46。

表 2.14　三维非均质岩心 A 物理模型参数

区间	渗透率/$10^{-3}\mu m^2$	长度/cm	宽度/cm	厚度/cm
I	700	30	30	4.5
II	1500	30	30	4.5
III	700	30	30	4.5

表 2.15　三维非均质岩心 B 物理模型参数

区间	渗透率/$10^{-3}\mu m^2$	长度/cm	宽度/cm	厚度/cm
I	300	30	30	4.5
II	1500	30	30	4.5
III	300	30	30	4.5

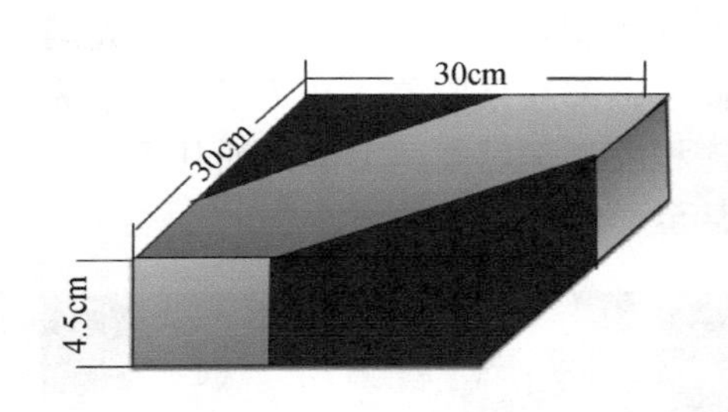

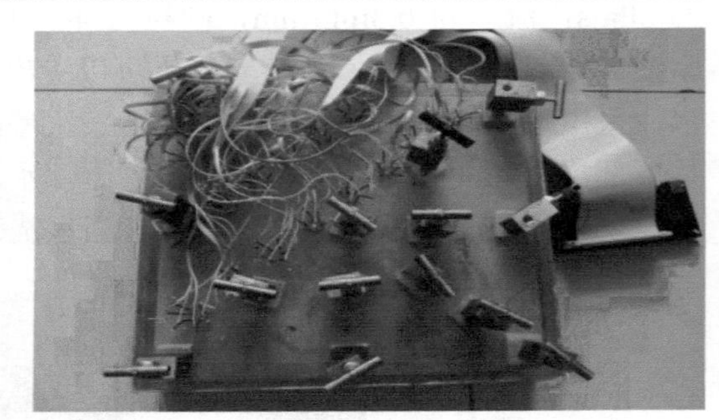

图 2.46　三维非均质岩心物理模型

2）聚驱实验方案

方案 1：700/1500/700×$10^{-3}\mu m^2$ 三维非均质岩心物理模型 A 进行水驱至含水率达到 95%+0.7PV 聚驱（1500mg/L）+后续水驱至含水率 98%。

方案 2：300/1500/300×$10^{-3}\mu m^2$ 三维非均质岩心物理模型 B 进行水驱至含水率达到 95%+0.7PV 聚驱（1500mg/L）+后续水驱至含水率 98%。

3）聚合物驱油效果分析

如图 2.47 和表 2.16 所示，对 $700/1500/700\times10^{-3}\mu m^2$ 三维非均质岩心物理模型 A 进行水驱至含水率 95%，采收率达到 45.37%。注入 0.7PV 优选聚合物（1500mg/L）进行化学驱，采收率为 57.21%。后续水驱至含水率达到 98%，采收率为 61.88%。化学驱提高采收率 16.51%，其中化学剂注入段塞提高采收率 11.84%，后续水驱提高采收率 4.67%。从驱替压力的变化可以看出后续注入水流阻力明显增大，驱替压力先急剧增大而后下降，最后趋于基本稳定，但是仍然明显高于水驱稳定压力，说明优选聚合物体系在地层中有一定的耐冲刷性能，优选聚合物体系可以选择性进入高渗透层，启动低渗层的残余油，扩大波及体积，从而提高采收率。

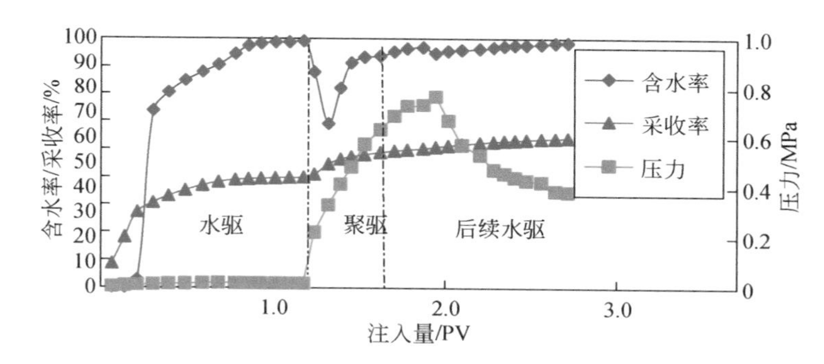

图 2.47　三维非均质岩心物理模型 A 聚驱效果图

表 2.16　驱油实验结果

岩心编号	实验方案	注入量/PV	水驱采收率/%	化学驱采收率/%	注化学剂段塞采收率/%	后续水驱采收率/%	总采收率/%
A	1	0.7	45.37	16.51	11.84	4.67	61.88
B	2	0.7	42.13	14.57	10.64	3.93	56.70

如图 2.48 所示，对 $300/1500/300\times10^{-3}\mu m^2$ 三维非均质岩心物理模型 B 进行水驱至含水率 95%，采收率达到 42.13%。注入 0.7PV 聚合物（1500mg/L）进行化学驱，采收率为 52.77%。后续水驱至含水率达到 98%，采收率为 56.70%。化学驱提高采收率 14.57%，其中化学剂注入段塞提高采收率 10.64%，后续水驱提高采收率 3.93%。从驱替压力的变化可以看出后续注入水流阻力明显增大，驱替压力先急剧增大而后下降，最后趋于基本稳定，但是仍然明显高于水驱稳定压力，说明优选聚合物体系在地层中有一定的耐冲刷性能，优选聚合物体系可以选择性进入高渗透层，启动低渗层的残余油，扩大波及体积，从而提高采收率。与 $700/1500/700\times10^{-3}\mu m^2$ 三维非均质岩心物理模型 A 相比三维非均质岩心物理模

型 B 的提高采收率较低，是由于渗透率级差增大，聚合物体系进入低渗层的能力减弱。

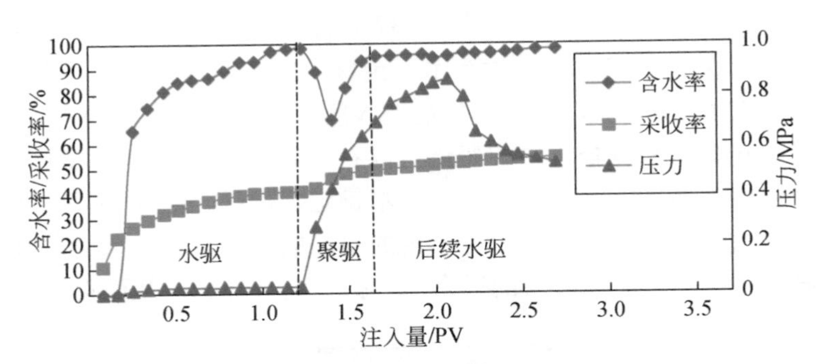

图 2.48　三维非均质岩心物理模型 B 聚驱效果图

4）聚合物驱含油饱和度场变化分析

为了形象地研究聚合物驱体系的动态描述特征，利用储集层油气的基质不导电性。储层中的原油与储层中的水，在导电性能上存在巨大的差距。储层原油的电阻率近似于无穷大，而在岩石中的水，会随着其电解质浓度的升高电阻率降低。因此可依据岩心中电性的变化进行含油饱和度的检测，从而确定含油饱和度的变化情况。

建立室内驱替模型，依据驱替模型的对称原理，对模型的一半进行检测点的布置，将检测的电极插入到每个层位的中心部位，并且在平面上进行等距的分配。利用油气层基质的不导电性、岩石中的水随着水中盐分浓度的升高和电阻率逐渐变小的特性，监测和收集各层、各检测点电阻率的变化，从而确定各层中油和水的分布情况。同时在储层中，电阻率的大小也会受到水矿化度、油水的比例和空隙介质的形状的影响。

对于饱和度的计算，应用岩石性质和阿尔奇饱和度关系的理论方法，对饱和度的分布进行标定。确定阿尔奇公式中的岩性系数（b）和饱和度指数（n），得到含水饱和度的计算公式：

$$I=\frac{R_1}{R_0}=\frac{b}{S_w^n} \tag{2-13}$$

式中，R_1 为岩石含油时的电阻率，Ω·m；R_0 为岩石完全含水时的电阻率，Ω·m；S_w 为含水饱和度，%；b 为岩性系数；n 为饱和指数。

确定系数 b 和 n 的方法有岩心驱替实验法和经验系数法两种，纯砂岩一般取 b=1，n=2。当矿化度接近 4000mg/L 或者更高时，聚合物溶液浓度的变化对电阻率的影响已经很小，可以忽略。此研究实验所用地层水矿化度为 5458.10mg/L，因此可以忽略聚合物浓度对地层水电阻率的影响。

绘制含油饱和度场变化图，实验结果如图 2.49 和图 2.50 所示。

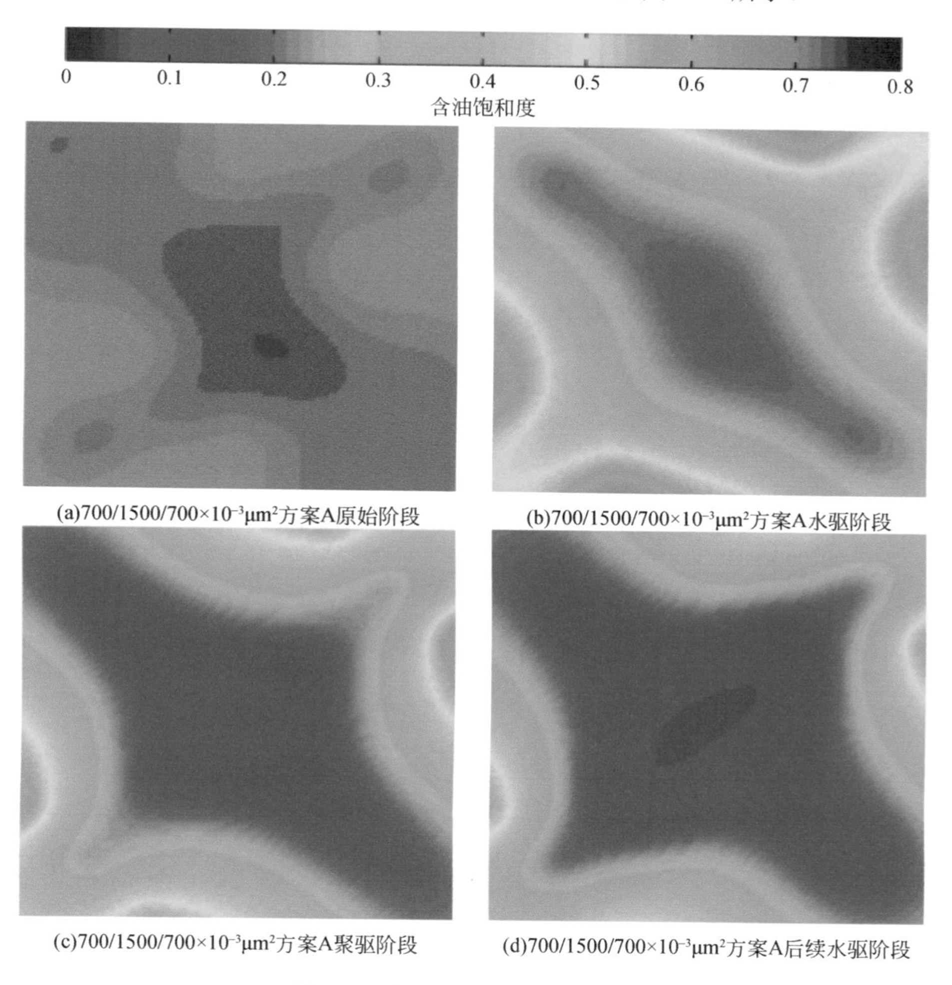

图 2.49　岩心 A 各阶段饱和度场图

对图 2.49 和图 2.50 进行对比分析可知，布置在高渗透率带上的注入井，流体流动的阻力比较小，而高渗透带区域吸收的液量比较大。初期水驱阶段注入水沿着高渗透率区域呈现突进现象，并且容易形成流体的优势渗流通道。而各个渗透率条带之间不容易发生渗流现象，致使在低渗透带区域被波及程度较低。因此，当水驱阶段结束时高渗透区域流体波及体积较大，被水洗强度较高，在此区域的剩余油饱和度较低。与此相反，当水驱阶段结束时，低渗透区域水驱波及程度低，水洗强度弱，剩余油饱和度相对较高。$700/1500/700\times10^{-3}\mu m^2$ 和 $300/1500/300\times10^{-3}\mu m^2$ 的非均质岩心相比在水驱阶段由于渗透率级差更大，注入水波及范围更小，剩余油饱和度相对更高。

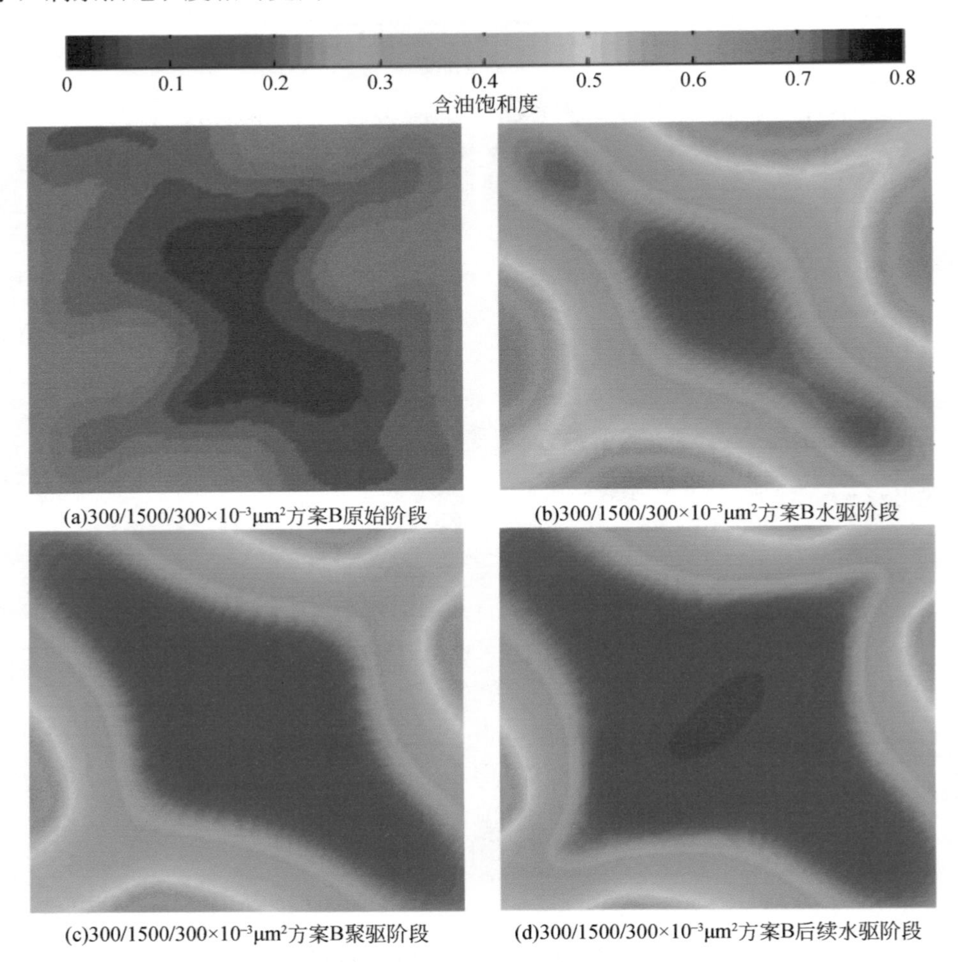

图 2.50 岩心 B 各阶段饱和度场图

聚合物注入阶段 0.7PV（1500mg/L 聚合物），水驱阶段在高渗透率区域形成了流体渗流优势通道，因此当注入聚合物时，流体首先进入到此通道中，并在流体主流线及周边区域发生滞留，使流体流动阻力增大、注入压力增高。随着流体的持续注入压力升高，低渗透率区域吸液量增大，流体波及范围扩大，剩余油饱和度有所降低。通过岩心 A 与岩心 B 比较可知，随着层间级差的增大，聚合物进入低渗带能力减弱，致使岩心 B 含油饱和度更高。

在后续水驱阶段，由于注入聚合物溶液在高渗透率区域流体主流线及附近区域发生滞留，使后续注入水进入周围的低渗透带，低渗透区域吸液能力增强，流体波及范围增大，剩余油饱和度降低。

2. 二元复合驱驱油效果研究

1）实验岩心设计

实验用岩心：三维非均质岩心，岩心参数见表 2.17 和表 2.18 所示。

表 2.17 三维非均质岩心 C 物理模型参数

区间	渗透率/$10^{-3}\mu m^2$	长度/cm	宽度/cm	厚度/cm
I	700	30	30	4.5
II	1500	30	30	4.5
III	700	30	30	4.5

表 2.18 三维非均质岩心 D 物理模型参数

区间	渗透率/$10^{-3}\mu m^2$	长度/cm	宽度/cm	厚度/cm
I	300	30	30	4.5
II	1500	30	30	4.5
III	300	30	30	4.5

2）二元复合驱实验方案

方案 1：$700/1500/700\times10^{-3}\mu m^2$ 三维非均质岩心物理模型 C 进行水驱至含水率达到 95%+0.7PV 二元复合驱（1500mg/L 聚合物+0.3%表活剂）+后续水驱至含水率 98%。

方案 2：$300/1500/300\times10^{-3}\mu m^2$ 三维非均质岩心物理模型 D 进行水驱至含水率达到 95%+0.7PV 二元复合驱（1500mg/L 聚合物+0.3%表活剂）+后续水驱至含水率 98%。

3）二元复合驱驱油效果分析

如图 2.51 和表 2.19 所示，对 $700/1500/700\times10^{-3}\mu m^2$ 三维非均质岩心物理模型 C 进行水驱至含水率 95%，采收率达到 43.01%。注入 0.7PV 聚合物（1500mg/L）+表活剂(0.3%)，采收率为 58.63%。后续水驱至含水率达到 98%，采收率为 62.48%。化学驱提高采收率 19.47%，其中化学剂注入段塞提高采收率 15.62%，后续水驱提高采收率 3.85%。

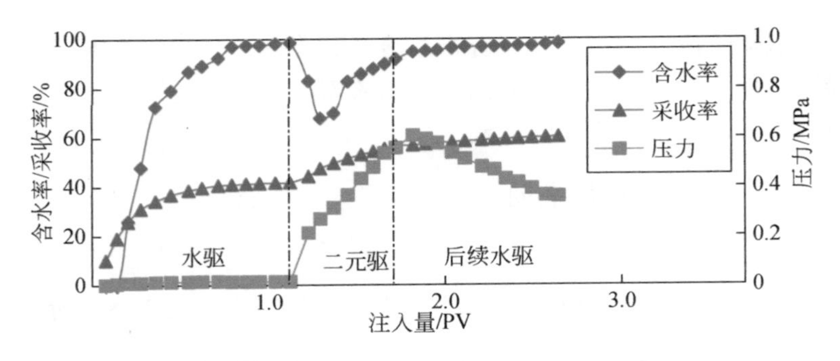

图 2.51　三维非均质岩心物理模型 C 二元复合驱效果图

表 2.19　驱油实验结果

岩心编号	实验方案	注入量/PV	水驱采收率/%	化学驱采收率/%	注化学剂段塞采收率/%	后续水驱采收率/%	总采收率/%
C	1	0.7	43.01	19.47	15.62	3.85	62.48
D	2	0.7	42.69	17.14	13.46	3.68	59.83

如图 2.52 所示，对 300/1500/300×10^{-3}μm^2 三维非均质岩心物理模型 D 进行水驱至含水率 95%，采收率达到 42.69%。注入 0.7PV 聚合物（1500mg/L）+表活剂（0.3%），采收率为 56.15%。后续水驱至含水率达到 98%，采收率为 59.83%。化学驱提高采收率 17.14%，后续水驱提高采收率 3.68%。与 700/1500/700×10^{-3}μm^2 三维非均质岩心物理模型 C 相比三维非均质岩心物理模型 D 的提高采收率相对较低，是由于渗透率级差增大，二元复合驱溶液进入低渗层的能力减弱。

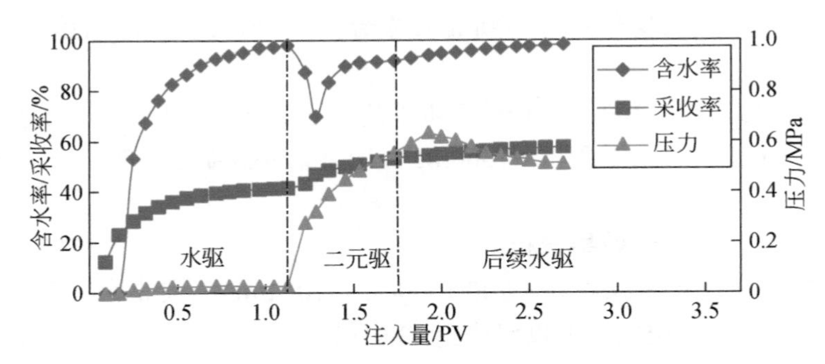

图 2.52　三维非均质岩心物理模型 D 二元复合驱效果图

4）二元复合驱含油饱和度场变化分析

绘制含油饱和度场变化图，实验结果见图 2.53 和图 2.54。

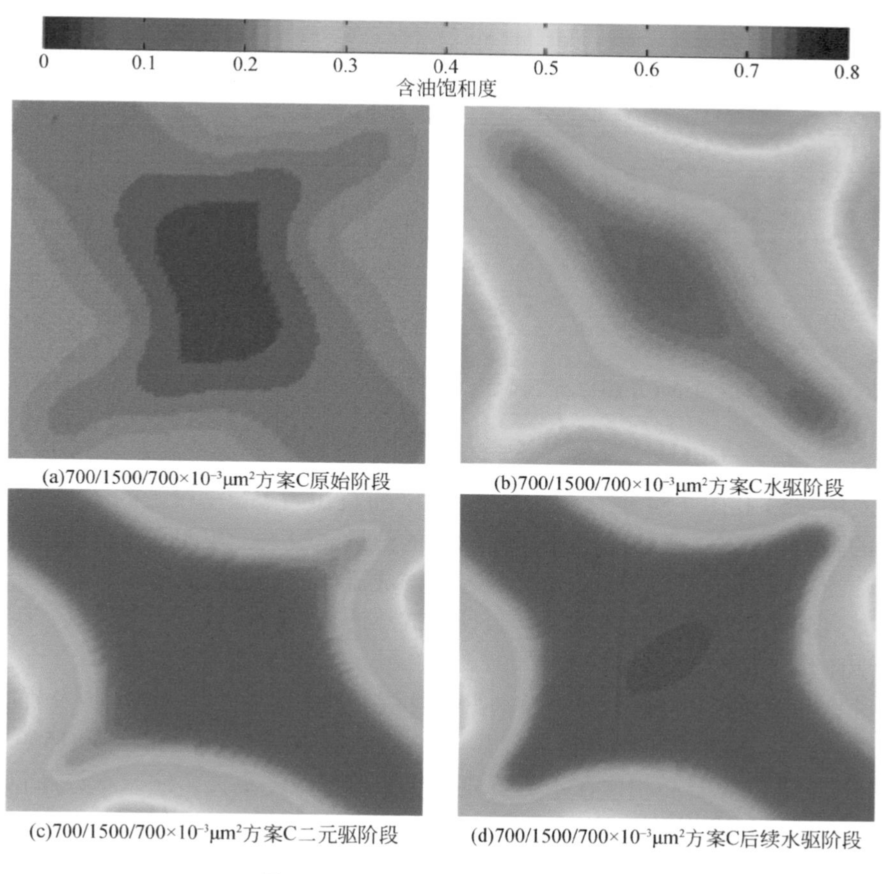

(a)700/1500/700×10⁻³μm²方案C原始阶段　(b)700/1500/700×10⁻³μm²方案C水驱阶段

(c)700/1500/700×10⁻³μm²方案C二元驱阶段　(d)700/1500/700×10⁻³μm²方案C后续水驱阶段

图 2.53　岩心 C 各阶段饱和度场图

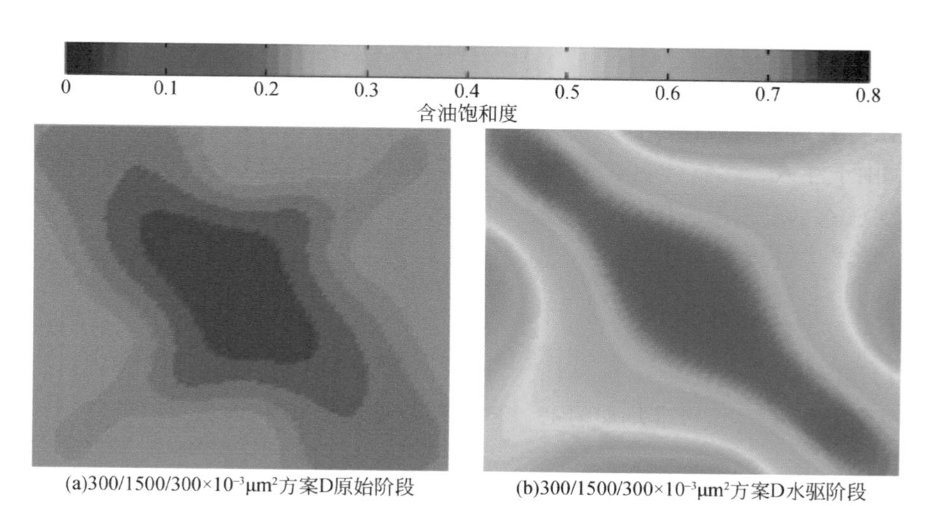

(a)300/1500/300×10⁻³μm²方案D原始阶段　(b)300/1500/300×10⁻³μm²方案D水驱阶段

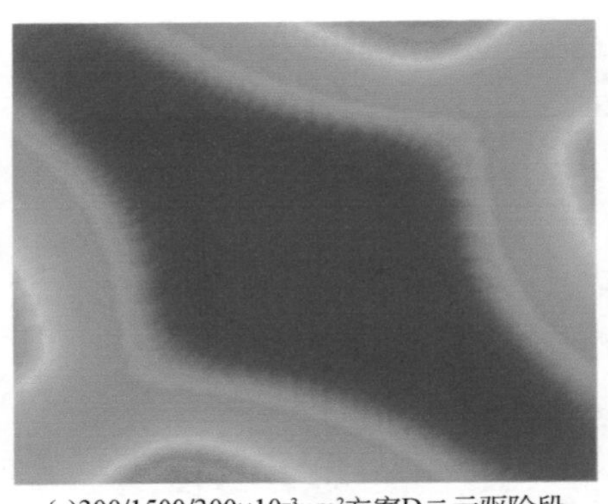

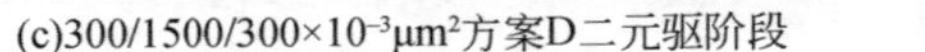

(c)300/1500/300×10⁻³μm²方案D二元驱阶段

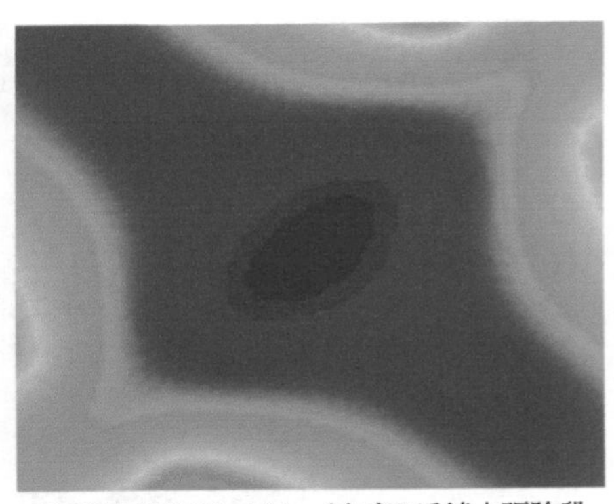

(d)300/1500/300×10⁻³μm²方案D后续水驱阶段

图 2.54　岩心 D 各阶段饱和度场图

对图 2.53 和图 2.54 进行对比分析可知，布置在高渗透率带上的注入井，流体流动的阻力比较小，而高渗透带区域吸收的液量比较大。初期水驱阶段注入水沿着高渗透率区域呈现突进现象，并且容易形成流体的优势渗流通道。而各个渗透率条带之间不容易发生渗流现象，致使在低渗透带区域被波及程度较低。因此，当水驱阶段结束时高渗透区域流体波及体积较大，被水洗强度较高，在此区域的剩余油饱和度较低。与此相反，当水驱阶段结束时，低渗透区域水驱波及程度低，水洗强度弱，剩余油饱和度相对较高。$700/1500/700\times10^{-3}\mu m^2$ 和 $300/1500/300\times10^{-3}\mu m^2$ 的非均质岩心相比在水驱阶段由于渗透率级差更大，注入水波及范围更小，剩余油饱和度相对更高。

在注入二元复合驱阶段（0.7PV、1500mg/L 聚合物+0.3%表活剂），注入流体首先进入形成的渗流优势通道中，并在流体主流线及周边区域发生滞留，使流体流动阻力增大、注入压力增高。随着流体的持续注入压力升高，低渗透率区域吸液量增大，流体波及范围扩大，剩余油饱和度降低。与聚合物体系相比，二元复合驱在有表活剂的存在，扩大波及体积的同时，洗油效率有所提高。在后续水驱阶段，由于注入二元复合驱溶液在高渗透率区域流体主流线及附近区域发生滞留，使后续注入水进入周围的低渗透带，低渗透区域吸液能力增强，流体波及范围增大，剩余油饱和度降低。

3. 三元复合驱驱油效果研究

1）实验岩心设计

实验用岩心：三维非均质岩心，岩心参数见表 2.20 和表 2.21。

表 2.20　三维非均质岩心 E 物理模型参数

区间	渗透率/$10^{-3}\mu m^2$	长度/cm	宽度/cm	厚度/cm
I	700	30	30	4.5
II	1500	30	30	4.5
III	700	30	30	4.5

表 2.21　三维非均质岩心 F 物理模型参数

区间	渗透率/$10^{-3}\mu m^2$	长度/cm	宽度/cm	厚度/cm
I	300	30	30	4.5
II	1500	30	30	4.5
III	300	30	30	4.5

2）三元复合驱实验方案

方案 1：700/1500/700×$10^{-3}\mu m^2$ 三维非均质岩心物理模型 E 进行水驱至含水率达到 95%+0.7PV 三元复合驱（1500mg/L 聚合物+0.3%表活剂+0.3%碱）+后续水驱至含水率 98%。

方案 2：300/1500/300×$10^{-3}\mu m^2$ 三维非均质岩心物理模型 F 进行水驱至含水率达到 95%+0.7PV 三元复合驱（1500mg/L 聚合物+0.3%表活剂+0.3%碱）+后续水驱至含水率 98%。

3）三元复合驱驱油效果分析

如图 2.55 和表 2.22 所示，对 700/1500/700×$10^{-3}\mu m^2$ 三维非均质岩心物理模型 E 进行水驱至含水率 95%，采收率达到 44.92%。注入 0.7PV 三元复合驱（1500mg/L 聚合物+0.3%表活剂+0.3%碱）进行化学驱，采收率为 62.20%。后续水驱至含水率达到 98%，采收率为 67.57%。化学驱提高采收率 22.65%，其中化学剂注入段塞提高采收率 17.27%，后续水驱提高采收率 5.37%。

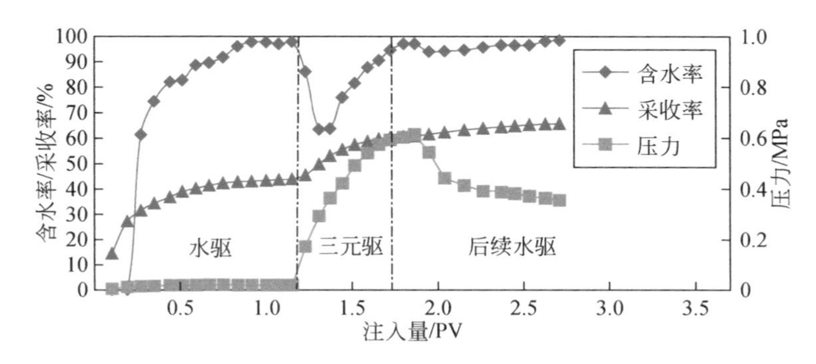

图 2.55　三维非均质岩心物理模型 E 三元复合驱效果图

表 2.22 驱油实验结果

岩心编号	实验方案	注入量/PV	水驱采收率/%	化学驱采收率/%	注化学剂段塞采收率/%	后续水驱采收率/%	总采收率/%
E	1	0.7	44.92	22.65	17.28	5.37	67.57
F	2	0.7	41.97	20.26	15.67	4.59	62.23

如图 2.56 所示，对 300/1500/300×10^{-3}μm^2 三维非均质岩心物理模型 F 进行水驱至含水率 95%，采收率达到 41.97%。注入 0.7PV 三元复合驱（1500mg/L 聚合物+0.3%表活剂 A+0.3%碱）进行化学驱，采收率为 57.64%。后续水驱至含水率达到 98%，采收率为 62.23%。化学驱提高采收率 20.26%，其中化学剂注入段塞提高采收率 15.67%，后续水驱提高采收率 4.59%。与 700/1500/700×10^{-3}μm^2 三维非均质岩心物理模型 E 相比三维非均质岩心物理模型 F 的提高采收率相对较低，是由于渗透率级差增大，优选三元复合体系进入低渗层的能力减弱。

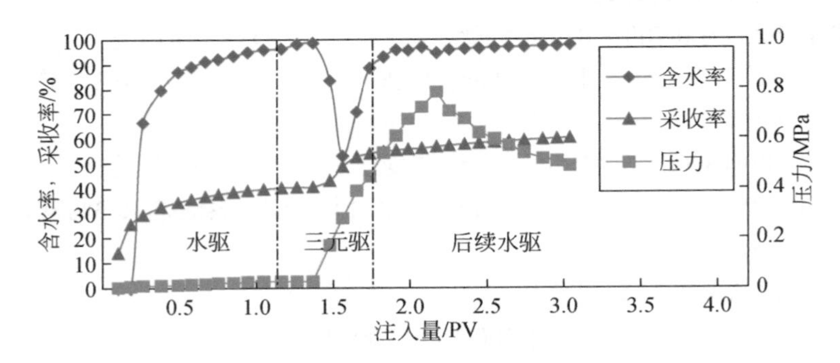

图 2.56 三维非均质岩心物理模型 F 三元复合驱效果图

4）三元复合驱含油饱和度场变化分析

绘制含油饱和度场变化图，实验结果见图 2.57 和图 2.58。

对图 2.57 和图 2.58 进行对比分析可知，布置在高渗透率带上的注入井，流体流动的阻力比较小，而高渗透带区域吸收的液量比较大。初期水驱阶段注入水沿着高渗透率区域呈现突进现象，并且容易形成流体的优势渗流通道。而各个渗透率条带之间不容易发生渗流现象，致使在低渗透带区域被波及程度较低。因此，当水驱阶段结束时高渗透区域流体波及体积较大，被水洗强度较高，在此区域的剩余油饱和度较低。与此相反，当水驱阶段结束时，低渗透区域水驱波及程度低，水洗强度弱，剩余油饱和度相对较高。700/1500/700×10^{-3}μm^2 和 300/1500/300×10^{-3}μm^2 的非均质岩心相比在水驱阶段由于渗透率级差更大，注入水波及范围更小，剩余油饱和度相对更高。

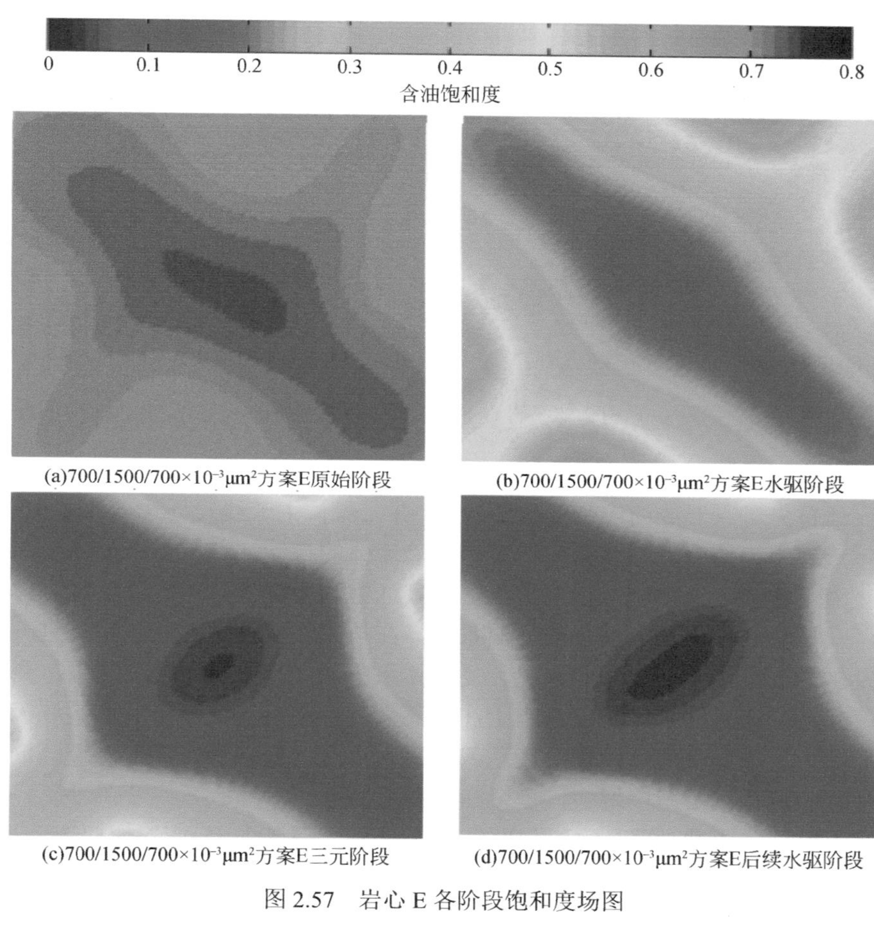

(a)700/1500/700×10⁻³μm²方案E原始阶段　(b)700/1500/700×10⁻³μm²方案E水驱阶段

(c)700/1500/700×10⁻³μm²方案E三元阶段　(d)700/1500/700×10⁻³μm²方案E后续水驱阶段

图 2.57　岩心 E 各阶段饱和度场图

0　0.1　0.2　0.3　0.4　0.5　0.6　0.7　0.8

含油饱和度

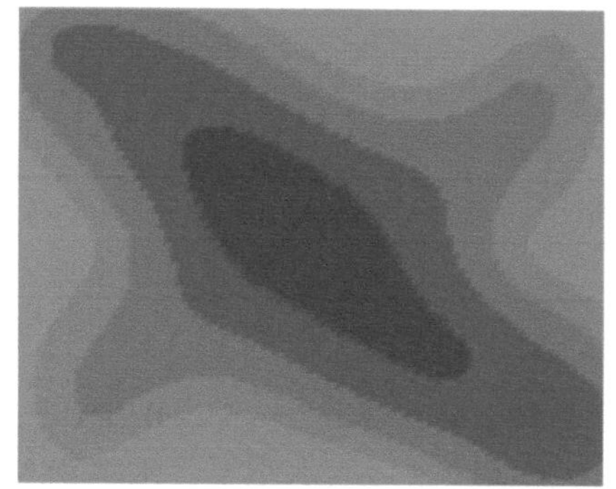

(a)300/1500/300×10⁻³μm²方案F原始阶段

(b)300/1500/300×10⁻³μm²方案F水驱阶段

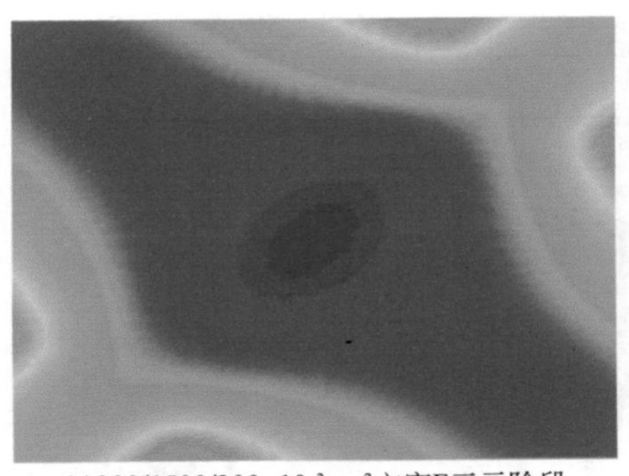

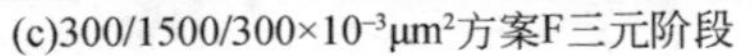
(c)300/1500/300×10⁻³μm²方案F三元阶段

(d)300/1500/300×10⁻³μm²方案F后续水驱阶段

图 2.58　岩心 F 各阶段饱和度场图

在注入三元复合体系阶段（0.7PV、1500mg/L 聚合物+0.3%表活剂+0.3%碱），注入流体首先进入形成的渗流优势通道中，并在流体主流线及周边区域发生滞留。使流体流动阻力增大、注入压力增高。随着流体的持续注入压力升高，低渗透率区域吸液量增大，流体波及范围扩大，剩余油饱和度降低，由于三元复合体系中含有碱，能够有效降低表活剂的界面张力，在扩大波及体积的同时，会进一步提高波及区域的洗油效率。因此，三元复合体系驱油提高采收率幅度更大，剩余油饱和度降低。在后续水驱阶段，由于注入三元复合驱溶液在高渗透率区域流体主流线及附近区域发生滞留，使后续注入水进入周围的低渗透带，低渗透区域吸液能力增强，流体波及范围增大，剩余油饱和度降低。

综上所述，通过对聚合物驱、聚/表二元驱和聚/表/碱三元驱对比研究，聚/表/碱三元驱在驱油效果上最佳，适用于研究区块注入开发体系。

2.3.3　重力因素对三元复合驱驱油效果的影响

通过室内物理模拟实验，对重力影响剩余油分布的作用进行了研究。

1）实验用岩心

三维均质岩心，岩心参数见表 2.23。

表 2.23　三维均质岩心物理模型参数

岩心编号	渗透率/$10^{-3}\mu m^2$	长度/cm	高度/cm	厚度/cm
H	1500	60	60	10

2）实验方案

方案 1：三维均质岩心物理模型 H 进行水驱至含水率达到 95%+0.7PV 三元复合驱溶液（聚合物 1500mg/L+0.3%表活剂+0.3%碱）+后续水驱至含水率 98%。

方案 2：后续水驱至含水率 98%后，将 H 岩心上下倒置，注入井转采油井，采油井转注入井继续进行水驱实验。

3）驱油效果分析

由实验结果和对表 2.24、图 2.59 进行分析可知，方案一水驱阶段采出程度为 43.96%，三元复合驱阶段采出程度为 18.91%，采收率为 63.48%。将岩心倒置后继续水驱，方案二含水率由 98%降至 97.24%，水驱至含水率 98%时，总采收率达到 64.31%，在原基础上提高了 0.83 个百分点。可以看出克服重力驱油可以提高采收率。

表 2.24　驱油实验结果

岩心编号	化学剂注入量/PV	水驱采出程度/%	三元复合驱阶段采出程度/%	采收率/%	倒置水驱采出程度/%	总采收率/%
H	0.7	43.96	18.91	63.48	0.83	64.31

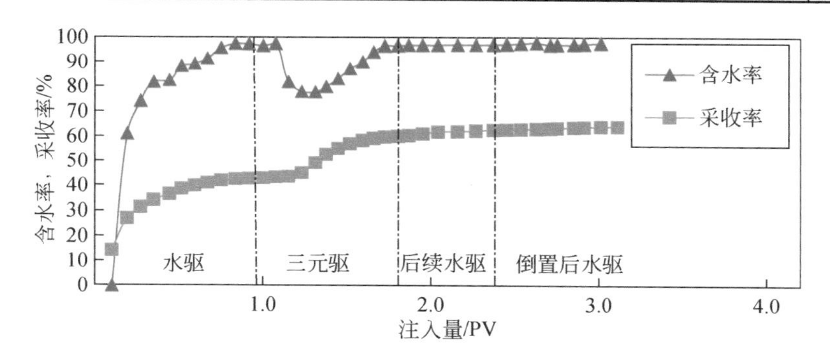

图 2.59　三维非均质岩心物理模型 H 三元驱效果图

三元复合驱使有效渗透率增大，饱和度场的分布呈现出向心聚集的趋势，即靠近注入井的区域含油饱和度减小，远离区域含油饱和度高。通过图 2.60 分析可知，在驱油过程中，油层流体受重力和浮力等影响，在亲油状态下，浮力和毛管力对原油的运移产生阻力，在油层上部剩余油堆积，具有有利影响；在亲水状态下，油层下部水对油的作用力，有利于剩余油在油层上部堆积。当外部压力梯度小，毛管力无法平衡来自浮力和重力之差时，油水分离，在油层上部产生剩余油的富集。

在驱替过程中，注采井中间位置，注采压差形成的压力常常低于油、水之间密度差形成的浮力，致使油、水上下分离的作用很大，促使油层上部剩余油富集，下部被水洗相对严重，上部剩余油饱和度偏高。岩心倒置驱替，上部剩余油富集，驱替可继续提高采收率，因此克服重力条件下可提高采收率。

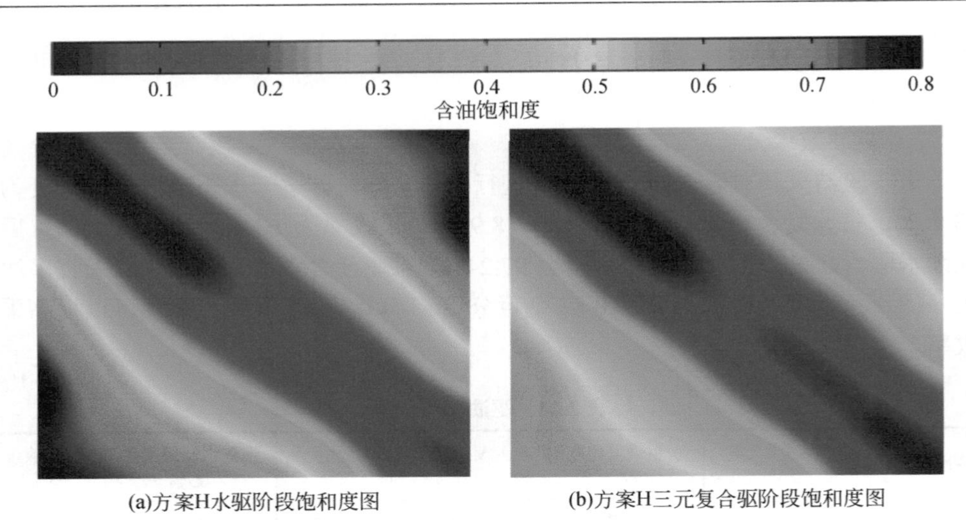

(a)方案H水驱阶段饱和度图　(b)方案H三元复合驱阶段饱和度图

(c)方案H倒置水驱后饱和度图

图 2.60　含油饱和度分布图

三元复合驱驱替过程中聚合物增加水相黏度，减小油相相对渗透率。表活剂改善了水和油之间的界面张力，降低了油水之间混合的排斥力，减小了油滴与岩石颗粒的黏附力，增加了原油的驱替效果。同时碱的存在改变油相的物化性质，进一步提高驱油效果。

2.3.4　小结

（1）建立了考虑重力作用的油水两相渗流数学模型，研究了受油水密度差及浮力影响水驱及水溶液的化学驱油水两相渗流形成油层底部强水洗的机理。

（2）开展克服重力的人造岩心驱油实验，水驱到含水率 98.46%时，采收率为 41.48%，将岩心上下倒置继续水驱，含水率下降到 96.55%，继续水驱到含水率 98.33%时，采收率达到 44.40%，在原基础上又多采出 2.92 个百分点。可视化平板填砂模型水驱油实验表明：受重力作用，模型下部水淹程度高，上部原油几乎未动用，剩余油在上部富集。

（3）研究了受重力控制油层上部剩余油富集及动用上部剩余油的机理。因重力作用油层上部剩余油富集水洗程度弱，而油层下部水洗程度强，垂向上注入水易进入底部高渗部位，出现舌进现象，而上部低渗透部位吸水量低，垂向上水驱波及系数小。理想化模型计算表明，在油层下部距水井 8/10 处调堵采出率最高。

（4）平板大模型驱油实验表明，渗透率组合为 700/1500/700 岩心和 300/1500/300 岩心，聚合物驱采收率分别为 61.88%、56.7%，二元复合驱采收率分别为 62.48%、59.83%，三元复合驱采收率分别为 67.57%、62.23%，渗透率级差越小采收率越高，三元复合驱能更大幅度提高采收率。岩心倒置驱油实验表明，在克服重力条件下，三元复合驱采收率能够进一步提高 0.83 个百分点。

（5）聚合物驱、聚/表二元复合驱和聚/表/碱三元复合驱体系在注入过程中均有扩大波及面积作用，并能够有效改善对低渗层的波及效果；与聚合物驱、二元复合驱比较，三元复合驱能更好地实现非均质岩心中的流度控制，从而扩大波及体积和提高驱油效率，大幅度提高原油采收率。

第3章　特高含水油藏水驱无效循环精细快速识别方法

3.1　随机动态劈分法

3.1.1　分层流量劈分方法研究现状

我国高含水陆相砂岩油田经长期水洗，非均质性增强，注入水低效循环加剧，并成为影响油田高效低耗开采的核心难题。尤其强水洗导致优势渗流通道出现后，注入近似以管流的方式流动，随着生产时间的延续，水井在该处的累计注入孔隙体积倍数远大于其他处，而油层优势渗流通道的剩余油饱和度已接近极限值，剩余油潜力大大降低（宋考平等，2006b；李阳，2009；林承焰等，2013）。

如何判定和识别优势渗流通道是治理低效循环的关键（李阳等，2005；郑浩等，2007；林玉保等，2008）。其中，准确测试和计算水井分层注水量以及油井分层产液、产油量，是准确识别优势渗流通道的基础。这就需要充分利用动静态、分层测试、措施、密闭取心等资料，结合已有油藏描述等成果，建立一套注水量动态劈分的方法，不但实现优势渗流通道的准确识别，而且给出井间静态参数的时变规律、剩余油及剩余储量分布规律，为特高含水油田剩余油挖潜指明方向。

对于注水开发的油田，注水井向每个单层的注水量、每个单层向相关采出井点的去水量，以及采出井每个单层来自于相关注水井点的液量、水量等是注水开发老油田优势渗流通道形成的关键，也是剩余油分布预测、油藏动态分析十分重要的动态指标。对其进行准确预测，是高含水老油田低效及无效循环识别与治理、扩大驱油体系波及体积进一步提高原油产量和采收率的重要依据。

对分层注水量、分层产液量等油藏动态指标的预测，国内外油田最常用的方法是数值模拟方法（谢进庄等，2006；朱焱等，2008；Ye et al.，2019），这种方法的优点是基于物质守恒、达西定律等基本原理，经严密的数学推导和误差分析，形成完整的理论和方法体系，可以预测油藏和单井的所有动态指标。相应的商业化软件在油田上已应用近 40 年，且在数学模型中，人们不断改进能够考虑到的物理、力学和化学过程，不断推出新的版本。但也存在一定的局限性：需要输入的数据量大，输入数据存在误差的可能性更大，更容易导致计算结果存在误差；在历史拟合方面存在多解性和随机性，不同操作人员得到的结果可能不一样，有时为了拟合上动态指标，可能错误地修改地质模型；历史拟合需要耗费操作人员大量的时间和精力，因此无法在一定的时间内利用更多的测试资料（如分层测试资料）进行精细拟合。除了数值模拟方法以外，目前国内外的研究主要聚焦在确定井间连通性等动态指标预测上（Zhai et al.，2016；Li et al.，2021；Yu et al.，2022），但是关于井间分层动态指标的预测研究较少。国内外常采用单层劈分方法确定注入井的注水量和生产井的产液量，主要依据油层的渗透率、厚度、吸水剖面资料以及产出剖面资料。这些动态指标的计算通常涉及静态或动态劈分方法。这些劈分方法中注采井的纵向单层劈分系数一般根据各油层渗透率、厚度等指标确定（阚利岩等，2002；熊昕东等，2004；别爱芳等，2007；龙明等，2012；姜宇玲等，2015；张吉群等，2016；赵辉等，2016），注入井平面劈分系数一般由水电相似原理根据动静态指标求出各个方向的阻力系数来确定（宋考平等，2000；杜庆龙和朱丽红，2004；熊钰等，2009），而在确定采出井劈分系数时，这些学者也考虑了注采井间的连通关系，在确定了各注入井的纵向及平面劈分系数后，根据连通关系，可以得出各采出井的劈分系数，这些方法为油田动态分析提供了便利的途径。但这些方法所依据的实测渗透率和剖面资料往往是在井点测取的，而且不同测取方法、不同测试时间、不同测试和解释人员所得结果不同，存在较大随机性和误差，有时计算过程缺乏严密的理论依据，也存在多解的问题。

在线性代数和微分方程中，只有当相互独立的方程和相互独立的未知量（或函数）相等时，才能得到未知量的唯一解。方程多未知量少，则方程无解；方程少未知量多，则未知量存在多解。

本书所研究的油藏动态指标预测问题，实际上既是一个多解问题，也是一个无解问题。如果没有准确的油层渗透率、厚度或吸液、产出剖面资料，只是建立注入井注入量和采出井采出量及其油层中各方向上流量之间的方程，则独立未知量的个数多于独立方程的个数，方程存在多解；如果采用实际测试给出的油层渗透率、厚度等资料，建立相应的方程，则独立方程的个数多于未知量的个数，方程无解。现实世界中，任何问题，只要能够找全未知量并建立齐全相应的方程，总能够得到唯一解，但往往由于实际问题的复杂性和人们对事物的认知和测试工具的有限性，不能建立准确、完整、而且存在唯一解的方程。本书针对油藏动态指标预测中的这种问题，依据实测资料，借用随机分析方法，增加了随机限制条件，解决了多解或无解方程求近似解的问题，提出了一种单层定向动态指标随机动态劈分的方法。

3.1.2　基本原理

首先假定一个简单的注采模型，建立注采液量随机动态劈分的方法。

如图 3.1 所示，假定存在一个长方形两油层地层模型，中间由夹层隔开，两个油层长度相等，宽度相等，分别为L和W，厚度分别为H_1、H_2，渗透率分别为K_1、K_2。模型水平放置，从一端以Q_I的注入量和P_I的注入压力注入流体，从另外一端以Q_L的产液量和P_{wf}的压力产出流体。假定流体为不可压缩单相牛顿液流，流体黏度为μ，不考虑重力的影响，$Q_L = Q_I$，并令$Q = Q_L = Q_I$。

要求解的未知量是两个油层的液流量Q_1和Q_2。根据物质守恒和达西定律（翟云芳，2016）可以得到：

$$Q = Q_1 + Q_2 \tag{3-1}$$

$$Q_1 = \frac{K_1 H_1 W}{\mu} \frac{P_I - P_{wf}}{L} \tag{3-2}$$

$$Q_2 = \frac{K_2 H_2 W}{\mu} \frac{P_I - P_{wf}}{L} \tag{3-3}$$

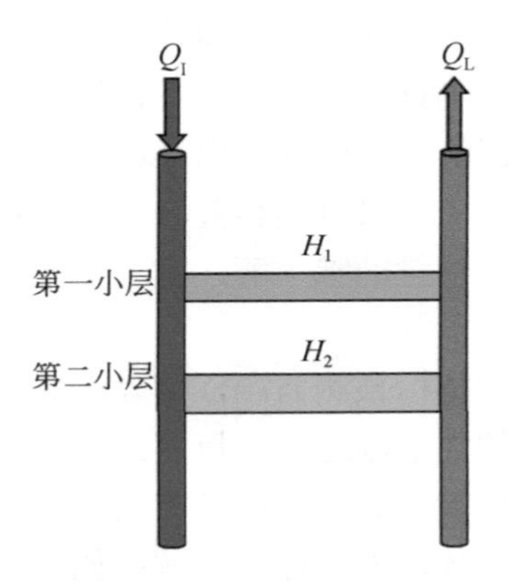

图 3.1　双层注采模型

式（3-2）、式（3-3）中右侧的数据来源于油田静态和动态数据库，由生产测井、剖面测试、高压物性实验等得到。在油田实际中，注采井的注入量和采出量一般在井口计量，可以认为是准确的量；单层注采量可以用单层测试的方法用剖面资料得到，这样得到的值认为是次准确的量，但有时存在较大的误差；根据测井、试井等得到的渗透率和地层系数与用达西定律计算得到的单层注采量往往存在较大的误差，但又是实际值的重要参考。因此，用式（3-2）和式（3-3）计算出的Q_1和Q_2，往往不能满足式（3-1）；式（3-1）和式（3-2）是互相独立的。也就是说，只用准确的等式［式（3-1）］求未知量Q_1和Q_2，会存在无穷多个解，得不到唯一解；但将式（3-1）和式（3-2）、式（3-3）联立后，独立方程数多于独立未知量数，解不存在。如何解决这一问题，可以用随机分析的方法，求得既满足井点液量刚性约束又接近达西定律计算结果的解，方法如下。

鉴于剖面资料测试量有限且也有误差，尽管油田实际中渗透率和地层系数误差较大，但此测试数据较为齐全、数据量巨大，所以在油田日常生产中当作重要的依据来使用。为此，联立方程组式（3-1）～式（3-3），要求的解应满足式（3-1），同时与式（3-2）和式（3-3）计算的结果尽可能接近。可以用方差、标准差、最小绝对误差、最小相对误差、最小累积绝对（相对）误差以及试算次数等多种随机控制方法来得到这一结果。

例如，按岩心尺度设油层长度L=100cm，宽度W=20cm，两层厚度分别为H_1=5cm、H_2=10cm、P_1=200kg/cm^2、P_{wf}=60kg/cm^2、μ=10mPa·s。两层测试渗透率分别为0.2μm^{2}和0.6μm^2，存在误差；Q=16cm^3/s为准确可靠的值。则根据式（3-2）、式（3-3）计算可知：Q_1=2.8cm^3/s，Q_2=16.8cm^3/s，两者之和为19.6cm^3/s，与Q的绝对误差和相对误差分别是3.6cm^3/s和22.5%。要求满足式（3-1）两层液量的值Q_1^*和Q_2^*，可以用不同的误差函数来控制，此处用两者最小累积相对误差平方进行控制（后同），即要得到的结果满足：

$$\min f=\min\left[\left(1-\frac{Q_1^*}{Q_1}\right)^2+\left(1-\frac{Q_2^*}{Q_2}\right)^2\right] \tag{3-4}$$

代入具体数值，从式（3-4）求得

$$\min f=\min\left[(1-0.357Q_1^*)^2+(0.04762+0.0595Q_1^*)^2\right] \tag{3-5}$$

令$\dfrac{\mathrm{d}f}{\mathrm{d}Q_1^*}=0$，则可以解得满足式（3-4）的解为$Q_1^*$=2.7cm^3/s，$Q_2^*$=13.3cm^3/s，此即满足式（3-5）的唯一解，也可以看作两层液量预测多解中唯一的结果。与Q_1和Q_2的相对误差分别是3.57%和20.8%，式（3-4）的值是0.04468。图3.2所示是f随Q_1^*的变化曲线，从图中也可看出，f的最低点在Q_1^*=2.7cm^3/s处。

3.1.3 多井单层液量随机动态劈分

假设油层为单层，分布N_w口注入井、N_o口生产井，注采井序号分别从上到下、从左到右排列，如图3.3所示。

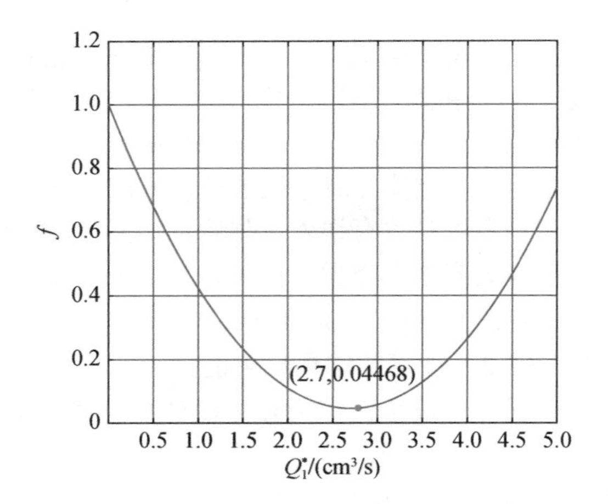

图 3.2 f随Q_1^*的变化曲线

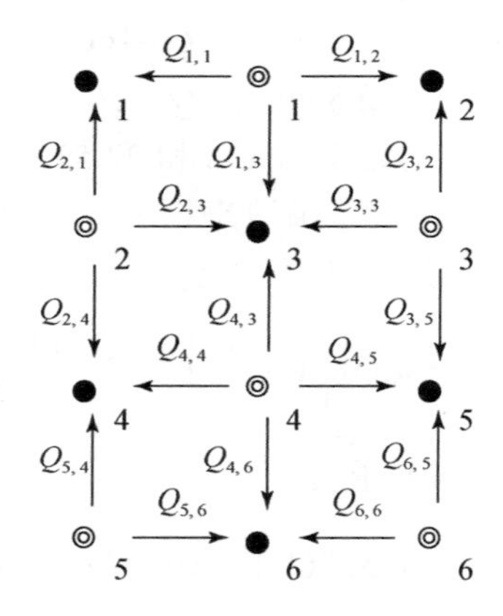

图 3.3 五点法注采井位图

第 i（i=1，2，…，N_w）口注水井的注入量为Q_i、井底流压为P_i，第 j（j=1，2，…，N_o）口油井的产液量为Q_j、井底流压为P_j，两者之间的液流量为$Q_{i,j}$，假设流体为单相液流。Q_i和Q_j直接测得认为是准确值，而且按照注采平衡的原则：

$$\sum_{i=1}^{N_w} Q_i = \sum_{j=1}^{N_o} Q_j \tag{3-6}$$

这一关系可以通过区块总的注入、采出液量适当修正单井注入采出量得到。并且得到：

$$Q_i = \sum_{j=1}^{N_o} Q_{i,j} \tag{3-7}$$

$$Q_j = \sum_{i=1}^{N_w} Q_{i,j} \tag{3-8}$$

在式（3-7）、式（3-8）中，在断层、尖灭、其他井阻断等流体不连通的情况下 $Q_{i,j}=0$，以及在有相互间流体交流的情况下，用达西定律计算，公式如下：

$$Q_{i,j} = \frac{A_{i,j}(K_i H_i + K_j H_j)}{\mu r_e^2} \cdot \frac{P_i - P_j}{\ln \dfrac{r_e}{r_w}} \tag{3-9}$$

式中，r_e 为注采井距计算的等效半径；m；r_w 为井筒半径，m。

式（3-7）～式（3-9）中要求解的未知量 $Q_{i,j}$ 共有 $N_w \times N_o$ 个，利用式（3-9）可以得到初始值 $Q_{i,j}^0$，要得到最终计算结果，必须满足式（3-7）、式（3-8）。仍然用相对误差的平方和最小为控制条件，则可行解 $Q_{i,j}^*$ 需同时满足式（3-7）、式（3-8）和式（3-10）：

$$\min f = \min \sum_{i=1}^{N_w} \sum_{j=1}^{N_o} \left(1 - \frac{Q_{i,j}^*}{Q_{i,j}^0}\right)^2 \tag{3-10}$$

3.1.4　多层油水两相流随机动态劈分

在前述单层液流基础上，假设油层是多层（N_f 层）多井同采，油层中流体为油水两相流，层间不存在窜流，层内不存在垂向上的流动。则随机动态劈分方法中的未知量 $Q_{i,j,k}$（k=1，2，…，N_f）是各层各注采井之间的液流量，在注入井点是注水量，在采出井点和油层内部是油、水混合液量。根据前述单层模型，再增加单井液量等于该井各打开油层液量之和这个环节就可得到多层随机动态劈分方法。

第 i 口注入井在第 k 层的注入量：

$$Q_{i,k} = \sum_{j=1}^{N_o} Q_{i,j,k} \tag{3-11}$$

第 i 口注入井总的注入量：

$$Q_i = \sum_{k=1}^{N_f} Q_{i,k} \tag{3-12}$$

同理，对于生产井 j，有

$$Q_{j,k} = \sum_{i=1}^{N_w} Q_{i,j,k} \tag{3-13}$$

第 j 口生产井总的注入量：

$$Q_j = \sum_{k=1}^{N_f} Q_{j,k} \tag{3-14}$$

理论上，未知量的个数是 $N_w \times N_o \times N_f$，但在油藏实际中，考虑到断层、尖灭、注采井遮挡以及油层垂向上不连通的假设，对应的 $Q_{i,j,k}=0$，则要求解未知量的数量将大为缩减，量值与驱替单元数相等（司睿等，2022）。

但在计算油水两相流情况下未知量初始值时，要考虑注采井间渗流阻力随累积注入量的变化而变化，相应的瞬时液流量也随之而变。求解方法可用达西油水两相流公式和 φ 函数（宋考平等，2006a）方法，具体公式如下：

$$Q_{i,j,k} = \frac{A_{i,j,k}(K_i H_i + K_j H_j)}{r_e^2} \cdot \left(\frac{K_{ro}}{\mu_o} + \frac{K_{rw}}{\mu_w} \right) \cdot \frac{P_i - P_j}{\ln \frac{r_e}{r_w}} \tag{3-15}$$

式中，$A_{i,j,k}$ 为第 i 井和第 j 井在第 k 层的渗流横截面积，cm^2；K_i，K_j 分别为第 i 和第 j 井的井点渗透率；$10^{-3}\mu m^2$；K_{rw} 为水相相对渗透率，无量纲；K_{ro} 为油相相对渗透率，无量纲；H_i、H_j 分别为第 i 和第 j 井的井点油层厚度，cm；r_e 为注采井距计算的等效半径，cm；r_w 为生产井的井筒半径，cm。

累积液量公式：

$$W_{i,j,k} = \int_0^t Q_{i,j,k} \mathrm{d}t \tag{3-16}$$

式中，$W_{i,j,k}$ 为在 k 层从注入井 i 到生产井 j 的计算累积液量。

φ 函数与累积液量关系式：

$$\varphi = \frac{V_{i,j,k}}{W_{i,j,k}} \tag{3-17}$$

式中，$V_{i,j,k}$ 为在 k 层注入井 i 与生产井 j 之间的孔隙体积，cm^3。

将以上三式[式（3-15）～式（3-17）]联立求解，可得当前时间 t 对应的 $Q_{i,j,k}^0$。实际应用时，可采取分步数值求解的方法：

（1）把时间从注采井投产到目前划分成若干段 t_0，t_1，t_2，…，t_n；

（2）利用式（3-15）计算初始阶段的液量；

（3）用式（3-2）的结果和式（3-16）计算第一个时间步结束时的累积液量；

（4）根据式（3-3）的结果用（3-17）式和相对渗透率曲线计算含水饱和度；

（5）返回式（3-15）式（3-17），逐次重复计算，直至得到当前时间 t 对应的 $Q_{i,j,k}^0$。

计算出 $Q_{i,j,k}^0$ 之后，用式（3-18）和式（3-12）、式（3-14）计算得到最终的解 $Q_{i,j,k}^*$：

$$\min f = \min \sum_{k=1}^{N_f} \sum_{j=1}^{N_o} \sum_{i=1}^{N_w} \left(1 - \frac{Q_{i,j,k}^*}{Q_{i,j,k}^0}\right)^2 \tag{3-18}$$

考虑到式（3-18）与式（3-12）、式（3-14）联立，则独立变量个数是 $Q_{i,j,k}$ 中非 0 变量数减去 $N_w + N_o$。

以上所求 $Q_{i,j,k}$ 理论上可能存在多解的问题，但考虑到油藏实际情况，注入和产出液量均大于 0，而且要排除所求解远大于或远小于初始值的情况，从而可以得到唯一符合实际情况的最终的解 $Q_{i,j,k}^*$。

3.1.5　多层两相流算例

用图 3.3 所示五点法井网进行计算，平面上均匀分布 6 口注入井和 6 口生产井，井距和排距均为 a=200m，井半径为 r_w=0.1m，四周封闭，油层自上而下分为 3 层并同时打开生产，生产时间为 30 年。各井生产测试的基本参数如表 3.1 所示。

表 3.1　各井基本参数

井号	注采液量/（m³/d）	含水率/%	井底流压/（kg/cm²）	第一层		第二层		第三层	
				厚度/cm	渗透率/μm²	厚度/cm	渗透率/μm²	厚度/cm	渗透率/μm²
W1		100	220	25	0.1	55	0.5	100	0.7
W2		100	230	30	0.07	60	0.55	110	0.8
W3		100	210	35	0.2	55	0.65	105	0.8
W4		100	230	45	0.3	65	0.6	115	0.87
W5		100	200	50	0.3	75	0.5	110	0.89
W6		100	220	0	0.0	60	0.6	125	0.9
O1		90	70	25	0.2	60	0.45	105	0.75
O2		92	50	35	0.3	65	0.55	110	0.77
O3		93	60	40	0.35	75	0.6	115	0.83
O4		95	80	15	0.3	80	0.66	125	0.8
O5		96	40	0	0.0	75	0.65	130	0.9
O6		95	50	0	0.0	60	0.67	130	0.91

注入水黏度为 0.6mPa·s，原油黏度为 7.5mPa·s，相对渗透率曲线以及水相分流量 f_w 和 φ 函数如图 3.4 所示。为简单起见，从投产到目前平均按 10 年一个时间段进行计算。

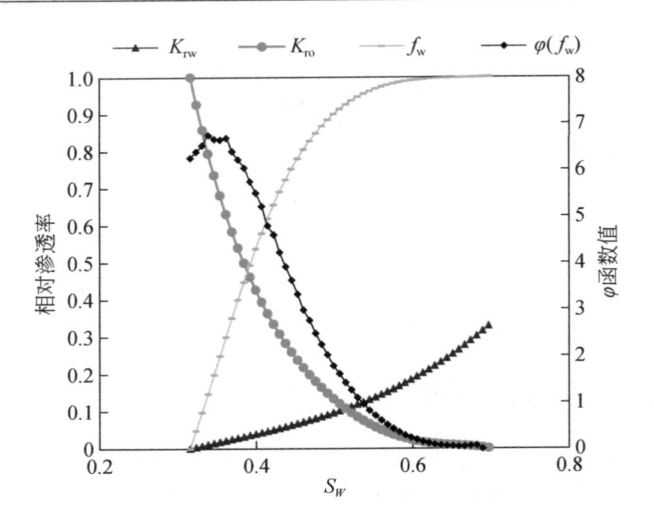

图 3.4 相对渗透率曲线以及对应 f_w、φ函数值

1. 第一时间步生产 10 年时液流量计算

第一时间步生产 10 年时液流量计算式为

$$Q_{i,j,k}^{1}=C\cdot\left(\frac{K_{\mathrm{ro}}}{\mu_{\mathrm{o}}}+\frac{K_{\mathrm{rw}}}{\mu_{\mathrm{w}}}\right)\frac{P_i-P_j}{\ln\left(\dfrac{2}{3}\dfrac{a}{r_{\mathrm{w}}}\right)} \tag{3-19}$$

式中，$Q_{i,j,k}^{1}$ 为在第一时间步时在 k 层从注入井 i 到生产井 j 的计算劈分流量，cm^3/s；μ_o 为油相黏度，mPa·s；μ_w 为水相黏度，mPa·s；a 为井距，cm。

$$C=\frac{3.14(K_{i,k}H_{i,k}+K_{j,k}H_{j,k})}{8} \tag{3-20}$$

式中，$K_{i,k}$、$K_{j,k}$ 为第 i、j 井在 k 层的渗透率，μm^2。

其中相对渗透率取初始值，即取 $K_{ro}=1$，$K_{rw}=0$；假定在注采井间 2/3 处达到注采井底流压的平均值$\dfrac{P_i+P_j}{2}$，则注入压差为$\dfrac{P_i-P_j}{2}$。第一时间步生产 10 年时液流量计算结果如表 3.2 所示。

表 3.2 第一时间步生产 10 年时液流量计算结果

	i	j=1	j=2	j=3	j=4	j=5	j=6
第一层	1	8.18	8.26				
	2	16.07		20.36			
	3	19.20	19.91	22.91	34.00		

续表

	i	j=1	j=2	j=3	j=4	j=5	j=6
第一层	4		7.20		19.64	17.02	
	5						
	6						
第二层	1	59.46	69.82				
	2	78.20		83.21			
	3	84.37	96.44	88.10	103.86		
	4		93.61		100.15	78.81	
	5			104.48	121.26		110.95
	6				103.69	84.77	94.22
第三层	1	162.28	194.05				
	2	191.28		196.32			
	3	192.53	226.82	195.77	241.72		
	4		205.10		218.25	172.72	
	5			248.52	299.94		300.45
	6				285.86	235.87	285.37

注：表中空白处液量为 0，对应注采井不连通。

2. 第二时间步生产 20 年时液流量计算

（1）给定第一层～第三层孔隙度分别为$\phi_1 = 0.19$、$\phi_2 = 0.22$、$\phi_3 = 0.25$，计算注采对应井区的孔隙体积：

$$V_{i,j,k} = 100^2 \frac{a^2}{4} \frac{H_{i,k} + H_{j,k}}{2} \phi_k \tag{3-21}$$

式中，ϕ为孔隙度。

（2）计算注采对应累积液量：

$$W_{i,j,k} = Q_{i,j,k}^1 \times 10 \times 365 \times 86400 \tag{3-22}$$

式中，$W_{i,j,k}$为在k层从注入井i到生产井j的计算累积液量。

（3）用式（3-17）计算φ函数。

（4）φ函数值由图 3.4 计算对应的S_w、K_{rw}、K_{ro}，φ值在φ_1、φ_2之间时，用线性差值计算三个数据值：

$$S_w = S_{w1} + \frac{S_{w2} - S_{w1}}{\varphi_2 - \varphi_1}(\varphi - \varphi_1) \tag{3-23}$$

式中，S_w为含水饱和度，小数。

同理可计算 K_{rw}、K_{ro}。

（5）计算 $Q_{i,j,k}^{2}$：

$$Q_{i,j,k}^{2} = \frac{7.5}{2} Q_{i,j,k}^{1} \left(\frac{K_{ro}}{7.5} + \frac{K_{rw}}{0.6} + \frac{1}{7.5} \right) \tag{3-24}$$

式中，$Q_{i,j,k}^{2}$ 为在第二时间步时在 k 层从注入井 i 到生产井 j 的计算劈分流量，cm^3/s。

第二时间步生产 20 年时液流量计算结果如表 3.3 所示。

表 3.3　第二时间步生产 20 年时液流量计算结果

	i	j=1	j=2	j=3	j=4	j=5	j=6
第一层	1	14.67	14.63				
	2	30.79		39.42			
	3	37.23	38.42	44.59	68.69		
	4		12.87		38.51	32.51	
	5						
	6						
第二层	1	122.28	146.22				
	2	170.70		184.17			
	3	183.98	214.82	194.01	233.04		
	4		205.53		221.49	161.63	
	5			237.00	277.66		252.41
	6				236.16	183.19	213.07
第三层	1	359.56	439.50				
	2	433.75		445.32			
	3	435.62	520.83	442.58	557.68		
	4		462.45		494.81	376.35	
	5			573.77	702.89		701.51
	6				666.79	539.98	662.84

注：表中空白处液量为 0，对应注采井不连通。

3. 第三时间步生产 30 年时液流量计算

（1）同上一时间步方法求出孔隙体积。

（2）计算注采对应累积液量：

$$W_{i,j,k} = \left(Q_{i,j,k}^{1} + Q_{i,j,k}^{2} \right) \times 10 \times 365 \times 86400 \tag{3-25}$$

（3）同上一时间步，用式（3-17）计算 φ 函数。

（4）方法同上一时间步，用 φ 函数值计算对应的 S_w、K_{ro}、K_{rw}。

（5）用式（3-26）在求出 $Q_{i,j,k}^2$ 的基础上计算出 $Q_{i,j,k}^3$：

$$Q_{i,j,k}^3 = Q_{i,j,k}^2 \frac{\dfrac{K_{ro}}{7.5} + \dfrac{K_{rw}}{0.6} + \dfrac{1}{7.5}}{\left(\dfrac{K_{ro}}{7.5} + \dfrac{K_{rw}}{0.6} + \dfrac{1}{7.5}\right)_{上时间步}} \tag{3-26}$$

式中，$Q_{i,j,k}^3$ 为在第三时间步时在 k 层从注入井 i 到生产井 j 的计算劈分流量，cm^3/s。

第三时间步生产 30 年时液流量计算结果如表 3.4 所示。

表 3.4　第三时间步生产 30 年时液流量计算结果

	i	j=1	j=2	j=3	j=4	j=5	j=6
第一层	1	16.89	16.79				
	2	36.99		47.32			
	3	44.69	46.14	53.52	81.40		
	4		14.80		46.19	39.05	
	5						
	6						
第二层	1	143.51	169.80				
	2	191.55		204.45			
	3	206.60	237.33	216.22	256.03		
	4		229.58		246.05	190.00	
	5			258.42	300.78		274.67
	6				256.77	207.19	232.81
第三层	1	398.86	479.73				
	2	473.05		485.56			
	3	475.84	563.11	483.72	600.96		
	4		506.36		539.72	422.88	
	5			617.99	749.21		749.66
	6				713.04	585.03	710.92

注：表中空白处液量为 0，对应注采井不连通。

在以上各单层各对应油水井方向上注采液量计算的基础上，合成目前（生产 30 年）各单井各层和总的注采液量，见表 3.5。

表 3.5　生产 30 年后各单井各层液量汇总

井号	第一层	第二层	第三层	全井计算注采液量/（cm^3/s）	全井实际注采液量/（cm^3/s）	相对误差/%
W1	98.57	541.66	1347.75	1987.98	1500	24.55
W2	77.73	636.71	1549.20	2263.64	2000	11.65
W3	100.84	679.09	1587.27	2367.20	2100	11.29
W4	127.59	1059.63	2602.93	3790.15	2700	28.76
W5	39.05	397.19	1007.91	1444.15	1500	−3.87
W6		507.48	1460.58	1968.06	1600	18.70
注入量合计	443.78	3821.76	9555.64	13821.18	11400	17.52
O1	33.68	313.31	878.59	1225.58	900	26.57
O2	84.31	396.00	958.61	1438.92	1100	23.55
O3	225.75	916.18	2123.63	3265.56	2900	11.19
O4	100.04	665.63	1468.96	2234.63	2000	10.50
O5		833.87	2116.86	2950.73	2300	22.05
O6		696.77	2008.99	2705.76	2200	18.69
采出量合计	443.78	3821.76	9555.64	13821.18	11400	17.52

6 口注入井和 6 口采出井实际注采液量总计均为 11400cm^3/s，而计算的注采液量总计为 13821.18cm^3/s，相对误差为 17.52%。也就是说，计算出的注采液量需要减去 17.52%才能与实际注采液量相等。这可以用直接在每个方向注采液量中同时减去 17.52%的方法实现总量的校正，但这种方法往往无法满足各口注采井液量的校正，除非每口井液量计算值和实际值的相对误差均相同为 17.52%。

用 W_i^* 表示第 i 口注入井的实际注入量，O_j^* 表示第 j 口生产井的实际产液量，$Q_{i,j,k}^*$ 表示第 k 层中第 i 口注入井与第 j 口生产井对应的液量，则有式（3-27）：

$$\sum_{k=1}^{3}\sum_{j=1}^{6}Q_{i,j,k}=W_i^* \tag{3-27}$$

$$\sum_{k=1}^{3}\sum_{i=1}^{6}Q_{i,j,k}=O_j^* \tag{3-28}$$

以上共有 $i+j=12$ 个方程，未知量 $Q_{i,j,k}^*$ 理论上有 $i\times j\times k$ 个，考虑到注采不连通的情况下 $Q_{i,j,k}^*$ 为 0，则本算例中非 0 未知量 45 个。具体展开式见式（3-29）：

$$
\left\{
\begin{aligned}
&Q^*_{1,1,1} + Q^*_{1,2,1} + Q^*_{1,3,1} + Q^*_{1,1,2} + Q^*_{1,2,2} + Q^*_{1,3,2} + Q^*_{1,1,3} + Q^*_{1,2,3} + Q^*_{1,3,3} = W^*_1 \\
&Q^*_{2,1,1} + Q^*_{2,3,1} + Q^*_{2,4,1} + Q^*_{2,1,2} + Q^*_{2,3,2} + Q^*_{2,4,2} + Q^*_{2,1,3} + Q^*_{2,3,3} + Q^*_{2,4,3} = W^*_2 \\
&Q^*_{3,2,1} + Q^*_{3,3,1} + Q^*_{3,2,2} + Q^*_{3,3,2} + Q^*_{3,5,2} + Q^*_{3,2,3} + Q^*_{3,3,3} + Q^*_{3,5,3} = W^*_3 \\
&Q^*_{4,3,1} + Q^*_{4,4,1} + Q^*_{4,3,2} + Q^*_{4,4,2} + Q^*_{4,5,2} + Q^*_{4,6,2} + Q^*_{4,3,3} + Q^*_{4,4,3} + Q^*_{4,5,3} + Q^*_{4,6,3} = W^*_4 \\
&Q^*_{5,4,1} + Q^*_{5,4,2} + Q^*_{5,6,2} + Q^*_{5,4,3} + Q^*_{5,6,3} = W^*_5 \\
&Q^*_{6,5,2} + Q^*_{6,6,2} + Q^*_{6,5,3} + Q^*_{6,6,3} = W^*_6 \\
&Q^*_{1,1,1} + Q^*_{2,1,1} + Q^*_{1,1,2} + Q^*_{2,1,2} + Q^*_{1,1,3} + Q^*_{2,1,3} = O^*_1 \\
&Q^*_{1,2,1} + Q^*_{3,2,1} + Q^*_{1,2,2} + Q^*_{3,2,2} + Q^*_{1,2,3} + Q^*_{3,2,3} = O^*_2 \\
&Q^*_{1,3,1} + Q^*_{2,3,1} + Q^*_{3,3,1} + Q^*_{4,3,1} + Q^*_{1,3,2} + Q^*_{2,3,2} + Q^*_{3,3,3} + Q^*_{4,3,2} + Q^*_{1,3,3} \\
&\quad + Q^*_{2,3,3} + Q^*_{3,3,3} + Q^*_{4,3,3} = O^*_3 \\
&Q^*_{2,4,1} + Q^*_{4,4,1} + Q^*_{5,4,1} + Q^*_{2,4,2} + Q^*_{4,4,2} + Q^*_{5,4,2} + Q^*_{2,4,3} + Q^*_{4,4,3} + Q^*_{5,4,3} = O^*_4 \\
&Q^*_{3,5,2} + Q^*_{4,5,2} + Q^*_{6,5,2} + Q^*_{3,5,3} + Q^*_{4,5,3} + Q^*_{6,5,3} = O^*_5 \\
&Q^*_{4,6,2} + Q^*_{5,6,2} + Q^*_{6,6,2} + Q^*_{4,6,3} + Q^*_{5,6,3} + Q^*_{6,6,3} = O^*_6
\end{aligned}
\right.
\tag{3-29}
$$

另外，考虑到注采平衡，假定采出液量体积等于注入水的体积，则：

$$O_1^* + O_2^* + O_3^* + O_4^* + O_5^* + O_6^* = W_1^* + W_2^* + W_3^* + W_4^* + W_5^* + W_6^* \tag{3-30}$$

所以上述方程组中有一个方程不是独立方程，如果用式（3-30）求 O_1^*：

$$O_1^* = W_1^* + W_2^* + W_3^* + W_4^* + W_5^* + W_6^* - (O_2^* + O_3^* + O_4^* + O_5^* + O_6^*) \tag{3-31}$$

则可以把方程组中第 7 个方程作为非独立方程而去掉，方程组中剩余 11 个相互独立的方程。但方程组中未知量个数仍大于方程的个数，根据本文的方法，用式（3-32）和式（3-30）与式（3-31）联立，求最终的解。

$$\min f = \min \sum_{k=1}^{N_f} \sum_{j=1}^{N_o} \sum_{i=1}^{N_w} \left(1 - \frac{Q^*_{i,j,k}}{Q_{i,j,k}}\right)^2 \tag{3-32}$$

式（3-32）中有 34 个独立变量，有可能存在多解的情况。但在求解时，考虑到油田实际注采液量以及计算值与实际值误差的界限，可以取 $1.5Q^3_{i,j,k} > Q^*_{i,j,k} > 0.5Q^3_{i,j,k}$ 范围的解，此时如果仍然存在多解，则可进一步缩小范围，直到得到唯一解为止。

上述方程的求解可以用不同的方法。最直接的方法是从式（3-29）、式（3-30）中确定并解出 11 个独立变量用其他变量表达的关系式，将其代入式（3-32），这样就变成了一个求解使 f 达到最小的剩余 21 个变量数值的问题。由于在 f 最小值处，其对各独立变量的导数为 0，所以这个问题可以通过令 f 分别关于 21 个变量的一阶偏微分等于 0 的方法得到解决，这样的等式是 21 个独立的线性方程，可以求出 21 个变量的解。将求得的解代到前面 12 个变量的表达式中，则可以求得剩余 12 个变量的解。在油田开发工程应用中，往往注采井和油层众多，则前述方程组会非常庞大，这种情况下可以通过计算机用数值方法进行求解。

对于此处的算例，具体用以下方法求解。

首先在式（3-29）和式（3-30）联立方程的每一个等式中确定一个相互独立的变量，此处选定 $Q^*_{1,1,1}$、$Q^*_{2,1,1}$、$Q^*_{3,2,1}$、$Q^*_{4,3,1}$、$Q^*_{5,4,1}$、$Q^*_{6,5,2}$、$Q^*_{1,2,1}$、$Q^*_{1,3,1}$、$Q^*_{2,4,1}$、$Q^*_{3,5,2}$、$Q^*_{4,6,2}$，整理出方程组如下：

$$
\begin{cases}
Q^*_{1,1,1}+Q^*_{1,2,1}+Q^*_{1,3,1}=W^*_1-(Q^*_{1,1,2}+Q^*_{1,2,2}+Q^*_{1,3,2}+Q^*_{1,1,3}+Q^*_{1,2,3}+Q^*_{1,3,3}) \\
Q^*_{2,1,1}+Q^*_{2,4,1}=W^*_2-(Q^*_{2,3,1}+Q^*_{2,1,2}+Q^*_{2,3,2}+Q^*_{2,4,2}+Q^*_{2,1,3}+Q^*_{2,3,3}+Q^*_{2,4,3}) \\
Q^*_{3,2,1}+Q^*_{3,5,2}=W^*_3-(Q^*_{3,3,1}+Q^*_{3,2,2}+Q^*_{3,3,2}+Q^*_{3,2,3}+Q^*_{3,3,3}+Q^*_{3,5,3}) \\
Q^*_{4,3,1}+Q^*_{4,6,2}=W^*_4-(Q^*_{4,4,1}+Q^*_{4,3,2}+Q^*_{4,4,2}+Q^*_{4,5,2}+Q^*_{4,3,3}+Q^*_{4,4,3}+Q^*_{4,5,3} \\
\qquad +Q^*_{4,6,3}) \\
Q^*_{4,3,1}+Q^*_{4,6,2}=W^*_4-(Q^*_{4,4,1}+Q^*_{4,3,2}+Q^*_{4,4,2}+Q^*_{4,5,2}+Q^*_{4,3,3}+Q^*_{4,4,3}+Q^*_{4,5,3} \\
\qquad +Q^*_{4,6,3}) \\
Q^*_{5,4,1}=W^*_5-(Q^*_{5,4,2}+Q^*_{5,6,2}+Q^*_{5,4,3}+Q^*_{5,6,3}) \\
Q^*_{6,5,2}=W^*_6-(Q^*_{6,6,2}+Q^*_{6,5,3}+Q^*_{6,6,3}) \\
Q^*_{1,2,1}+Q^*_{3,2,1}=O^*_2-(Q^*_{1,2,2}+Q^*_{3,2,2}+Q^*_{1,2,3}+Q^*_{3,2,3}) \\
Q^*_{1,3,1}+Q^*_{4,3,1}=O^*_3-(Q^*_{2,3,1}+Q^*_{3,3,1}+Q^*_{1,3,2}+Q^*_{2,3,2}+Q^*_{3,3,3}+Q^*_{4,3,2}+Q^*_{1,3,3} \\
\qquad +Q^*_{2,3,3}+Q^*_{3,3,3}+Q^*_{4,3,3}) \\
Q^*_{2,4,1}+Q^*_{5,4,1}=O^*_4-(Q^*_{4,4,1}+Q^*_{2,4,2}+Q^*_{4,4,2}+Q^*_{5,4,2}+Q^*_{2,4,3}+Q^*_{4,4,3}+Q^*_{5,4,3}) \\
Q^*_{3,5,2}+Q^*_{6,5,2}=O^*_5-(Q^*_{4,5,2}+Q^*_{3,5,3}+Q^*_{4,5,3}+Q^*_{6,5,3}) \\
Q^*_{4,6,2}=O^*_6-(Q^*_{5,6,2}+Q^*_{6,6,2}+Q^*_{4,6,3}+Q^*_{5,6,3}+Q^*_{6,6,3})
\end{cases}
\tag{3-33}
$$

求解顺序：

$$
Q^*_{4,6,2}=O^*_6-(Q^*_{5,6,2}+Q^*_{6,6,2}+Q^*_{4,6,3}+Q^*_{5,6,3}+Q^*_{6,6,3})
$$

$$
\begin{aligned}
&Q^*_{5,4,1} = W^*_5 - (Q^*_{5,4,2} + Q^*_{5,6,2} + Q^*_{5,4,3} + Q^*_{5,6,3}) \\
&Q^*_{6,5,2} = W^*_6 - (Q^*_{6,6,2} + Q^*_{6,5,3} + Q^*_{6,6,3}) \\
&Q^*_{4,3,1} = W^*_4 - (Q^*_{4,4,1} + Q^*_{4,3,2} + Q^*_{4,4,2} + Q^*_{4,5,2} + Q^*_{4,3,3} + Q^*_{4,4,3} + Q^*_{4,5,3} + Q^*_{4,6,3}) \\
&\qquad - Q^*_{4,6,2} \\
&Q^*_{2,4,1} = O^*_4 - (Q^*_{4,4,1} + Q^*_{2,4,2} + Q^*_{4,4,2} + Q^*_{5,4,2} + Q^*_{2,4,3} + Q^*_{4,4,3} + Q^*_{5,4,3}) - Q^*_{5,4,1} \\
&Q^*_{3,5,2} = O^*_5 - (Q^*_{4,5,2} + Q^*_{3,5,3} + Q^*_{4,5,3} + Q^*_{6,5,3}) - Q^*_{6,5,2} \\
&Q^*_{1,3,1} = O^*_3 - (Q^*_{2,3,1} + Q^*_{3,3,1} + Q^*_{1,3,2} + Q^*_{2,3,2} + Q^*_{3,3,3} + Q^*_{4,3,2} + Q^*_{1,3,3} + Q^*_{2,3,3} \\
&\qquad + Q^*_{3,3,3} + Q^*_{4,3,3}) - Q^*_{4,3,1} \\
&Q^*_{2,1,1} = W^*_2 - (Q^*_{2,3,1} + Q^*_{2,1,2} + Q^*_{2,3,2} + Q^*_{2,4,2} + Q^*_{2,1,3} + Q^*_{2,3,3} + Q^*_{2,4,3}) - Q^*_{2,4,1} \\
&Q^*_{3,2,1} = W^*_3 - (Q^*_{3,3,1} + Q^*_{3,2,2} + Q^*_{3,3,2} + Q^*_{3,2,3} + Q^*_{3,3,3} + Q^*_{3,5,3}) - Q^*_{3,5,2} \\
&Q^*_{1,2,1} = O^*_2 - (Q^*_{1,2,2} + Q^*_{3,2,2} + Q^*_{1,2,3} + Q^*_{3,2,3}) - Q^*_{3,2,1} \\
&Q^*_{1,1,1} = W^*_1 - (Q^*_{1,1,2} + Q^*_{1,2,2} + Q^*_{1,3,2} + Q^*_{1,1,3} + Q^*_{1,2,3} + Q^*_{1,3,3}) - Q^*_{1,3,1} - Q^*_{1,2,1}
\end{aligned}
\tag{3-34}
$$

将以上 11 个变量的表达式代入式（3-34），则得到 34 个剩余变量的表达式。为了求出 f 的最小值，分别令 f 关于各变量的偏微分为 0：

$$
\frac{\mathrm{d}f}{\mathrm{d}Q^*_{1,1,2}} = \frac{-2\left(\dfrac{1-Q^*_{1,1,2}}{Q^3_{1,1,2}}\right)}{Q^3_{1,1,2}} + \frac{2\left(\dfrac{1-Q^*_{1,1,1}}{Q^3_{1,1,1}}\right)}{Q^3_{1,1,1}} = 0 \tag{3-35}
$$

即

$$
\frac{Q^*_{1,1,2}}{{Q^3_{1,1,2}}^2} - \frac{Q^*_{1,1,1}}{{Q^3_{1,1,1}}^2} = \frac{1}{Q^3_{1,1,2}} + \frac{1}{Q^3_{1,1,1}} \tag{3-36}
$$

其他类推。

另外，可以利用 Matlab 软件逐次逼近方法进行求解，计算结果见表 3.6。

表 3.6　编程计算 45 个变量结果

序号 (i,j,k)	计算值 $(Q^*_{i,j,k})$	初始值 $(Q^3_{i,j,k})$	相对差值/%	序号 (i,j,k)	计算值 $(Q^*_{i,j,k})$	初始值 $(Q^3_{i,j,k})$	相对差值/%
1,1,1	16.62	16.89	1.57	1,3,1	43.85	44.69	1.88
2,1,1	16.62	16.79	1.03	2,3,1	45.93	46.14	0.46
1,2,1	35.91	36.99	2.92	3,3,1	53.22	53.52	0.56
3,2,1	46.26	47.32	2.24	4,3,1	78.57	81.4	3.47

续表

序号 (i,j,k)	计算值 $(Q^*_{i,j,k})$	初始值 $(Q^3_{i,j,k})$	相对差值/%	序号 (i,j,k)	计算值 $(Q^*_{i,j,k})$	初始值 $(Q^3_{i,j,k})$	相对差值/%
2,4,1	14.75	14.8	0.33	6,6,2	214.78	232.81	7.74
4,4,1	45.02	46.19	2.53	1,1,3	250.78	398.86	37.13
5,4,1	39.25	39.05	0.51	2,1,3	339.41	479.73	29.25
1,1,2	124.34	143.51	13.36	1,2,3	296.48	473.05	37.33
2,1,2	152.22	169.8	10.35	3,2,3	374.07	485.56	22.96
1,2,2	162.60	191.55	15.11	1,3,3	380.75	475.84	19.98
3,2,2	184.68	204.45	9.67	2,3,3	531.67	563.11	5.58
1,3,2	188.67	206.6	8.68	3,3,3	459.38	483.72	5.03
2,3,2	231.75	237.33	2.35	4,3,3	446.80	600.96	25.65
3,3,2	211.36	216.22	2.25	2,4,3	449.71	506.36	11.19
4,3,2	228.05	256.03	10.93	4,4,3	379.89	539.72	29.61
2,4,2	217.94	229.58	5.07	5,4,3	445.95	422.88	5.46
4,4,2	212.84	246.05	13.50	3,5,3	528.29	617.99	14.51
5,4,2	194.65	190	2.45	4,5,3	436.18	749.21	41.78
3,5,2	242.73	258.42	6.07	6,5,3	589.32	749.66	21.39
4,5,2	250.33	300.78	16.77	4,6,3	405.44	713.04	43.14
6,5,2	253.14	274.67	7.84	5,6,3	609.85	585.03	4.24
4,6,2	216.88	256.77	15.54	6,6,3	542.75	710.92	23.65
5,6,2	210.30	207.19	1.50				

计算所得 f 最小值为 1.2902，对其求 45 个参数的平均值为 0.0287，其平方根是 0.169。

以上 $Q^*_{i,j,k}$ 即为各井注采液量在各层和各注采方向上的劈分液量。需要说明的是，本方法在目标函数的构建中，直接将初始产量带入构建确定性的目标函数，所以产量分配的初始值对结果影响很大，而最终的结果又与初始值非常相关，因此初始值计算准确程度与结果准确程度之间关系密切。在实际应用时，仍然需要尽可能地获得准确的小层渗透率、厚度、相渗曲线等资料。另外，在上述算例两相流平面流动分配中，渗透率分布和饱和度分布是最重要的影响参数，前文中水驱油计算是基于均质情况下的径向流达西方程进行的大时间尺度计算（10 年一个点）。在实际应用中，针对非均质储层情况，可以用网格划分的方法分段依次计算液流量初值，时间尺度可以根据油藏动态变化和增产措施的时间跨度而缩小，既要确保计算结果符合油藏实际又要满足快速得到结果的要求。

3.1.6 结论

（1）在生产测试资料的基础上，通过控制总体误差，用 Matlab 软件寻得了单层注采井之间交换液量既满足井点液量刚性约束又接近达西定律的解。

（2）用随机分析方法解决了注采井液量劈分到单层注采井之间交换液量解的不存在或多解的问题。

（3）多层两相流算例中所得解总的值为 1.2902，对 f 值求 45 个参数的平均值为 0.0287，其平方根是 0.169。

（4）用本节建立的方法计算长方形两油层一注一采单相液流模型的单层注、采液量与解析解有很好的一致性。

（5）本节的方法是在平面二维油水两相流假设基础上建立的，针对井间和层内垂向上强非均质性的情况，需要进一步考虑和改进。在本节方法的基础上，可以进一步考虑生产井产油量和含水率随时间的变化、单层孔隙度和渗透率随空间坐标的变化，以及化学驱、气驱等其他驱油方式，建立更加符合油田实际情况的新方法，并用注采井实测剖面资料加以验证。

3.2 模糊数学法

3.2.1 模糊综合评判基本原理

模糊综合评判法就是应用模糊变换原理和最大隶属度原则，考虑与评价事物相关性较大的各个因素，对其所作的综合评价。该方法是建立在模糊数学基础上的一种模糊线性变换，它的优点是将评判中有关的模糊概念用模糊集合表示，以模糊概念的形式直接进入评判的运算过程，通过模糊变换得出一个对模糊集合的评价结果。模糊综合评判法是模糊数学中最主要的方法之一，以其严密的科学性和良好的适应性而被广泛应用于各个领域，解决了许多用常规方法难以处理的实际问题，尤其是受多因素影响的目标评判方面具有广泛的应用。常用于实际工程技术问题的模糊综合评判分为单级和多级模糊综合评判两类。

1. 单级模糊综合评判

单独对一个影响因素进行评判，以确定评价对象对评价集中各元素的隶属程度，称为单因素模糊评判。我们将被评判的事物称作评价对象，如某项工程、某件产品等。评价的结果用一组“评语上”的模糊集合表示，这组评语构成的集合称之为评语集，也称评价集，记作：

$$V=\{v_1,v_2,\cdots,v_m\} \tag{3-37}$$

评语集是多种多样的，这取决于我们希望做出什么类型的评价。式（3-37）中$\{v_1,v_2,\cdots,v_m\}$表示有m种评语，它可以是一组真正的评语，如可取评语集为V={很好，好，中等，差，很差}；也可用一组等级构成，如 V={一级，二级，三级}；还可用某一区间上的离散数值构成，如 $V=\{1.5,2.0,2.5,3.0\}$，这种评语集可用来确定某一参数的最佳取值点。

评价结果是V上的一个模糊子集。其中，b_i（$i=1,2,\cdots,m$）表示评价对象可用评语v_i来评价的程度。

$$\underset{\sim}{B}=\{b_1,b_2\cdots,b_m\} \tag{3-38}$$

影响评价结果的所有因素构成的集合称为因素集，记作：

$$U=\{u_1,u_2,\cdots,u_n\} \tag{3-39}$$

其中，u_i（$i=1,2,\cdots,n$）表示n个因素中的第i个。

根据第i因素u_i对事物作出评价称作单因素评价，记作：

$$\underset{\sim}{r_i}=\{r_{i1},r_{i2},\cdots,r_{im}\} \tag{3-40}$$

这同样是V上的一个模糊子集，并常常称之为单因素评价向量。这种单因素评价只能反映事物的一方面，无法反映总体情况。但n个单因素评价向量，将它们组成一个矩阵，我们称之为评价矩阵，即

$$\underset{\sim}{R}=\left\{\begin{matrix} r_{11} & r_{12} & r_{13} & \cdots & r_{1m} \\ r_{21} & r_{22} & r_{23} & \cdots & r_{2m} \\ \vdots & \vdots & \vdots & & \vdots \\ r_{n1} & r_{n2} & r_{n3} & \cdots & r_{nm} \end{matrix}\right\} \tag{3-41}$$

如何根据$\underset{\sim}{R}$作出一个综合评价呢？仿照人们的思维过程，给每个因素u_i确一个系数a_i以表明它们对评价结果的重要程度不同，然后通过模糊变换

$$\underset{\sim}{B}=\underset{\sim}{A}\circ\underset{\sim}{R} \tag{3-42}$$

将各单因素评价综合成一个总的评价结果：

$$\underset{\sim}{A}=\{a_1,a_2\cdots,a_n\} \tag{3-43}$$

$\underset{\sim}{A}$称作权重集或权向量。其具体作用及确定方法稍后做讨论。

上述过程中，对影响评价结果的因素只作了单层次划分，故称为单级模糊综合评判，其过程可用图 3.5 表示。

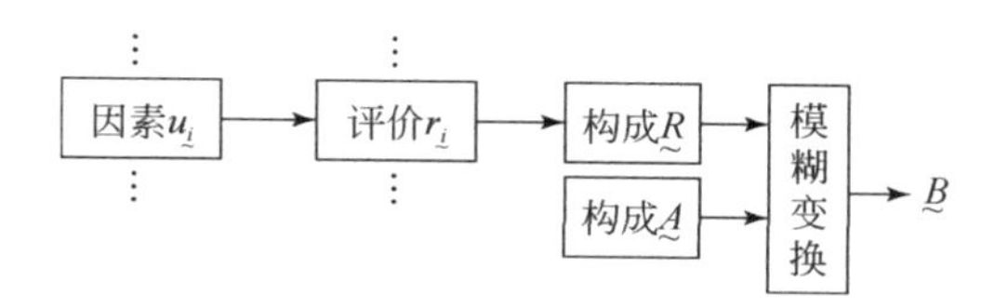

图 3.5　单级模糊综合评判框图

综上所述，单级模糊综合评判的步骤如下：

（1）确定评判对象；

（2）确定评语集 $V=\{v_1,v_2,\cdots,v_m\}$ ；

（3）确定因素集 $U=\{u_1,u_2,\cdots,u_n\}$ ；

（4）依据各因素确定 r_i ，进而构成 $R=[r_{ij}]_{n\times m}$ ；

（5）确定权重集 $A=\{a_1,a_2,\cdots,a_n\}$ ；

（6）选取合适的计算模型，做模糊变换 $B=A\circ R$ ，求得 B ；

（7）用一定方式将 B 转换成所需形式的结论。

2. 多级模糊综合评判

多级模糊综合评判就是在模糊综合评判的基础上再进行模糊综合评判，并可根据需要多次这样进行下去。在一些复杂项目的评价中，众多因素是在不同层次上影响评判结果的。因此，需要对不同层次的因素进行不同层次的单级模糊综合评判的综合评价，逐级进行最终汇成总的评判结果，即多级模糊综合评判。评价的区别在于单因素评判向量 r_i 无法直接给出，需对影响它的所有子因素进行综合评价而得到，其步骤如图 3.6 所示。

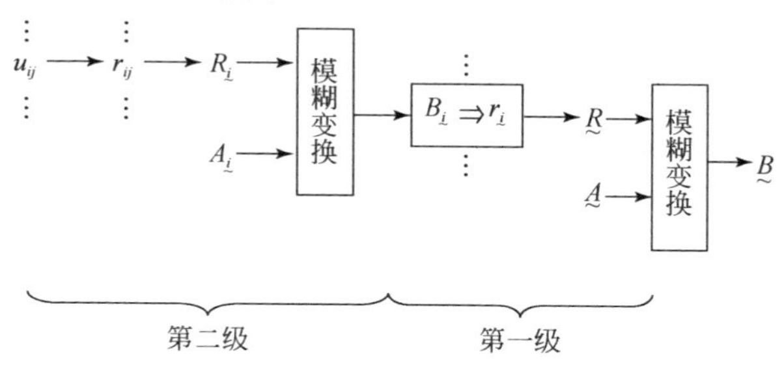

图 3.6　两级模糊综合评判框图

在图 3.6 中，B_i 是以第 i 类因素子集 $U_i=\{u_{i1},u_{i2},\cdots,u_{il}\}$ 为基础进行第二级综合评判时得出的结果，这正是第一级评判时所需的单因素评价向量 r_i ；矩阵

$\underset{\sim}{R_i} = [r_{ij}]_{l \times m}$ 是第二级评判时第 i 类因素子集的单因素评判矩阵；$\underset{\sim}{A_i}$ 是对 U_i 的各子因素确定的权重集。如果第二级因素 U_{ij} 的单因素评价向量仍无法直接得到，需经综合评判而得，则问题变成三级模糊综合评判问题。

在实际的多级模糊综合评判中，一般都是用表格列出各级因素和权重，然后逐级进行评判计算。

3.2.2　低效无效循环井判定指标筛选与计算

大庆油田为陆相沉积的泥质胶结砂岩油藏，地层的胶结程度较弱，又有较强的非均质性，且长期采用强注强采的开发方式。经过近 40 年的注水开发，目前已进入了特高含水开发阶段，注入水的低效循环问题已经是影响油田高效低耗开采的一个重要难题。在对低效循环井层进行判定时，根据大孔道的形成原因及其在开发中的表现特征，结合所研究区块的实际数据情况进行各项参数的筛选，各指标参数的筛选遵循以下原则。

（1）以能大量、方便录取，信息来源充足为原则，选取油水井日常生产过程中大量录取的动、静态资料。

（2）选取的参数与形成低效循环井层有直接的相关性。

（3）形成的判别方法以适用性强，能大范围推广应用为目标。

1. 静态指标的选取

静态因素是影响储层大孔道形成的先天性原因。对于一个中高渗透性油藏，如果它的胶结程度较弱，且非均质性很强，则在强注强采的开发方式下很容易产生大孔道，造成注入水的低效循环。如上文所述影响大孔道形成的静态因素有很多，但是对于我们所要研究的某一个特定区块来说，诸如胶结程度、油水黏度差等因素对每一口井的影响都是一样的，而孔隙度的影响可以在渗透率上得到一定程度的体现。根据以上指标参数筛选原则，针对现场静态数据库的实际数据情况，我们选取全井渗透率、有效厚度和单层突进系数作为判断低效循环油水井所需的静态参数。

1）渗透率

渗透率是制约注入能力的最主要因素，渗透率越高的井，驱替液对岩石的冲刷越严重，也越容易形成大孔道。大庆油田萨北开发区北三东东块油水井单井平均渗透率最小值为 0.13μm²，最大值为 0.68μm²，渗透率差异较大，容易在渗透率高的井组之间形成油水运动的优势通道。

2）有效厚度

射开层位有效厚度较大的井，一般都是储层物性较好、基础井网或其他开发得较早的井。这些井组之间的储层经过注入水的长期冲刷，容易产生低效循环条带。大庆油田北三东东块各井的有效厚度为 0.8～66.7m，基础井网的井已有近 40 年的注水开发历史，因此容易在某些层位特别是厚油层的底部形成大孔道，造成注入水的突进。

3）单层突进系数

储层非均质性是储层的基本性质，单层突进系数反映了储层垂向上非均质性的大小。地层纵向和横向的非均质性，使注入水沿高渗透带突进，形成次生大孔道，并逐渐加剧层内、层间矛盾，使高渗透带形成大孔道。大庆油田北三东东块各井的单层突进系数为 1.26～5.49，各井之间非均质性差异较大，因此非均质性较高的井中容易形成高渗透条带。

2. 动态指标的选取

油水井间大孔道形成以后，注入水便大量地沿着大孔道所在的层位和条带流入采油井。其他低渗透的层位和条带很少，甚至没有注入水的波及，因此注入水在储层中流动的整个过程中，渗流阻力都很小，这在油水井的生产动态指标上会有不同程度的体现。本研究在第 1 章中已经给出了大孔道形成后油水井在开发过程中的表现特征，据此，结合实际区块中油水井井史数据，选定低效循环油水井判定所需的动态指标。

1）注水井

对于注水井，选取日注水量、注水油压、视吸水指数和单位厚度累积注水量四项指标，分别描述如下。

（1）日注水量：当注水压力不变时，注水量大幅度增加，则地层可能出现大孔道。因此，日注水量越大的井，其中存在低效循环层位的可能性也会越大。

（2）注水油压：注水井注水油压如果变低，则说明注水井与对应油井之间渗流阻力小，存在大孔道。在水井井史库中，油压数据不全，但是对于有油压数据的井，油压值越低，则存在低效循环的可能性越大。

（3）视吸水指数：注水井视吸水指数能够反映注水井吸水能力的大小，视吸水指数的突变，表示注水井的吸水能力即注水井所在储层性质的变化。视吸水指数在大孔道形成前变化平稳，大孔道形成后视吸水指数突然上升。对于某个特定的时间点来说，视吸水指数越大的井，存在低效循环的可能性也越大。

（4）单位厚度累积注水量：单位厚度累积注水量的差异代表了油层吸水能力的差异，也反映了油层连通性以及导流能力大小的不同。单位厚度累积注水量越大，表示油层吸水能力越强，存在大孔道的可能性也越大。

2）采油井

对于采油井，选取日产液量、含水率、井底流压、单位厚度累积产液量四项动态指标进行低效循环采油井的判定。

（1）日产液量：大孔道形成后，油水井之间渗流阻力减小，注入水在油水井间形成低效循环。在采油井与其相对应的注水井之间注采压差不变的情况下，产液量迅速上升。因此，日产液量越大的井，越有可能存在大孔道。

（2）含水率：大孔道形成的另一突出表现是含水率，大孔道形成后，注入水将沿着高渗透条带突进，水的波及面积减小，对于大孔道以外的剩余油的驱替效率降低，使得含水率发生突变。目前大庆油田已经进入了特高含水开发阶段，全区各井含水率普遍很高，这也说明了大孔道存在的可能性。对于各采油井来说，含水率越高，存在大孔道的可能性越大。

（3）井底流压：井底流压是指地层流体渗流到井底后具有的压力，采油井井底流压变化情况也反映注水井和采油井之间的连通关系。大孔道形成后，流体在近乎管流的状态下流动，渗流阻力小，油井井底流压逐渐增加到接近水井井底压力。

（4）单位厚度累积产液量：单位厚度累积产液量的差异代表了油层吸水能力的差异，也反映了油层连通性以及导流能力大小的不同。单位厚度累积产液量越大，表示油层吸水能力越高，越有可能存在低效循环。

3. 各项判定指标的计算

从现场所提供的静态库和油水井井史库中提取的相应数据来计算各个低效循环油水井的判定指标。其中静态指标有有效厚度、渗透率和单层突进系数，计算所需的基础数据可以从静态库中提取。油水井全井有效厚度为各射开层位有效厚度的加和，全井渗透率为该井各射开层位渗透率对有效厚度的加权平均，单层突进系数为该井各层最大渗透率与平均渗透率的比值。

油水井各项动态指标可从油水井井史库中提取和计算，所取数据为井史库中该井生产的最后一个时间点的数据。其中，注水井油压可从水井井史中直接提取，采油井的井底流压和含水率可从油井井史中提取，其他指标便以井史库中现有数据为基础进行计算。

对于注水井，各动态指标计算公式如下：

（1）日注水量=月注水量/生产天数；

（2）视吸水指数=日注水量/注水油压；

（3）单位厚度累积注水量=累积注水量/有效厚度。

对于采油井，各动态指标计算公式如下：

（1）日产液量=（月产水量+月产油量）/生产天数；

（2）单位厚度累积产液量=累积产液量/有效厚度。

3.2.3　低效无效循环层位判定指标的确定

对低效循环层位的判定，仍然需要油水井的一些动态和静态指标。从沉积相带图上来看，同一个层中的井所处的沉积微相各不相同，而同一口井在不同的层位也有不同的沉积特征。因此，对于相互连通的油水井，其连通情况的好坏就取决于各井所处的沉积微相情况。油水井间的距离也会影响低效循环条带的形成，油水井井距越小，注入水在地层中运移的距离越短，所波及的面积就越小。因此对主流线上的储层结构冲刷越严重，越容易形成大孔道。另外，油水井各射开小层的有效厚度和渗透率也不相同，很明显地，注入水会优先在有效厚度大、渗透率高的层中突进，久而久之形成低效循环条带。以上是影响低效循环层位形成的静态参数，也是低效循环层位判定所选用的参数。大孔道出现后，会导致注入水在该层以近似于管流的方式流动，随着生产时间的延续，水井在该层的累积注入孔隙体积倍数远大于其他层位，而油层的驱油效率也大大提高，剩余油饱和度大大减小。综上所述，选取低效循环井层分析判定指标为：油水井间小层砂体连通关系、油水井间距离及油水井静态参数（单层有效厚度和渗透率）和分层生产动态参数（油井：单层驱油效率，水井：单层累积注入孔隙体积倍数）。

其中，油水井小层静态参数如有效厚度和渗透率直接从静态库中提取，油水井间距离根据油水井坐标库中井位数据来计算。油水井间砂体类型及分层动态参数的求取方法如下。

1. 油水井所属沉积相描述

沉积微相控制注入水在油层中的运动，是影响油层中大孔道形成的主要因素。大型河道砂中的油层，砂体分布面积广，平面上各井之间连通性好，是形成大孔道的有利场所；分流河道砂及水下分流河道砂中的油层，特别是河道间薄层砂或河道边部物性变差的部位以及呈孤立分散状且井网难以控制的小透镜体中，油水井间连通关系相对较差。根据油层性质，将小层砂体分为四类：河道砂、主体薄层砂、非主体薄层砂、表外储层。在一注一采的情况下，油水井间砂体连通关系可以看成是这四类砂体的 16 种组合。其中矩形圈定的几种连通类型的油水井间可能出现高渗透条带，引起注入水的无效或低效循环，如图 3.7 所示，框图内的六种连通关系有可能会形成低效循环。

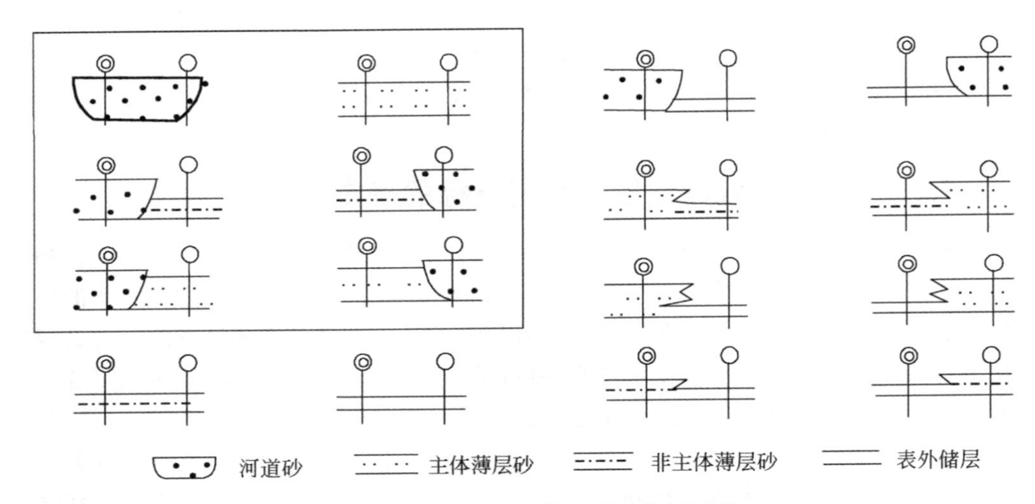

图 3.7 油水井之间砂体连通关系类型图

1）河道砂

河道砂体是我国主要的陆相储集层之一，在开发早期，高产油井多分布于此微相带。在注水开发过程中，往往见效快，水淹也快，比较容易形成高渗透条带，造成水的驱油效率降低。砂体内部主要表现为沿整条河道的垂向充填，相对均匀，连续性好，渗透率的方向性明显。河道砂微相沉积物主要由粉砂岩组成，局部还有含砾砂岩，砾石以泥砾居多，河道砂岩多为正韵律特征。

大庆油田发育砂质辫状河砂体、曲流河道砂体、高弯度分流河道砂体、低弯度分流河道砂体等砂体类型，不同砂体的分布规模、物性特征不同，且具有不同的非均质性。

（1）砂质辫状河道砂体。砂体极为发育，呈大面积分布，为各类砂体中相对均匀的砂体类型。这类砂体主要发育河道和废弃河道两种微相，砂体空气渗透率为 2.7～4.3μm^2，孔隙度为 28%～31%。厚度一般为 4～9m，反映了沉积过程中能量较强。

（2）曲流河道砂体。砂体多在平面上形成复合带，复合曲流带宽度为 5km 以上。主要发育河道、废弃河道及局部河间薄层砂和决口水道等微相。河道和河间砂体渗透率级差大于 7。曲流河道微相沉积过程中以侧向加积方式为主，表明层内非均质性有所增强；砂体厚度为 3～8m，空气渗透率为 2.1～3.7μm^2，孔隙度为 28%～31%。

（3）高弯度分流河道砂体。高弯度分流河道的沉积作用类似于曲流河道，但能量相对较弱，砂体规模变小，厚度为 2～7m，层内均质程度相对高。微相空气渗透率为 1.2～2.8μm^2，孔隙度与前两类微相类似。

（4）低弯度-顺直型分流河道砂体。单一河道宽度窄是这类砂体平面非均质性的重要特征，微相间渗透率级差为3～5。低弯度-顺直型分流河道的微相沉积过程以垂向加积为主，垂向正渐变比例增加，沉积能量明显变弱，砂体规模更小。厚度为2～5m，空气渗透率为0.5～1.5μm^2，孔隙度为25%～30%。总体看渗透率相对较低，层内和平面非均质性增强。

2）河间薄层砂

河间薄层砂厚度一般小于2m，岩性以粉细砂岩为主。空气渗透率一般为0～1.0μm^2，孔隙度为24%～29%。河间薄层砂总体渗透率偏低，但在平面上仍变化较大。在大面积连续分布的前缘席状薄层砂中，可以按有效厚度划分界限定量地划分出几类相对均质的单元，即主体薄层砂（以细砂岩为主，有效厚度≥0.5m）、非主体席状砂（以粉砂岩为主，有效厚度＜0.5m）和表外储层（以泥质粉砂岩为主，无有效厚度）。

表外储层是指储量复算时未计算在内，以油浸、油斑为主的泥质粉砂岩和钙质粉砂岩。表外储层属河流三角洲体系低能环境下的沉积物，是砂岩储层在空间上的自然延续，主要分布于砂岩储层的顶、底、周边及内部变差带，往往以井点独立型(与表内层之间的夹层≥0.4m)、表内扩层型(与表内层之间的夹层＜0.4m)、层内夹层型的状态出现。表外储层是砂岩储层向泥岩储层演化的过渡性岩相，因此油层薄、颗粒细、平均孔隙度在20%左右。

2. 沉积微相图数字化获取砂体类型

通常对油水井连通情况的认识，是通过察看沉积相带图形文件来进行的。在小层的沉积相带图中，不同的沉积微相用不同颜色的曲线来圈定。根据油水井井位和所处沉积相带情况便可确定出油水井在某层位处的连通情况。这种方法直观易操作，但是在对于大批量的井、层查找时，会耗费很大的人力和时间，降低了工作效率。

本研究中调用FaciesMap软件实现对于沉积微相图的数字化，用沉积相带图数据文件来代替图形文件，编程实现对油水井连通情况的查找和确定。这样，只需要对沉积相带图进行一次数字化操作，便可以无限次地根据油水井井位对此图形中各油水井所处沉积微相情况进行查询，大大地提高了工作速度和效率。其具体做法如下：首先提供FaciesMap软件数字化所需要的基础资料，如dat格式的井位坐标、DXF图形文件等。然后调用DXFGMP模块将DXF图形文件转化为Facies Explorer系列软件使用的GMP图形文件。利用FaciesMap软件将GMP图形文件导入进行人机对话，针对不同的相带线将沉积微相图填充颜色，并将每种颜色用不同的数字表示，最后导出数字表示的网格化的沉积相数据。对每一张沉积相带图进行数字化后，便可得到整个区块所有小层每个网格块微相属性的数据文件，为下一步判断油水井的连通情况做准备。

根据以上方法将大庆油田某典型区块进行数字化操作，其不同砂体类型的数字表示如表 3.7 所示。其中沉积相带图中的河道砂和大于 2m 的砂体可看成一种类型，河间砂体以 0.5m 为界限分为主体薄层砂和非主体薄层砂两类。

表 3.7　不同砂体类型的数字表示

砂体类型	河道砂	主体薄层砂	非主体薄层砂	表外储层	尖灭
数字表示	8	6	2	4	1

3. 分层动态指标计算

用数值模拟方法预测压力场和饱和度场时，一般是在地质模型基础上，首先利用物质守恒原理、能量守恒原理、达西定律和状态方程，建立起描述流体渗流规律的偏微分方程（组），然后把时间和空间离散化，即对时间和油层进行网格划分，进而建立描述网格块平均压力和饱和度的线性方程组，求解这种线性方程组得到压力场和饱和度场。采用这种方法虽然有严密的数学推导，但在有些情况下，时间步长和空间步长比例不当，会造成预测结果发散、误差不断扩大的结果，有时尽管可得到收敛的压力和饱和度值，但运算时迭代时间或次数往往过多，严重影响计算速度。为避免这种现象，在建立饱和度和压力预测方法前，应首先把时间和空间离散化。时间离散化采用均匀步长，空间离散化时，鉴于垂向上厚度相对于面积、垂向渗透率相对于平面渗透率以及垂向渗流速度相对于平面渗流速度均很小，通常把三维渗流简化为平面上的两维渗流问题。

在三维三相黑油模型中求油层内剩余油饱和度时，用压力方程和饱和度方程联立求解，所以所用时间步长是相同的，而且不能选得过大，以免引起较大的截断误差和迭代误差。实际上，由于油层内压力分布主要受井点流压的控制，受饱和度变化的影响较小，因此可以把压力和饱和度分开预测。

1）非均质二维单相流压力场预测方法

黑油模型中的数学模型为三维三相渗流模型，其中三相分别为油相、气相、水相。高含水后期在实际油层中含气量很小，因此通常研究油水两相流。数值模拟计算结果表明：压力场的变化受井点压力、边界压力和油层非均质性的影响较大，而与单相液流比较，受油、水两相流的影响相对较小。另外，高含水后期含油量也很少，油层中大部分都是水，把油水两相流简化成单相流不会有很大的误差，因此可用单相流公式预测压力分布。实际计算时采用封闭外边界条件和井点定压的内边界条件。

根据预测出的压力分布，确定单井的动态控制范围。在静态连通面积内，以单井为中心，根据预测的油层压力分布，确定出不同方向上压力极小点的坐标，将压力极小点坐标连线，得到单井动态条件下的控制面积。考虑到各种调整措施前后压力场的变化，在不同时间压力极小点连线将随之而变，所以确定注水井动态控制面积时，用压力极小点变化范围的中间点。

2）剩余油饱和度预测

对网格系统中的油、水井点进行研究，确定不同饱和度下各网格块的渗流阻力，进而以水井为中心，根据渗流阻力及与相邻网格块的压差劈分注入水量。注入井所在的网格劈分到的水量就是注入井的累积注入量。在其他网格处，劈分到的水量和液量取决于与上游相邻网格的压差和渗流阻力。而注入井注入量劈分的区域为前面所述的动态控制范围，在这一区域内，注入井的注入量依次向下游网格逐次劈分，直到油井点为止。不同的注入井有不同的控制范围，而一口油井的产水量则是从不同方向水井逐次劈分来的水量。以此为基础，根据物质守恒原理，建立了各网格块含水饱和度的预测方法。该方法把网格块中可流动部分流体单独分开考虑，同时又考虑到了注采比的影响，避免了数值模拟差分处理后计算含水饱和度时出现的物质平衡误差，而且不会出现计算过程中不收敛和不稳定的问题。

3）垂向及平面劈分系数计算

水井垂向上的劈分系数在有准确的吸水剖面资料的情况下，可用吸水剖面进行计算，如果没有吸水剖面资料或资料不准确，则可借用上次的分层吸水指示曲线，计算注水层段的吸水量。根据层段的吸水量及油层渗透率和有效厚度计算小层水量劈分系数的初值，利用该值求得小层劈分水量，以及本研究提出的分层动态指标预测方法计算不同方向上油水两相流的渗流阻力，从而得到平面分配系数和分配水量沿各油井方向上的变化。根据该系数计算出小层产液、产油和含水率指标，与油井找水资料对比，计算修正系数，对水井垂向上劈分系数再进行修正，直到拟合上找水资料为止，此时的垂向劈分系数是最后要采用的结果。

同一油层内有若干口油井射开的情况下，注水量向各油井的平面分配系数取决于井间油水两相流情况下的渗流阻力和油井流压。累积注入水量取决于开发时期内平面分配系数的变化，平面分配系数又是油井端含水饱和度的函数。在计算水井平面分配系数时，考虑到边界大断层、内部小断层、不同储层单元砂体尖灭线，同一口井不同射孔层位和注采关系复杂的实际情况，首先建立起注采井不同储层单元内的连通关系，然后计算平面分配系数，进而预测分层指标和剩余油分布。

4）注水井累积注水倍数的计算

地层孔隙体积由式（3-44）求得

$$V_{\mathrm{i}}=\sum_{j=1}^{n}a\times b\times h\times\phi \tag{3-44}$$

式中，V_{i}为注水井控制范围内的地层孔隙体积，m^3；n 为注水井控制范围内的网格数；a为网格长度，m；b为网格宽度，m；h为该网格所在范围内单层的有效厚度，m；ϕ为该层的孔隙度，%。

利用喇嘛甸油田南中块两口取心井共 71 块岩样的相对渗透率资料进行回归分析，得到了孔隙度（ϕ）与渗透率（K）之间的关系式如下：

$$\phi=30.6748K^{0.0299} \tag{3-45}$$

求得地层孔隙体积后，可得注水井单层累积注水倍数：

$$V_{\mathrm{p}}=W_{\mathrm{i}}/\sum V_{\mathrm{i}} \tag{3-46}$$

式中，V_{p}为注水井单层累积注水倍数，小数；W_{i}为注水井单层累积注水量，m^3。

5）油井驱油效率的计算

根据数值模拟计算所预测出的各网格点的剩余油饱和度，结合相渗曲线计算出的原始含油饱和度，进行采油井单层驱油效率的计算。驱油效率计算公式：

$$E_{\mathrm{D}}=\frac{S_{\mathrm{oi}}-S_{\mathrm{o}}}{S_{\mathrm{oi}}}\times100\% \tag{3-47}$$

式中，E_{D}为驱油效率，%；S_{oi}为原始含油饱和度，%；S_{o}为剩余油饱和度，%。

3.3 无效循环量化识别方法

特高含水期为保证产量需提高注水量保证油井液量，受储层非均质性、注采关系、生产动态等因素影响，部分注入水利用效率低，存在无效水循环，导致油井高含水。因此，需准确识别、判断特高含水油井无效注水状况，建立无效水循环识别标准，评价油井、小层、油藏无效循环状况。

3.3.1 无效循环识别技术经济方法

本研究建立了一套新的无效循环水技术经济识别方法，克服了常用的极限含水率法（含水率 98%为界）未考虑经济因素和已有经济极限含水率法难以进行实际工程应用的缺陷，把开井费和产液成本作为极限含水率的主控因素，实现快速准确的无效循环水的量化识别。

1. 无效循环技术经济法的建立

无效循环技术经济界限保证收益与支出相平衡，即油价×油量=固定成本+可动成本，其中固定成本为单井开井费用，可变成本为吨液成本×液量。

$$Q_o V_o = V_w + Q_t V_t \tag{3-48}$$

$$Q_t (1 - f_w) V_o = V_w + Q_t V_t \tag{3-49}$$

$$f_w = 1 - \frac{V_t}{V_o} - \frac{V_w}{V_o Q_t} \tag{3-50}$$

式中，Q_o为单井日产油，t/d；Q_t为单井日产液，t/d；V_o为油价，元/t；V_t为吨液成本，元/t；V_w为开井费，元/d；f_w为单井经济极限含水率。

2. 无效循环技术经济界限指标

最低操作成本为最低吨液操作成本和最低井操作成本，最低井操作成本主要为油井开井电费。通过调研文献，确定最低井操作成本。

郭分乔等分析整装油田的吨液操作成本一般在60元以下（2010年数据），断块、低渗透、稠油油田吨液操作成本可达300元；利用采油三厂水驱总成本和油井开井费用，计算吨液成本，近3年吨液成本平均为60元/t。因此油井开井费用选取202元，吨液成本选取60元/t。

根据杨永华等的研究，2014年大庆油田单井日平均耗电费用为109元；姜春浴等研究大庆油田水驱井实测日耗电量为215.63kW·h，折算平均日耗电费为156元；支伟研究大庆五厂165口10型抽油机平均单井日耗电为279kW·h，折算单井日耗电费为202元。

3. 无效循环判定图版

利用无效循环技术经济界限公式计算三种指标变化时，对应的单井经济极限含水率变化规律如下。

一是不同油价下不同液量对应单井经济极限含水率（图3.8），随着油价的升高，经济极限含水率上升，说明油价越高，油井达到盈亏平衡的含水率越高，油井经济生产寿命越长；在图3.8中，油价67美元/bbl是2018～2022年的平均油价。二是不同吨液成本下不同液量对应经济极限含水率（图3.9），随着吨液成本的增加，经济极限含水率下降。三是不同开井费下不同液量对应经济极限含水率（图3.10），随着开井费用增加，经济极限含水率下降。从图3.8～图3.10中可以看出经济极限含水率与油价呈正相关，与吨液成本和开井费用呈负相关。

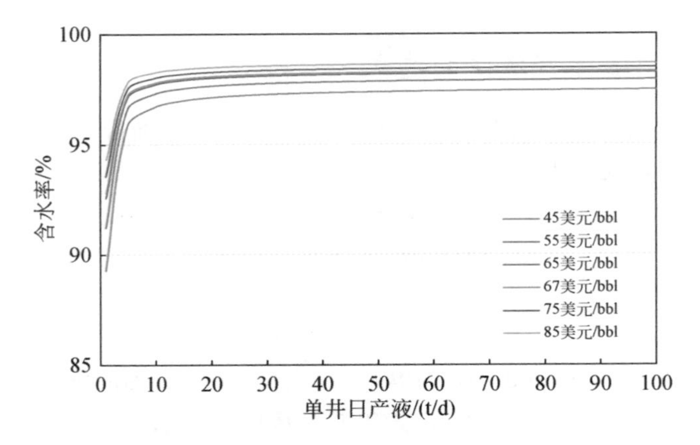

图 3.8　无效循环判定图版一

油价变化，吨液成本 60 元，开井费 202 元

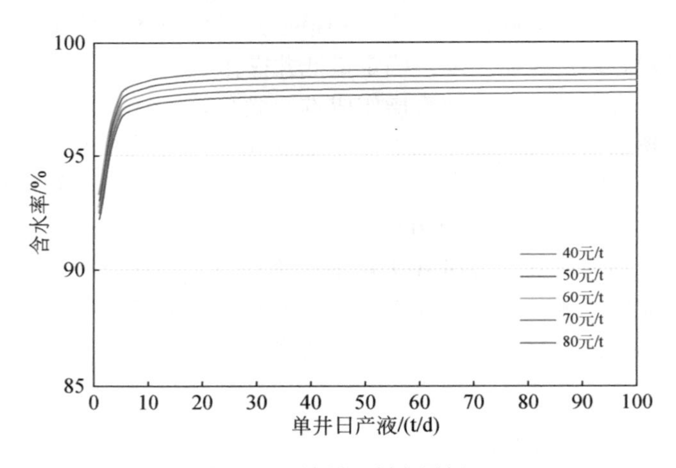

图 3.9　无效循环判定图版二

吨液成本变化，油价 67 美元/t，开井费 202 元

3.3.2　油井无效循环识别方法

使用技术经济法和极限含水率法，统计分析某一年月井网中无效循环油井数及相应无效油量、水量、液量的绝对量值及占比，并将两种方法所得结果进行对比。以下以大庆油田北东二区块水驱基础井网 2022 年 2 月油井为例，评价油井无效循环状况。

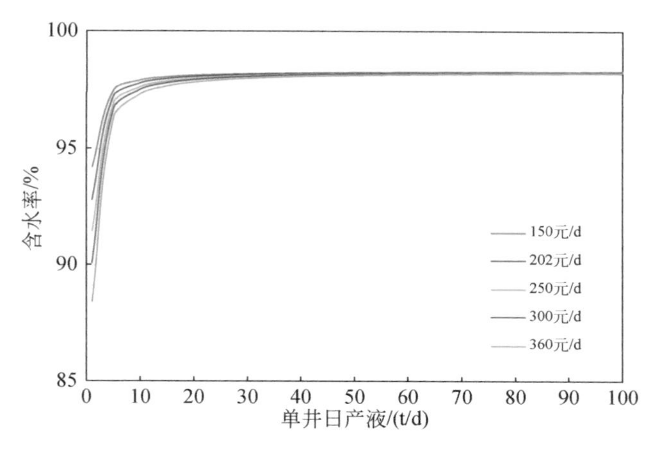

图 3.10　无效循环判定图版三

开井费变化，油价 67 美元/t，吨液成本 60 元

1. 不同油价下油井无效循环状况

2022 年 2 月，北东二区块基础井网综合含水率为 97.51%，油井开井数 27 口，月产液量 6.42 万 t，月产油量 0.16 万 t，月产水量 6.26 万 t。在开井费为 202 元/d，吨液成本为 60 元/t 的情况下，使用技术经济法对其无效循环油井进行判定，结果见表 3.8，判定图版见图 3.11。结果表明，当油价为 45 美元/t 时，无效油井数为 20 口，井数占比为 74.07%，无效液量占比 71.21%，无效油量占比 53.10%；当油价为 55 美元/t 时，无效油井数为 13 口，井数占比为 48.15%，无效液量占比为 59.07%，无效油量占比为 40.09%；当油价为 65 美元/t 时，无效油井数为 6 口，

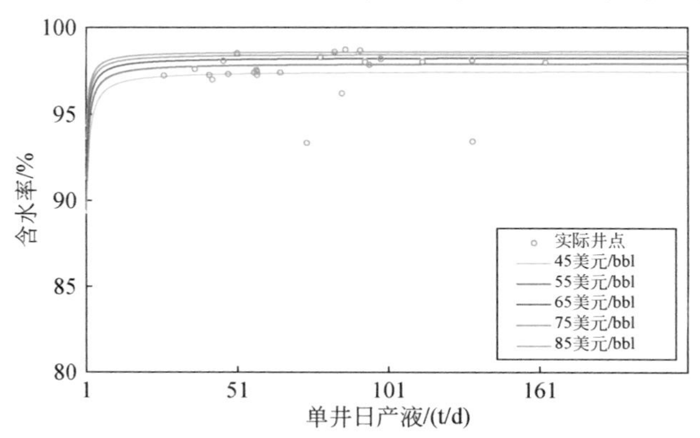

图 3.11　2022 年 2 月不同油价下基础井网无效循环井判定图

井数占比为 22.22%，无效液量占比为 21.27%，无效油量占比为 12.26%；当油价为 75 美元/t 时，无效油井数为 4 口，井数占比为 14.81%，无效液量占比为 13.57%，无效油量占比为 7.00%；当油价为 85 美元/t 时，无效油井数仅 3 口，井数占比为 11.11%，无效液量占比为 11.36%，无效油量占比为 5.75%。这说明油价对无效循环界限影响较大，当低油价时，需重视对无效循环的治理。

表 3.8　2022 年 2 月不同油价下基础井网无效循环井判定表

油价/（美元/bbl）	基础井网数据				无效循环数据							
	生产油井数/口	月产油量/万 t	月产水量/万 t	月产液量/万 t	油井数/口	井数占比/%	月产油/万 t	产油占比/%	月产水/万 t	产水占比/%	月产液/万 t	产液占比/%
45	27	0.16	6.26	6.42	20	74.07	0.08	53.10	4.49	71.67	4.57	71.21
55					13	48.15	0.07	40.90	3.73	59.53	3.79	59.07
65					6	22.22	0.02	12.26	1.35	21.50	1.37	21.27
75					4	14.81	0.01	7.00	0.86	13.74	0.87	13.57
85					3	11.11	0.01	5.75	0.72	11.50	0.73	11.36

2. 不同判定方法下无效循环对比分析

如图 3.12、图 3.13 所示，对基础井网分别用技术经济法（方法一）和极限含水率法（方法二）进行判定。技术经济法判定图版中红色实现代表油价 67 美元/bbl

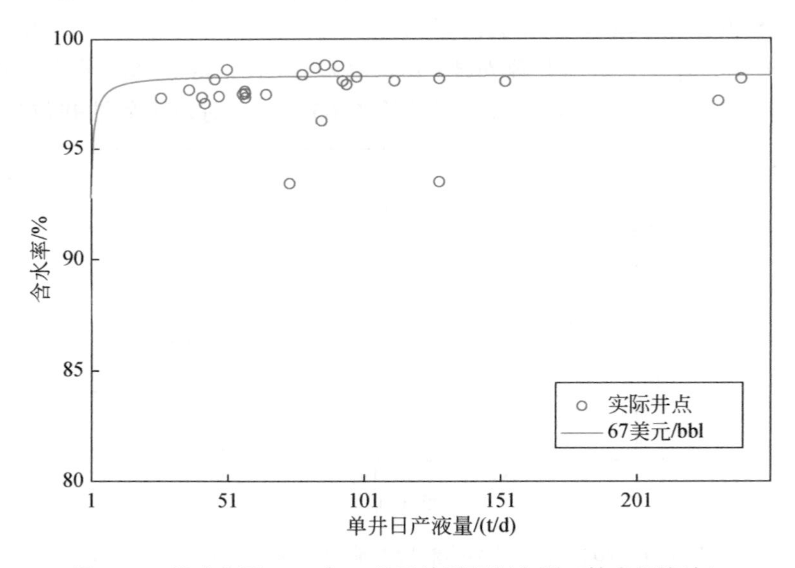

图 3.12　基础井网 2022 年 2 月无效循环判定图（技术经济法）

（图 3.12），吨液成本 60 元情况下无效循环判定线，该线条以上井点为无效循环井，该线条以下井点为有效循环井。经济含水率判定图版中蓝色实线代表含水 98%判定线（图 3.13），该线条以上的井点为含水大于 98%的油井，该线条以下的油井为含水率小于 98%的油井，若单井含水率大于极限含水率，则油井为无效循环井。

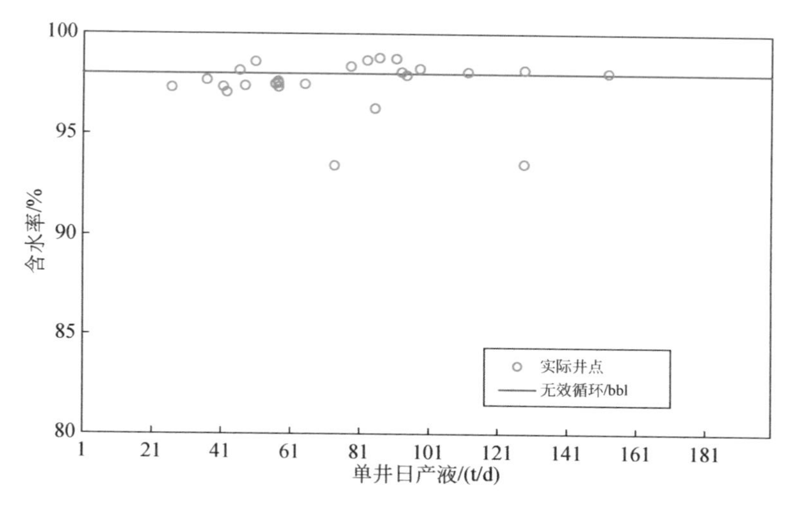

图 3.13　基础井网 2022 年 2 月无效循环判定图（极限含水率法）

对比分析两种方法判定结果，如表 3.9 所示。2022 年 2 月，综合考虑经济因素，包括油价、吨液成本、开井费用、液量等因素，分析经济有效极限含水率，基础井网技术经济法判定无效循环井油数 5 口，井数占比为 18.52%，对应无效液量 1.0906 万 t，产液占比 16.99%，对应无效油量 148t，产油占比 9.26%，对应无效水量 1.0758 万 t，产水占比 17.18%。极限含水率法判定无效循环井数 12 口，井数占比则高达 44.44%，无效液量 3.5279 万 t，对应产液占比 54.94%，无效油量 599t，产油占比 37.46%，两者相差较大。

表 3.9　基础井网 2022 年 2 月无效循环两种方法对比结果表

方法	基础井网数据				无效循环数据							
	生产油井数/口	月产油量/万 t	月产水量/万 t	月产液量/万 t	油井数/口	井数占比/%	月产油/万 t	产油占比/%	月产水/万 t	产水占比/%	月产液/万 t	产液占比/%
方法一	27	0.16	6.26	6.42	5	18.52	0.0148	9.26	1.0758	17.18	1.0906	16.99
方法二					12	44.44	0.0599	37.46	3.4680	55.39	3.5279	54.94

实际上，对于特高含水期的油田，很多含水率≥98%的油井仍具有经济效益，笼统判定为无效循环井是不合理的。对无效循环的判定，应结合油田生产实际，充分考虑经济因素，且能够实现工程应用。因此，在识别判定无效循环井时，优选技术经济法。

3.3.3 油层无效循环识别方法

受储层非均质性、井网密度、注采关系等因素影响，各油层水驱动用存在一定区别，动用程度差异大，部分注入水沿高渗储层指进或舌进，注入水利用效率低，因此需分析特高含水油层无效水循环情况，提高各油层注入水利用效率。在充分利用油田现场资料的基础上，首先使用本书 3.1 节随机动态劈分方法，计算出各层液量，之后根据大庆油田 10 条标准相渗曲线做的累产液与含水率公式，计算出油层含水率，最后使用技术经济法，判定出某一年月无效循环油层，并计算出无效层层数、液量及相应占比。在此基础上，结合上述无效循环井判定方法，计算出无效循环油井产液、非无效井产液及相应占比。

1. 油层含水率计算

对大庆油田提供的 10 条标准相对渗透率曲线进行回归，得到以下关系式：

$$L_{\mathrm{p}}=\frac{NB(K)}{\ln 10}\frac{f_{\mathrm{w}}}{1-f_{\mathrm{w}}}+NB(K)\lg\frac{f_{\mathrm{w}}}{1-f_{\mathrm{w}}}+NA(K) \tag{3-51}$$

$$A(K)=-0.0080\ln K+0.1877 \tag{3-52}$$

$$B(K)=0.0023\ln K+0.1272 \tag{3-53}$$

式中，L_{p}指某一阶段油层累积产液量，t；N为区块地质储量，t；K为油层渗透率，mD；f_{w}为含水率，小数。

在本书 3.1 随机动态劈分方法计算所得油层累积产液量基础上，利用式（3-51）～式（3-53）计算出油层的含水率。

2. 油层无效循环技术经济识别方法

借鉴油井无效循环判定方法，将油层类比为油井，建立油层无效循环判定标准。将油井开井费用平均分配至各油层，根据油层射孔井数确定油层生产费用。根据成本等于产出，确定单层无效循环含水率界限。值得一提的是，在计算过程中根据油层射孔油井数确定油层生产费用。在此情况下，射孔但未产油油层由于无经济效益产出，认为是无效循环油层。

（1）确定单井投入权重（α）：

$$\alpha = \frac{V_w}{m} \tag{3-54}$$

（2）确定单层生产费用（V_c）：

$$V_c = \sum_{i=1}^{n} \alpha_i \tag{3-55}$$

（3）计算单层无效循环技术经济界限（f_w）：

$$Q_o V_o = V_c + Q_t V_t \tag{3-56}$$

$$Q_t (1 - f_w) V_o = V_c + Q_t V_t \tag{3-57}$$

$$f_w = 1 - \frac{V_c}{V_o} - \frac{V_w}{V_o Q_t} \tag{3-58}$$

式中，m 为单井射开油层数，层；n 为单层射孔油井数，口；Q_o 为单层日产油，t/d；Q_t 为单层日产液，t/d；V_o 为油价，元/t；V_t 为吨液成本，元/t；V_c 为单层生产费用，元/d；f_w 为单层经济极限含水率。

3. 油层无效循环评价

计算出油层含水率及产液量后，使用技术经济法计算出油层无效循环技术经济界限，判定出某一年月无效循环油层，并计算出无效层层数、液量及相应占比。在此基础上，结合上文无效循环井判定方法，计算出无效循环油井产液、非无效井产液及相应占比。以前述大庆油田典型区块为例，说明本方法的计算过程。

基于以上油层液量劈分及含水率计算，分别以基础井网和水驱井网为例对无效循环层判定方法进行说明。表 3.10 显示，2010 年 3 月～2022 年 2 月，基础井网共生产油层 96 层，共产液 1991.79 万 t。在油价 67 美元/bbl、吨液成本 60 元、开井费 202 元/t 情况下，共判定出无效循环层 19 层，占油层总数的 19.79%，无效油层产液量 941.82 万 t，占油层总产液量的 47.29%，判定结果见表 3.11。

表 3.10　2010 年 3 月～2022 年 2 月基础井网无效循环层生产数据统计表

基础井网数据		无效循环数据			
油层数/层	产液量/万 t	油层数/层	层数占比/%	产液量/万 t	产液占比/%
96	1991.79	19	19.79	941.82	47.29

表 3.11　2010 年 3 月～2022 年 2 月基础井网无效循环层判定表

油层号	油层费用/（元/d）	日均产液量/t	含水率/%	无效含水界限/%	无效循环判定
G13	161.45	93.05	98.38	98.29	无效
G14+5	173.88	82.42	98.43	98.28	无效

续表

油层号	油层费用/（元/d）	日均产液量/t	含水率/%	无效含水界限/%	无效循环判定
G223	4.49	0.01	21.78	0.01	无效
P121	630.49	96.87	98.81	98.29	无效
P123	447.79	102.94	98.88	98.29	无效
P21+2	429.16	79.37	98.73	98.28	无效
P23	327.44	80.14	98.76	98.28	无效
P25+6	495.62	254.21	99.43	98.32	无效
P27	275.43	120.53	98.70	98.30	无效
P28+9	328.58	108.20	98.61	98.30	无效
S13	1069.27	71.11	98.37	98.27	无效
S27+8b	468.90	74.24	98.28	98.27	无效
S29	606.58	89.53	98.58	98.28	无效
S31+2	587.18	107.88	98.45	98.30	无效
S33	1679.35	218.11	99.35	98.32	无效
S34+5	905.98	207.76	99.11	98.32	无效
S36+7	737.31	104.75	98.54	98.29	无效
S38	487.12	109.71	98.35	98.30	无效
S39+10	607.76	148.47	98.79	98.31	无效

表 3.12 显示，2022 年 2 月，基础井网油井开井数 27 口，在油价 67 美元/bbl、吨液成本为 60 元，以及开井费为 202 元/d 的情况下，共有有效循环井 22 口，无效循环井 5 口。2010 年 3 月～2022 年 2 月期间基础井网 27 口油井共产液 13196509.52t，其中无效层产液量 6299380.29t，占油层总产液量的 47.74%，有效层产液量 6897129.23t，占油层总产液量的 52.26%。

表 3.12　2010 年 3 月～2022 年 2 月基础井网不同类别油井无效循环占比统计表

类别	油井数/口	产液量/t	无效层产液量/t	产液占比/%	有效层产液量/t	有效层产液占比/%
无效井	5	3078695.38	1270548.95	41.27	1808146.44	58.73
有效井	22	10117814.13	5028831.34	49.70	5088982.79	50.30
总计	27	13196509.52	6299380.29	47.74	6897129.23	52.26

2010 年 3 月～2022 年 2 月，5 口无效循环井共产液量 3078695.38t，无效井中

无效油层共产液 1270548.95t，占无效井总产液量的 41.27%；有效油层共产液量 1808146.44t，占无效井总产液量的 58.73%；22 口非无效循环井共产液量 10117814.13t，其中无效油层产液量 5028831.34t，占 22 口油井总产液量的 49.70%，有效油层产液 5088982.79t，占 22 口油井总产液量的 50.30%。

2010 年 3 月～2022 年 2 月，水驱井网在产油层共 99 层，共产液 5040.87 万 t，产油 205.50 万 t。在油价 67 美元/bbl、吨液成本 60 元、开井费 202 元/d 的情况下，使用技术经济法共判定出无效油层 25 层，其中 S15 油层含水率为 97.97%，低于 98%，判定结果见表 3.13。

表 3.13 2010 年 3 月～2022 年 2 月水驱井网无效循环层判定表

油层号	生产费用/（元/d）	日均产液量/t	含水率/%	无效含水界限/%	无效循环判定
S39+10	1968.13	280.66	98.79	98.15	无效
S38	2093.18	211.85	98.35	98.07	无效
S36+7	2919.97	221.65	98.54	97.98	无效
S34+5	3013.34	347.32	99.11	98.11	无效
S33	5441.62	488.35	99.35	98.04	无效
S31+2	2117.63	223.49	98.45	98.09	无效
S29	2306.34	281.00	98.58	98.12	无效
S27+8b	2397.26	240.31	98.28	98.07	无效
S27+8a	2260.57	202.59	98.20	98.04	无效
S215+16b	2154.63	221.07	98.25	98.08	无效
S215+16a	2348.37	201.03	98.02	98.02	无效
S213+14b	1819.46	213.60	98.15	98.11	无效
S15	4515.92	215.58	97.97	97.77	无效
S14	3782.26	200.43	98.18	97.83	无效
S13	4731.09	240.37	98.37	97.80	无效
P28+9	1179.87	192.14	98.61	98.18	无效
P27	992.48	180.10	98.70	98.19	无效
P25+6	1807.33	424.09	99.43	98.23	无效
P23	1882.31	225.12	98.76	98.12	无效

表 3.14 显示，在水驱井网 99 个生产油层中，无效油层数占比 25.25%，无效油层产油量为 42.38 万 t，占油层总产油量的 20.62%，无效油层产液量 2598.97 万

t，占油层总产液量的 51.56%。

表 3.14　2010 年 3 月～2022 年 2 月水驱井网无效循环层生产数据统计表

水驱井网数据			无效循环数据					
油层数/层	产液量/万 t	产油量/万 t	油层数/层	层数占比/%	产液量/万 t	产液占比/%	产油量/万 t	产油占比/%
99	5040.87	205.50	25	25.25	2598.97	51.56	42.38	20.62

2022 年 2 月水驱井网共有油井 232 口，在油价 67 美元/bbl、吨液成本 60 元、开井费 202 元/d 的情况下，共有无效井 41 口，有效井 191 口。表 3.15 表明，2010 年 3 月～2022 年 2 月 232 口油井共产液 41935543.42t，其中无效井产液 8211527.20t，无效井中无效层产液 4317800.66t，占无效井总产液量的 52.58%；有效井总产液 33724016.23t，有效井中无效层产液 16574013.06t，占有效井总产液量的 49.15%。

表 3.15　2010 年 3 月～2022 年 2 月水驱井网不同油井无效层及有效层产液统计

类别	油井数/口	产液量/t	无效层产液量/t	无效层产液占比/%	有效层产液量/t	有效层产液占比/%
无效井	41	8211527.20	4317800.66	52.58	3893726.53	47.42
有效井	191	33724016.23	16574013.06	49.15	17150003.16	50.85
总计	232	41935543.42	20891813.73	49.82	21043729.69	50.18

3.3.4 驱替单元无效循环识别方法

首先建立驱替单元理论的量化表征方法，通过建立随机动态劈分方法对驱替单元内部的液量进行量化表征；建立流线数值模型，对驱替单元的边界、包络范围、发育规律进行量化描述；建立三维油水φ函数方法，对驱替单元内部剩余油饱和度分布进行量化描述；从而对驱替单元内部渗流规律进行分析，识别出其内部优势渗流通道以及无效循环分布区域。

1. 驱替单元描述

根据司睿等（2022）提出驱替单元的定义，驱替单元是指单个油层中注采井点“点源点汇之间流线包裹的空间”，具体就是指储层中注采井间控制单元内部被注入水波及驱替动用的部分，其中的控制单元是指最大合理生产压差下井网中一注一采控制的区域。单个驱替单元的平面示意图如图 3.14 所示。

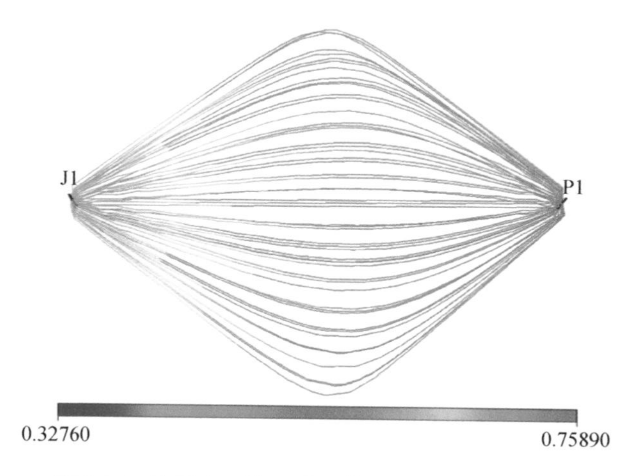

图3.14　油层中一注一采驱替单元平面分布示意图

驱替单元能够很好地反映出注采井之间的渗流规律，通过注采井之间的连通关系，划分不同的驱替单元，进而研究油藏内部的剩余油的分布状态以及液量变化规律，对于高含水油田后期开发阶段提高采收率有很大的指导意义。

由驱替单元的定义可知，油田中不同的开发井网确定以后，不同的油层便会在纵向上形成不同的驱替单元，如图3.15所示。

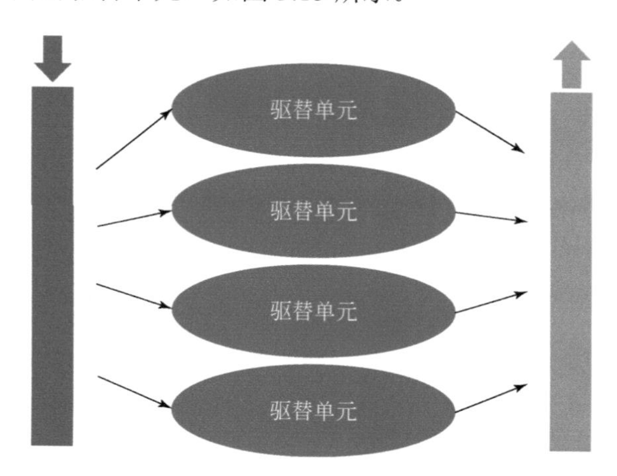

图3.15　驱替单元纵向分布示意图

图3.14是同层中一口水井和一口油井连通所形成的驱替单元的分布示意图，图3.15是在不同层上一口水井和一口油井连通所形成的驱替单元的分布示意图。根据在平面上和纵向上驱替单元的划分，可以将油田中的开发区块划分成不同的驱替单元，从而可以对驱替单元展开精细化表征。通过展开对驱替单元的定量化

研究，可以对储层中注采井间驱替规律描述清楚，对油田进一步有效挖潜剩余油提供思路。

2. 三维驱替单元动态量化描述

1）驱替单元的压力场变化

油藏中的压力场指的是地下储层中的压力分布。在采油过程中，原油、天然气或其他流体通常被储存在地下岩石中，这些流体周围存在着一定的地下压力。这个压力场的变化可以影响流体在油藏中的行为，包括流动和驱替。在水驱采油过程中，压力场的变化可以帮助将注入水推向油藏的不同部分，以更有效地驱替原油。压力场的监测和变化也可以用于评估地下储层的状态和性质，以便更好地理解油藏中的流体行为。

通过图 3.16 可以看出，驱替单元开发末期压力保持在一定的水平，驱替单元的波及面积逐渐趋于稳定状态，包络线面积没有太大的变化，说明了驱替单元的驱替范围随压力场的变化不断地发生变化。

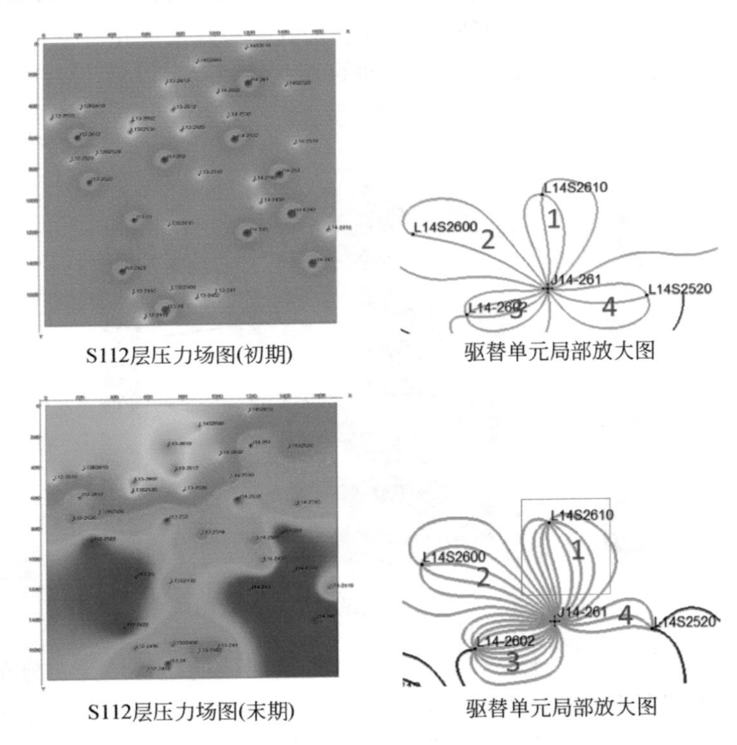

S112层压力场图(初期)　驱替单元局部放大图

S112层压力场图(末期)　驱替单元局部放大图

图 3.16　S112 层压力场开采初期与末期对比图

2）驱替单元的包络范围

通过流线模拟方法对驱替单元的边界以及包络范围进行了表征，以北东二区块 S112 层流线模型为例，如图 3.17 所示，通过计算流线，分离了不同注采井间驱替单元大小，确定了驱替单元包络空间。包络面积是指驱替单元中油水界面的总表面积。在驱替过程中，通常会有一个驱替前界面和一个驱替后界面，它们之间的总表面积即为包络面积。包络面积的大小和形状可以用来评估驱替过程的效率。

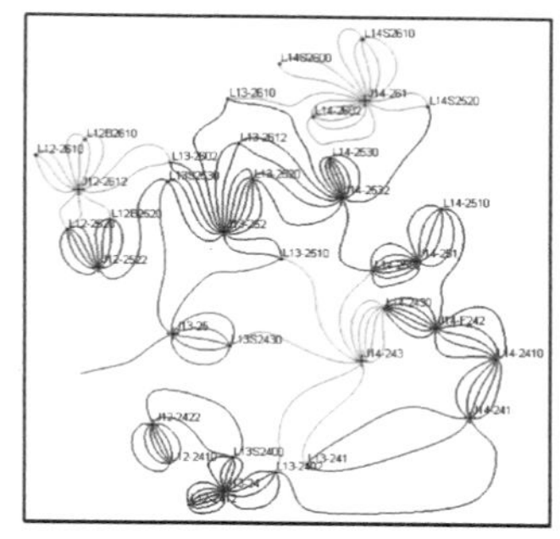

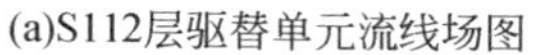

(a)S112层驱替单元流线场图　　(b)S112层驱替单元包络边界图

图 3.17　驱替单元包络范围示意图

根据本书 3.1 节的内容，用随机动态劈分的方法计算驱替单元内注采液量，即驱替单元中的流量指的是注水井向周围各个方向油井的注入水量以及不同水井方向上的产出液量，确定驱替单元内的流量是剩余油分布预测以及剩余油储量挖潜过程中，用来判别水驱砂岩油田单砂体内处于无效循环的驱替单元的重要依据。

随机动态劈分方法能够劈分得到单层的注水量、单层向采出井点的液流量，以及采出井单层和每个单层来自于相关注水井点的液量、水量等指标。对上述动态指标的预测，国内外油田上最常用的方法是数值模拟方法，该方法具有的优点是能够预测油藏和单井的所有动态指标。同时还存在一定的局限性，需要输入的数据量大，且输入的数据存在误差的可能性更大，更容易使结果出现误差。井点注入量、采液量可以看作是准确的指标，直接分解到单层及注采各方向上存在无穷解；基于分层静态资料，直接用渗流方程计算各单层各注采方向的液量，因误差大，加合后不能满足井点注入采出液量，无解。

本方法的原理是以渗流方程计算的单层定向液量为初始值，以单层定向液量加合的方程为刚性约束，求解初始值和真值误差最小构成的多元随机目标函数的极小值，从而得到充分利用实际测试资料、最可靠的单层定向注水、产液、产油量。本研究采用的随机动态劈分方法把井点注入量和产液量作为已知准确数据，在此基础上充分利用密闭取心、测井、注采剖面、试井等测试技术得到的单层静、动态数据，提出了寻求最可信结果，解决分层动态指标计算中独立变量多于独立方程数存在无穷多解和独立变量少于独立方程则解不存在问题的新思路。采用随机动态劈分方法能够快速求解出各个驱替单元中的流量。从而能够定量化表征驱替单元的流量变化情况。

3）驱替单元内饱和度分布预测的φ函数方法

当油田进入到特高含水期阶段以后，储层内的剩余油将会变得十分分散，粗糙宏观的数值模拟不能够再适应该阶段的开发需求，需要进行精细的油藏数值模拟。φ函数方法能够进行油层潜力分析，通过计算饱和度与注入孔隙体积倍数之间的关系从而确定剩余油饱和度（宋考平等，2006a）。

在三维稳定渗流条件下，若采用直角坐标系，油层某一点（x，y，z）处三个方向上的φ函数可分别表示为

$$\varphi_x(\mathrm{S_w}) = \varphi_{x1}(\mathrm{S_w}) + \frac{1}{I_{\mathrm{pv}x}} \tag{3-59}$$

$$\varphi_y(\mathrm{S_w}) = \varphi_{y1}(\mathrm{S_w}) + \frac{1}{I_{\mathrm{pv}y}} \tag{3-60}$$

$$\varphi_z(\mathrm{S_w}) = \varphi_{z1}(\mathrm{S_w}) + \frac{1}{I_{\mathrm{pv}z}} \tag{3-61}$$

式中，φ_{x1}、φ_{y1}、φ_{z1}为x、y、z方向上游的φ函数；$I_{\mathrm{pv}x}$、$I_{\mathrm{pv}y}$、$I_{\mathrm{pv}z}$为三个方向上流入（x，y，z）处的液体孔隙体积倍数。

（x，y，z）处的φ函数可用三个方向的平均值，若用加权平均，则为

$$\varphi(\mathrm{S_w}) = \frac{I_{\mathrm{pv}x}\varphi_x(\mathrm{S_w}) + I_{\mathrm{pv}y}\varphi_y(\mathrm{S_w}) + I_{\mathrm{pv}z}\varphi_z(\mathrm{S_w})}{I_{\mathrm{pv}x} + I_{\mathrm{pv}y} + I_{\mathrm{pv}z}} \tag{3-62}$$

根据式（3-59）～式（3-61）计算出对应三个方向的φ函数后，利用式（3-62）求出（x，y，z）处的φ函数值，并利用φ-S_w关系曲线求得（x，y，z）处的S_w。

在实际油层的渗流过程中，只有油水前缘推进到的位置，S_w才会不断上升；除此以外，所对应的含水饱和度总是对应束缚水饱和度（易小会等，2011）。由此可以得到根据φ函数求解S_w时的表达式为

$$S_\mathrm{w} = \begin{cases} \varphi^{-1}(S_\mathrm{w}), \varphi(S_\mathrm{w}) \leqslant \varphi(S_\mathrm{wf}) \\ S_\mathrm{w}, \qquad \varphi(S_\mathrm{w}) \leqslant \varphi(S_\mathrm{wf}) \end{cases} \tag{3-63}$$

式中，$\varphi^{-1}(S_\mathrm{w})$为式$\varphi(S_\mathrm{w})$的函数。

通过φ函数计算结果可以得出油层任意一处的含水饱和度S_w的值。

三维φ函数求解驱替单元饱和度分布的新方法从三维空间对单元进行了精细

化划分，分别计算出三个方向单元内累计液量，进而利用与含水饱和度的关系，对饱和度进行了求解，通过此方法能够快速对驱替单元内饱和度分布进行求解，从而通过驱替单元内饱和度场变化情况，分析驱替过程中的油水的渗流规律。

3. 驱替单元内渗流场计算

1）渗流场影响因素

渗流场是描述储层流体物性参数和渗流物理参数在空间的定势分布体系，也是在油田开发层系井网构成特定的空间场所，主要研究的是物质在地层中的变化规律。渗流场的影响因素有很多，大体总结归纳分为静态因素和动态因素两大类。静态因素是油藏内部变化的过程因素，表征了油藏内部空间流场分布规律的变化趋势；动态因素指的是在油藏开发过程中，由于人为的因素使得地下流场向着好的方向变化，影响着流场动态变化的过程因素。

油藏渗流场是由静态因素和动态因素共同决定的，由于不同的开发制度以及不同的原油属性都会影响流场的分布，结合前人研究的成果综合得到了渗流场的动静态因素指标，如表 3.16 所示。

表 3.16　渗流场动静态影响因素

类别	影响因素
静态指标	渗透率、孔隙度、砂体厚度、地下原油黏度、油层非均质性、油水界面张力、油水重度差、孔隙体积、孔道半径、流度比
动态指标	过水倍数、流体流速、含水率、单元流体流量、含油饱和度、流线场

2）渗流场表征指标选取

在渗流场的表征过程中，指标的累积量主要体现的是影响因素对开发历程的影响，而瞬时量更能揭示出当前时间节点流场所存在的问题以及发展规律。因此在对渗流场强度的表征过程中选取了瞬时单元流体流量、瞬时过液倍数、流线束流量三个动态指标对驱替单元内部的渗流变化进行了定量化表征，图 3.18 即驱替单元流场表征指标。

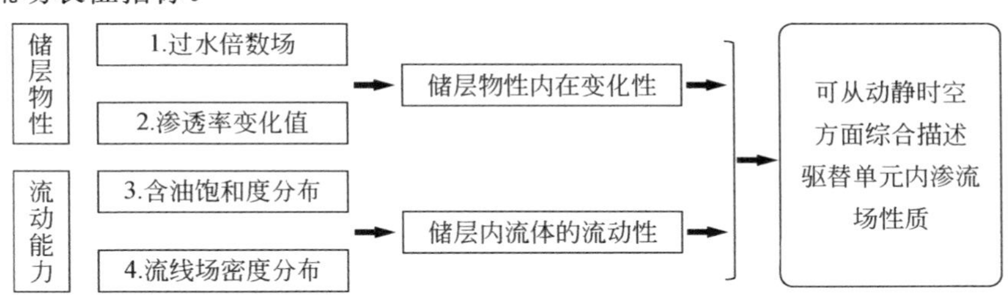

图 3.18　驱替单元流场表征指标

3）驱替单元内渗流场表征指标

A. 过水倍数场

这个倍数场可以显示地下储层中原油和注入水的比例，从而帮助确定采油过程中的水驱效率。通过计算驱替单元的过水倍数分布场图，发现部分注采井间的过水倍数场逐渐扩大，体现在驱替单元内的流线场密度逐渐增大，在部分区域形成了优势渗流通道。图 3.19 为 S111 层驱替单元过水倍数场，图 3.20 为 S111 层驱替单元流线场（开发后期）。

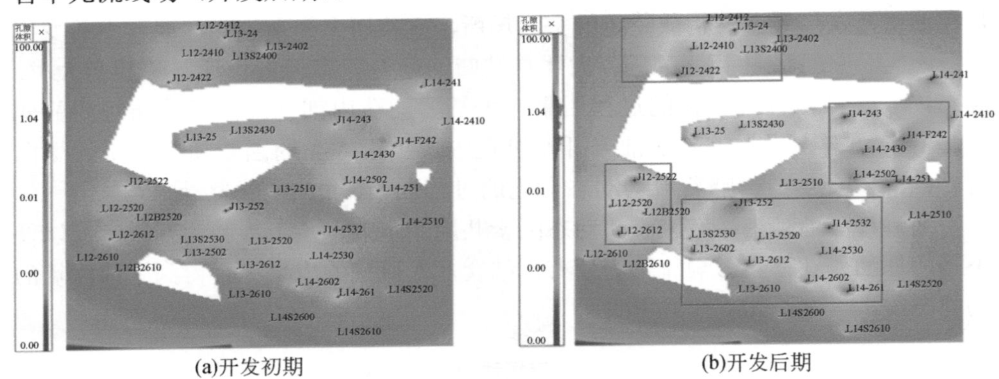

(a)开发初期　(b)开发后期

图 3.19　S111 层驱替单元过水倍数场

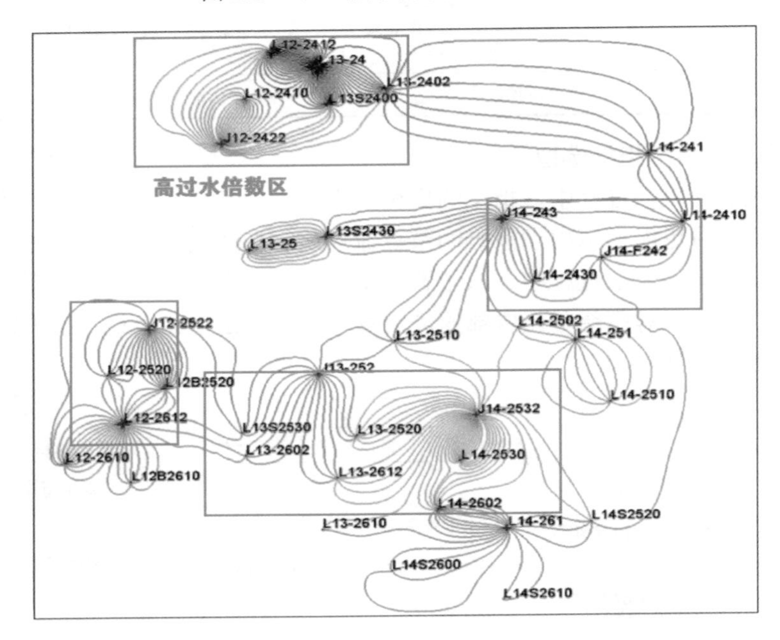

图 3.20　S111 层驱替单元流线场（开发后期）

B. 渗透率变化值

通过调整驱替单元时变前后渗透率场的变化，可以看出在高渗透率区域渗透率值随着注水冲刷时间增加逐渐增大，通过分析时变后驱替单元渗透率的分布，能够看出部分驱替单元内形成了优势渗流通道。渗透率时变性也与采收率的不确定性相关。了解渗透率如何随时间变化可以帮助减少对采收率的不确定性估计，从而更准确地评估油田的潜在产量。

C. 含油饱和度分布

通过分析驱替单元内含油饱和度分布情况，结合过水倍数场的变化，可以看出井组 1 各个驱替单元之间驱替程度的差异，在过水倍数高的区域驱替程度较高，容易形成优势渗流通道导致该区域存在大量的无效水循环，使得其他单元的驱替程度降低，驱油效率下降。

D. 流线场密度分布

随着注水时间的推移，井间驱替单元逐渐发育，给定条件的包络体积逐渐缩小，水驱前缘逐步向油井推进，包络体内含水饱和度逐渐升高，尤其是主流线通道内含水饱和度快速增长，最终发展成为特定的优势渗流通道，导致含水快速上升，以及无效水循环的发生。图 3.21 为 S111 层井组 1 示意图。

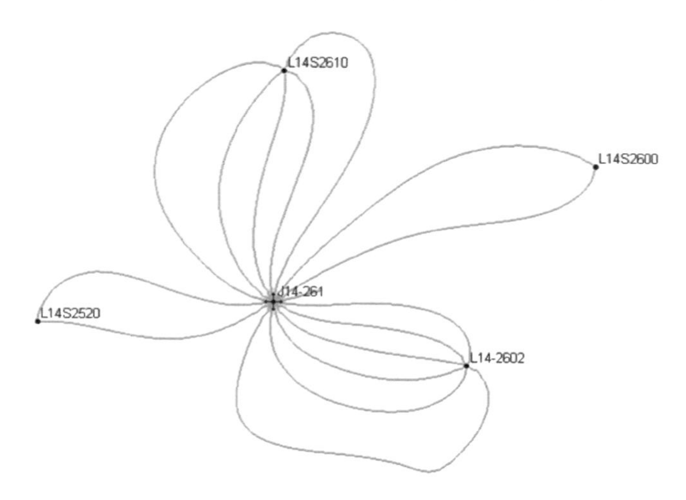

图 3.21　S111 层井组 1 示意图

如图 3.22 所示，注水井 J14-261 与油井 L14-2602 所包络的驱替单元在经过对三个不同含水时期阶段的发育规律对比后，可以看出，在含水 97%时，该驱替单元包络范围逐渐缩小，在主流线区域含水饱和度快速增长，形成了优势渗流通道。

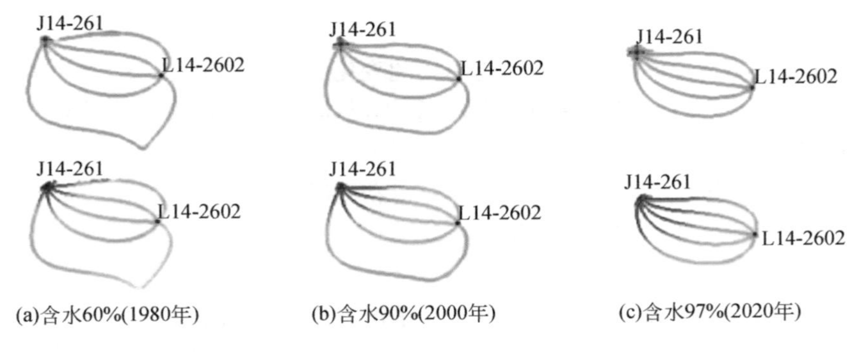

图 3.22　S111 层驱替单元不同阶段发育规律示意图

4. 驱替单元中的高速与低速流动区域表征

将高速流动区域与低速流动区域区分开来，可以更精确地控制注水和采油操作，从而提高采油效率。高速流动区域的有效注水可以更有效地推动原油，而低速流动区域的注水可以最小化水窜和不必要的能源浪费。识别和区分高速和低速流动区域有助于优化油田的注采策略。高速流动区域通常具有较高的渗透率和较好的流动性，适合增加采油井的注水量以推动原油驱替。相反，低速流动区域可能需要减少或停止注水，以避免水窜和浪费注水资源。渗流场强度反映了油藏不同区域的渗透率变化情况。高渗流场强度表示某一区域的渗透率较高，流体（如原油或水）在此区域更容易流动。相反，低渗流场强度表示渗透率较低，流体在此区域的流动能力较差。

如图 3.23 所示，驱替单元中高速与低速流动区域反映的是驱替单元内的渗流速度与流动强度的差异，累积量主要体现了历史的影响，而瞬时量反映的是当前时间的流体流动情况。通过综合考虑渗流场的影响因素，筛选了瞬时单元内的流体流量以及瞬时过液倍数，对驱替单元内部高速低速渗流区域进行了定量表征。

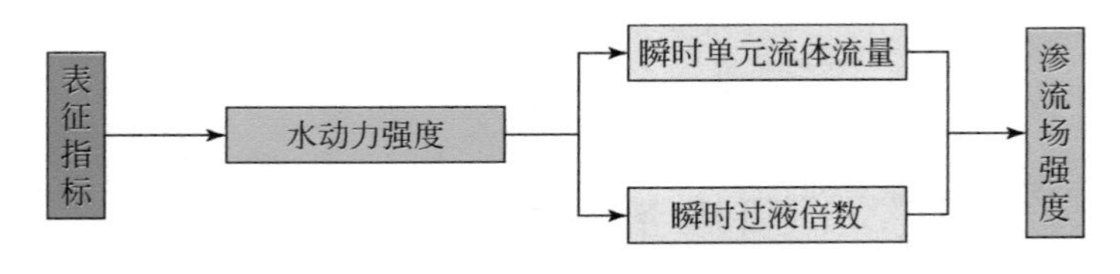

图 3.23　高速与低速渗流区域表征方法

1）瞬时流量

瞬时流量指的是单位时间长度内的液体的流过体积，反映了当前时间的流体流动情况。在油藏高含水阶段，流量大的区域能够表征流体的强度。因此采用当

前时刻流体各方向的瞬时流量作为其中一个评估流体强度的动态指标。其公式为

$$W=\sum_{0}^{T}\left(\frac{Q_x}{D_xD_z}+\frac{Q_y}{D_xD_z}+\frac{Q_z}{D_xD_y}\right)\Delta t \tag{3-64}$$

式中，W 为经过网格 a 的液体累积流量，m^3；Q_x 为流体在Δt 时间内 x 方向上的流量，m^3；Q_y 为流体在Δt 时间内 y 方向上的流量，m^3；Q_z 为流体在Δt 时间内 z 方向上的流量，m^3；D_x 为 x 方向截面长度，m；D_y 为 y 方向截面长度，m；D_z 为 z 方向截面长度，m；Δt 为时间。

以 S111 层井组 1 为基础，采用瞬时流量表征了注水井 J14-261 与油井 L14-S2520 和 L14-2602 形成的两个驱替单元之间的流动情况。通过式（3-64）计算了当前时间点两个驱替单元中的流量总和，绘制了流量示意图（图 3.24）和（图 3.25）。

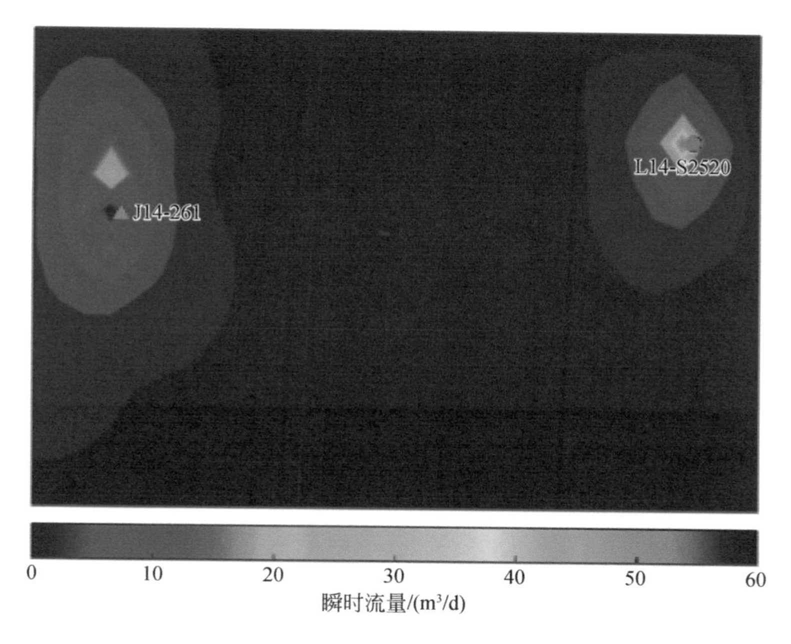

图 3.24　J14-261 与 L14-S2520 瞬时流量示意图

通过建立驱替单元瞬时流量表征的方法，对井组 1 中的两个驱替单元进行了对比，可以看出注水井 J14-261 与油井 L14-2602 之间形成了明显的水流通道，说明该驱替单元内渗流能力较强，可在一定条件下形成高渗流通道。

2）瞬时过液倍数

过液倍数（PV）指的是通过单元体内累积流量液体体积与孔隙体积之比。图

3.26 为 J14-261 与 L14-2602 孔隙体积示意图。瞬时过液倍数即是在单位时间内通过单元体的流量与孔隙体积之比，公式为

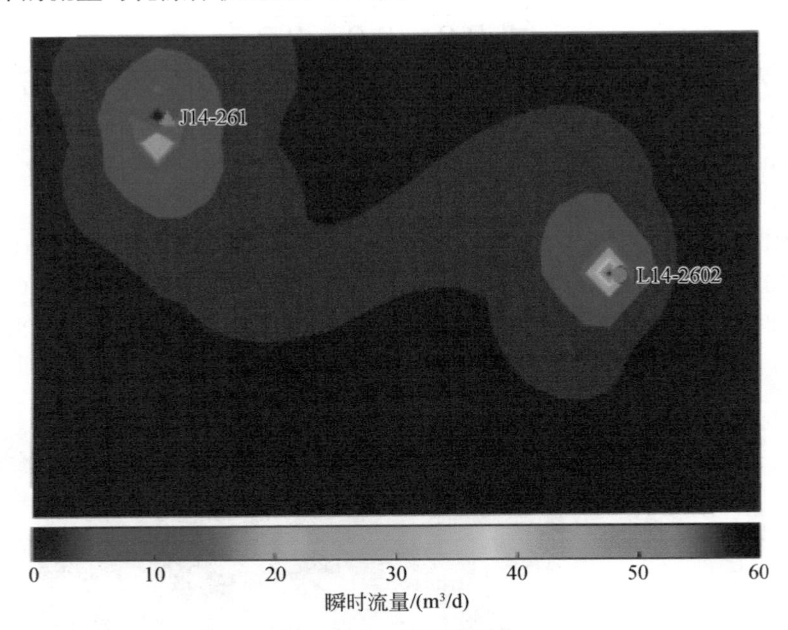

图 3.25　J14-261 与 L14-2602 瞬时流量示意图

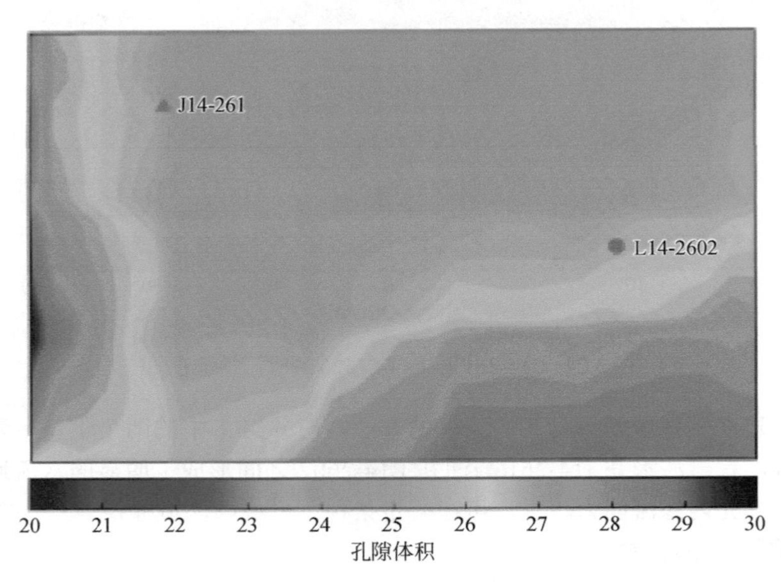

图 3.26　J14-261 与 L14-2602 孔隙体积示意图

$$\Delta \mathrm{PV} = \frac{\Delta Q}{V_\phi} \tag{3-65}$$

式中，ΔPV 为通过单元体的瞬时过液倍数；ΔQ 为单位时间内通过单元体的流量体积，m^3；V_ϕ为单元体的孔隙体积，小数。

以上节井组 1 识别出的 J14-261 与 L14-2602 之间的驱替单元为例，通过瞬时过液倍数对该驱替单元进行了量化表征，结果示意图如图 3.27 所示。

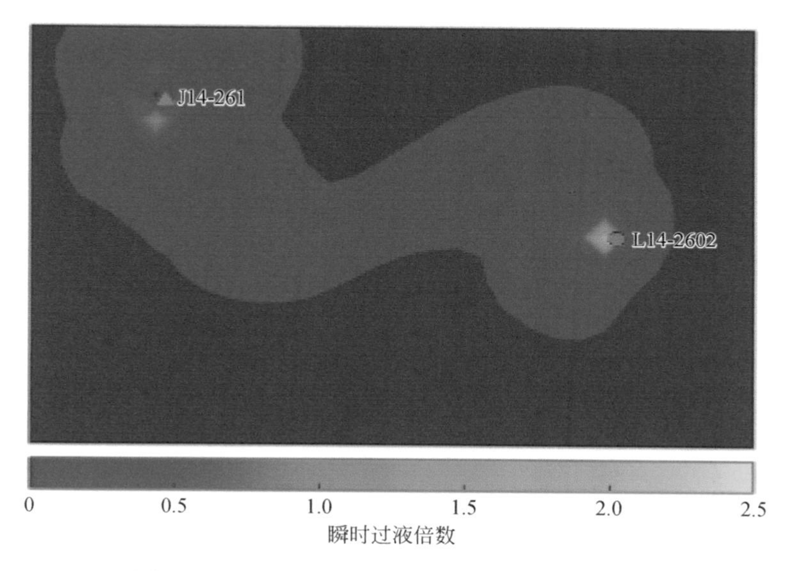

图 3.27　J14-261 与 L14-2602 瞬时过液倍数示意图

图 3.28 是驱替单元的瞬时过液倍数对数化处理后的示意图，通过该图可以清

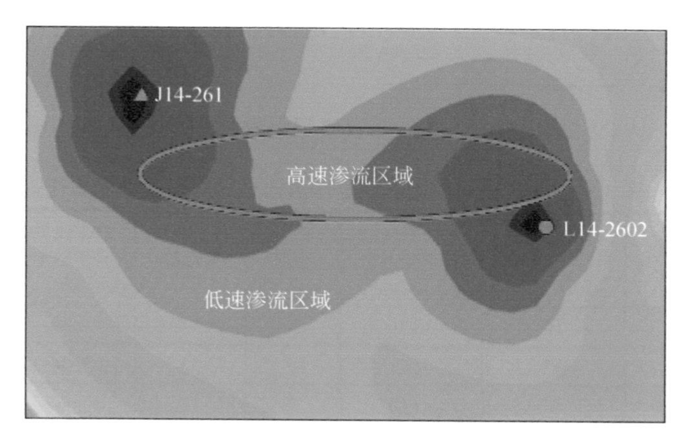

图 3.28　瞬时过液倍数对数化处理示意图

晰的看出颜色深的地方为过水倍数高的区域，该区域为 J14-261 与 L14-2602 之间形成的优势渗流通道。通过采用瞬时过液倍数，可以识别和定量化表征驱替单元之间的优势渗流通道。

5. 典型区块驱替单元无效循环量化表征

利用建立的方法，对大庆油田典型区块驱替单元进行了定量化表征，根据计算的含水率分布结果，对典型区块 10 个井组 36 个小层中对应的无效循环驱替单元进行了识别，区块 902 个驱替单元分析共计识别出 431 个无效循环驱替单元，部分识别结果如图 3.29 和表 3.18 所示。

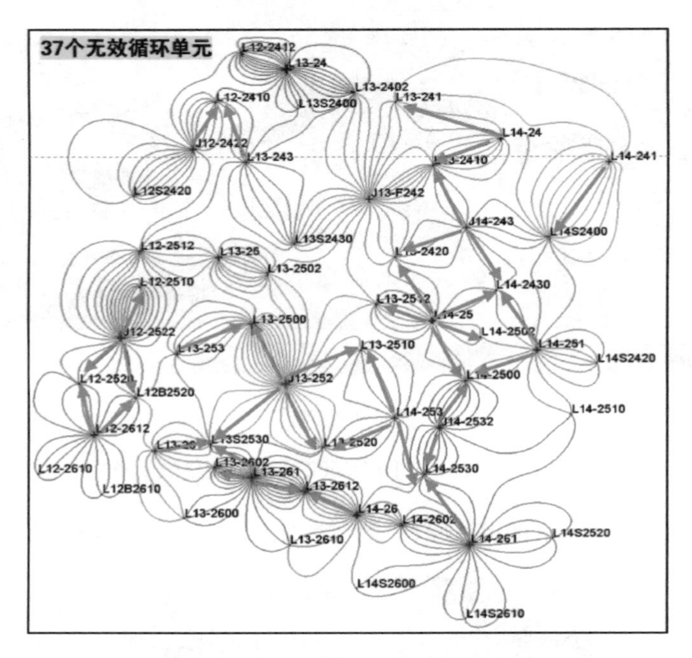

图 3.29　大庆油田典型区块 S112 层无效循环驱替单元识别图

表 3.18　大庆油田典型区块各小层无效循环驱替单元占比

小层	各层驱替单元数/个	各层无效循环驱替单元数/个	无效循环驱替单元占比/%	小层	各层驱替单元数/个	各层无效循环驱替单元数/个	无效循环驱替单元占比/%
1	26	10	38.46	5	57	34	59.65
2	59	37	62.71	6	53	36	67.92
3	25	3	12.00	7	12	6	50.00
4	62	43	69.35	8	17	5	29.41

续表

小层	各层驱替单元数/个	各层无效循环驱替单元数/个	无效循环驱替单元占比/%	小层	各层驱替单元数/个	各层无效循环驱替单元数/个	无效循环驱替单元占比/%
9	8	1	12.50	23	20	11	55.00
10	22	13	59.09	24	17	2	11.76
11	27	6	22.22	25	17	3	17.65
12	16	1	6.25	26	16	5	31.25
13	13	2	15.38	27	7	1	14.29
14	19	8	42.11	28	32	14	43.75
15	13	8	61.54	29	29	20	68.97
16	36	12	33.33	30	38	25	65.79
17	29	14	48.28	31	18	11	61.11
18	15	1	6.67	32	34	25	73.53
19	31	13	41.94	33	30	18	60.00
20	35	21	60.00	34	13	10	76.92
21	17	3	17.65	35	10	2	20.00
22	17	5	29.41	36	11	3	27.27

第 4 章　特高含水油藏控水增油关键技术

4.1　水平井压裂

对于特高含水期水驱及化学驱后难以动用的油层中、上部的剩余油，可采取在油层靠上部位加密水平井的方法进行挖潜。这样调整可以使油层底部的水向上驱油，但在实际油田中，也经常发生水平沿井轴方向从下部向上部的水锥现象，使得水平井投产后快速暴性水淹。为避免或减轻水锥现象，可以根据油藏地质特征、地应力分布、裂缝发育方向、注采井网井型以及剩余油分布规律等，综合考虑油层倾角、加密水平井位置及走向、射孔方向、地应力场及人工裂缝延伸等因素，将水平井生产与调剖、堵水、周期注采等相结合，优化形成有利于驱替油层上部剩余油的渗流场，在扩大波及体积的同时持续强化未弱水洗部位的驱油效率，挖潜垂向上的剩余油。

此处结合大庆油田老区人工压裂为水平裂缝的情况，利用理想模型进行了数值模拟研究。

4.1.1　模型建立

建立数值模拟模型，模型基本参数如表 4.1 所示，建立了四分之一五点法井网机理模型（图 4.1）。分别在水平井垂直主流线方向与距离注入井不同位置布井，并对水平井不同位置布井和直井压裂等方案开发效果进行研究（图 4.2）。

表 4.1　油藏数值模拟模型基本参数表

油藏属性	原始地层压力/MPa	25
	孔隙度/%	20
	渗透率/mD	100+300+700
网格属性	网格类型	中心网格
	网格数	22×22×17
	网格大小/m	10×10×0.2
流体属性	原油密度/（g/cm^3）	0.678
	地层原油黏度/cP	2.90
	地层原油体积系数	1.2

续表

井网井距	井网	四分之一五点法井网
	井距/m	300
	水平井水平段长度/m	120

注：1cP=10^{-3}Pa·s。

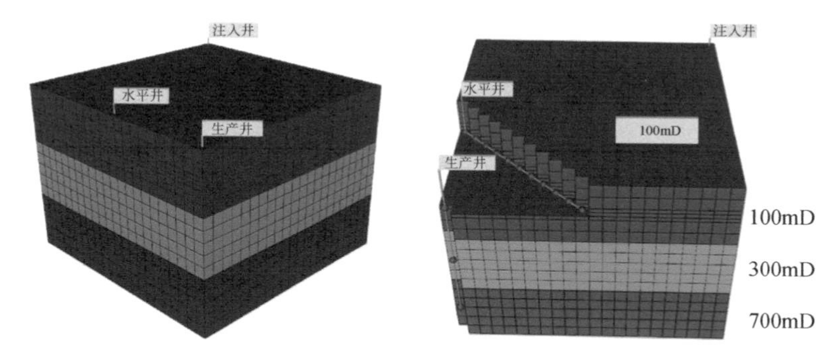

图 4.1　四分之一五点法井网机理模型渗透率分布

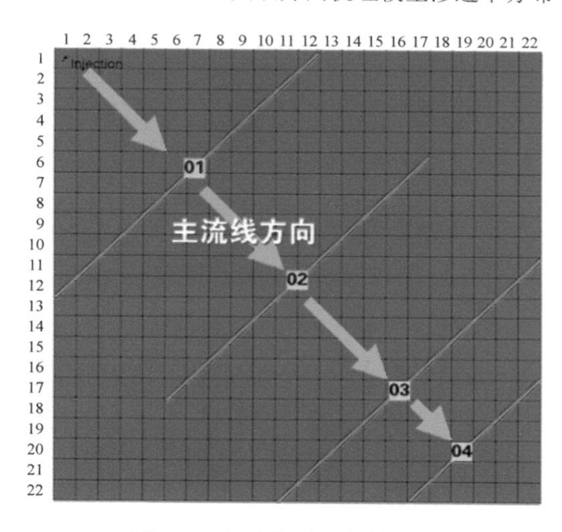

图 4.2　水平井不同布井方案

4.1.2　方案对比

不同方案模拟结果如表 4.2 和图 4.3 所示，可以看出，沿着主流线方向，在靠近注入井不同位置布井，水平井垂直于主流线方向。直井水驱开发末期，靠近注入井剩余油饱和度较低，底水能量较强，导致 1 号水平井开井即高含水。越靠近油井，上部剩余油越多，底水能量越弱，因此 3 号水平井开发效果好于 2 号。直井转水平井采油主要动用水平井垂向下部的剩余油，4 号水平井射孔段短，增产效果比 3 号水平井弱。综上认为 3 号水平井为直井转水平井开发最优方案。

表 4.2　不同位置水平井单独开发模拟结果对比

方案号	段塞号	方案	2 号水平井单独开发		3 号水平井单独开发		4 号水平井单独开发	
			累产油量/m^3	采收率/%	累产油量/m^3	采收率/%	累产油量/m^3	采收率/%
1	1	直井注采	6571	34.30	6571	34.30	6571	34.30
	2	水平井采油	6789	35.43	7113	37.12	7002	36.54
	3	水平井压裂后	7087	36.99	7500	39.14	7224	37.70
2	1	直井注采	6571	34.30	6571	34.30	6571	34.30
	2	水平井压裂采油	7005	36.56	7285	38.02	7048	36.78

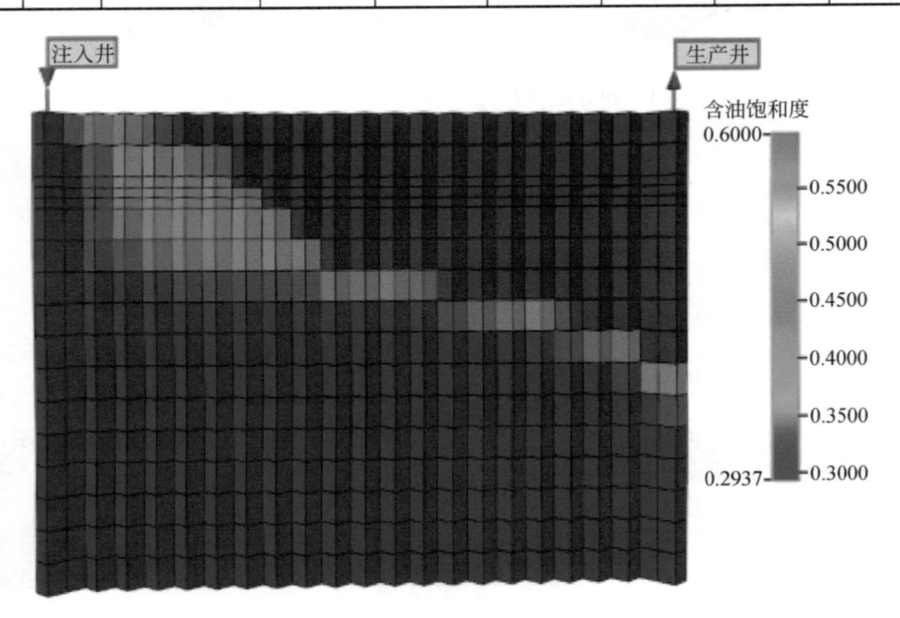

图 4.3　直井水驱开发末期主流线方向含油饱和度分布

4.1.3　直井压裂不同裂缝半长

基于上述方案建立的油藏数值模拟机理模型，进一步研究了直井压裂时裂缝半长对开发效果的影响（图 4.4）。直井水驱开发，含水率达到 98%后，对直井上部进行压裂，继续水驱开发，含水率达到 98%后关井。

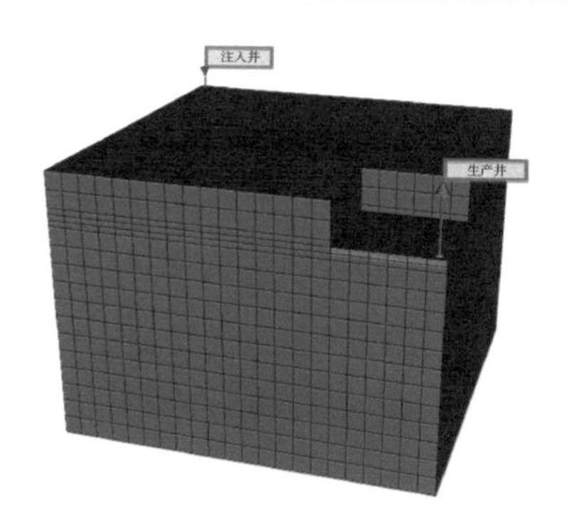

图4.4 直井压裂数值模拟模型

结果如图4.5和表4.3所示，可以看出，增加裂缝半长可进一步提高增产效果；裂缝半长增至100m后，其提高采收率效果与水平井增产效果相近。

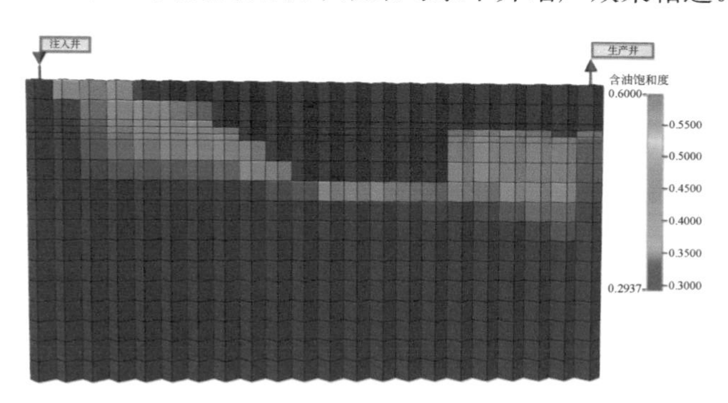

图4.5 直井压裂开发末期含油饱和度分布

表4.3 直井不同裂缝半长开发效果对比

方案	原始储量/m^3	裂缝半长50m		裂缝半长100m	
		累产油量/m^3	采收率/%	累产油量/m^3	采收率/%
直井注采	19160	6571	34.30	6571	34.30
直井压裂采油	19160	6957	36.31	7511	39.20

基于以上研究，对比分析了不同开发方案增产效果（表4.4和图4.6），可以看出“直井+水平井+压裂”增产效果最好。进一步对比了不同方案开发末期含油饱和度分布情况（图4.5和图4.7），分析认为，受重力作用和油水密度差异影响，注入水沿储层底部流动，储层上部剩余油富集。压裂后储层上部形成局部高渗区，裂缝下部底水上升，垂向剩余油被动用。

表 4.4　不同开发方案增产效果对比

方案	原始储量/m^3	累产油量/m^3	采收率/%	采收率增幅/%
直井开发	19160	6571	34.30	—
直井+水平井	19160	7113	37.12	2.83
直井+水平井+压裂	19160	7500	39.14	4.85
直井+直井+压裂	19160	6957	36.31	2.01

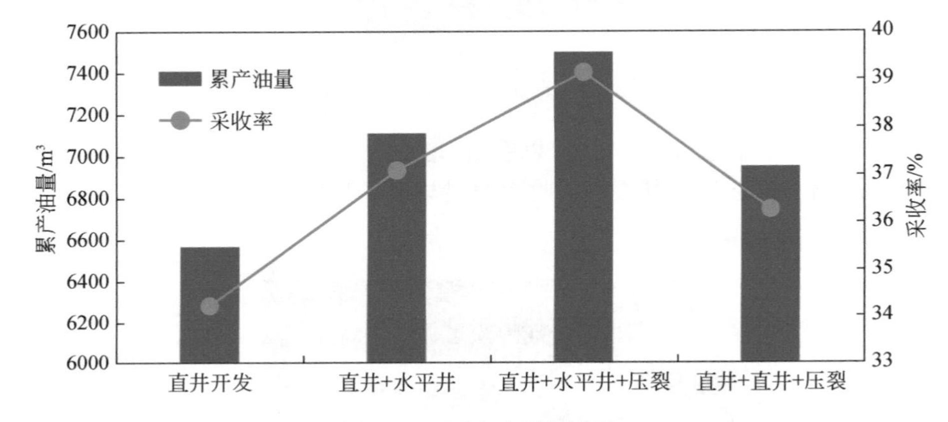

图 4.6　不同方案模拟结果

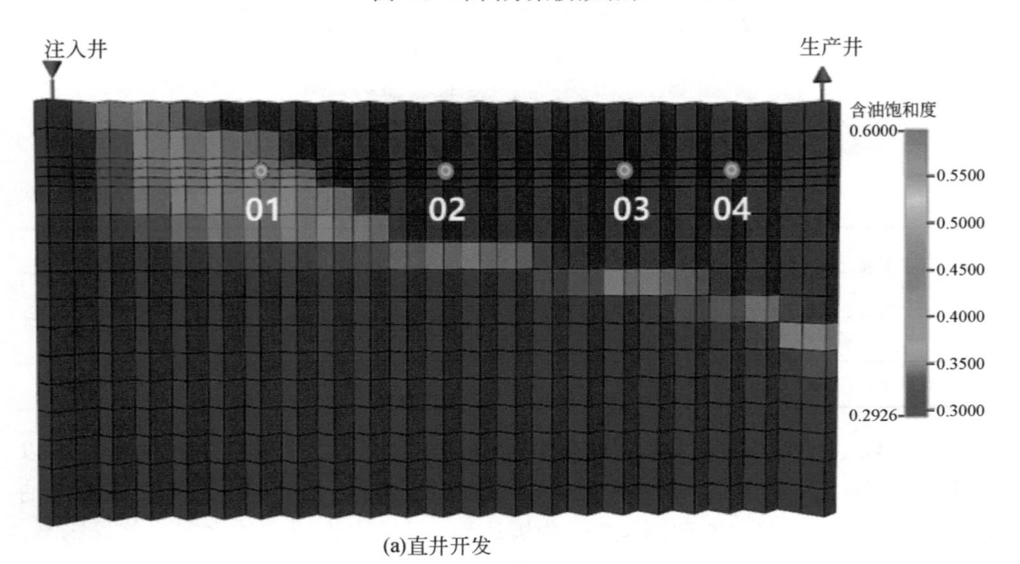

(a)直井开发

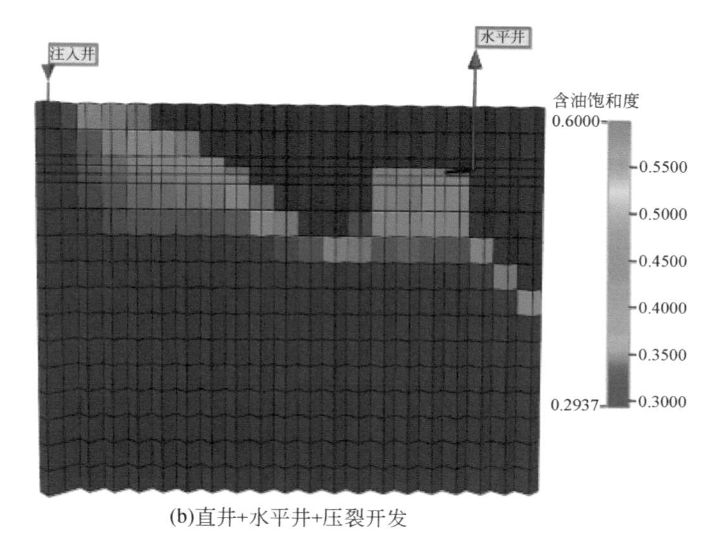

(b)直井+水平井+压裂开发

图 4.7　不同方案开发末期含油饱和度分布图

在压裂能够形成人工水平裂缝的油藏条件下，可以尝试此处给出的方法，并引用底水油藏水平井开发控制水锥的方法和技术，同时进行精细油藏描述，计算水平井控制的剩余储量，在经过技术经济综合评价之后实施。大庆油田老区已取得此方面成功的案例。

4.2　单层驱替注采同井技术

水驱油田进入特高含水期特别是特高含水后期阶段，特高含水井比例增多，很多井含水率达到 98%，甚至出现一些含水 99%以上的井，出现普遍存在的注入水无效循环现象。尽管如此，在油价较高和生产成本较低以及对稳产有特别要求的情况下，仍需要这些经济上处于无效循环的油井继续生产，关井或转注会使损失一部分原油产量。如何在多层同采的情况下，对生产井中无效循环的层进行控制，并使含水率较低的油层继续生产，是特高含水油田控水稳油急需解决的问题。

此处提出注采同井技术，是在前述无效循环识别的基础上，研制出在同一口油井上实现向无效循环层注水，使有效产油层继续采出的工艺技术，实现单砂体内向无效循环条带上注水，形成沿无效循环带的线状注水，以强化驱油和扩大水驱及化学驱波及体积。此技术在同一口井井口开始注水并同时采油，有别于井下油水分离并回注油层的“同井注采”技术（王德民院士、刘合院士等），适用于水驱和化学驱等。

4.2.1 管柱设计

为了实现同一口井在无效循环层注入，并在其他油层采出，可以用不同的方法和注采工艺与管柱。此处推荐一种简便易制造和推广使用的设计方法。

如图 4.8 所示，在油井环形空间中，对无效循环层上方的产出层段，用两个封隔器封隔，两个封隔器间用小直径立管连接，立管穿过封隔器是上封隔器上部环空和下封隔器下部环空相连接的通道，在无效循环层下部隔夹层处用另外一个普通封隔器卡封。如果隔夹层厚度小于封隔器的最小厚度界限，也不影响对产出层和注入无效循环层的分隔，只要存在稳定的隔夹层，即使厚度很小，也可以搭界部分油层的厚度（对产量影响不大），只要确保无效循环层能够单独卡分出来即可，如图 4.9 所示。

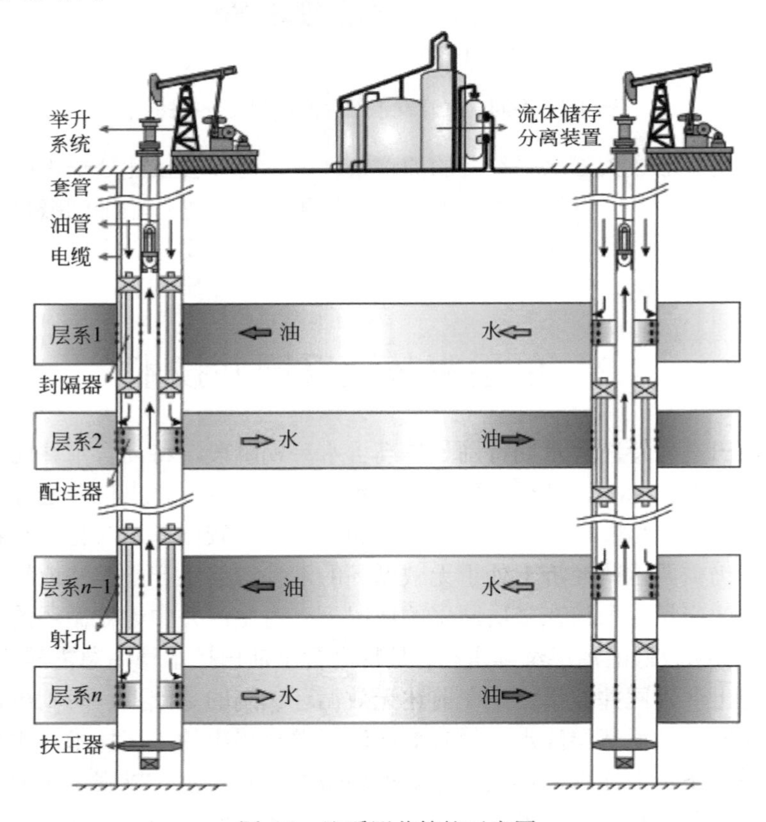

图 4.8　注采同井管柱示意图

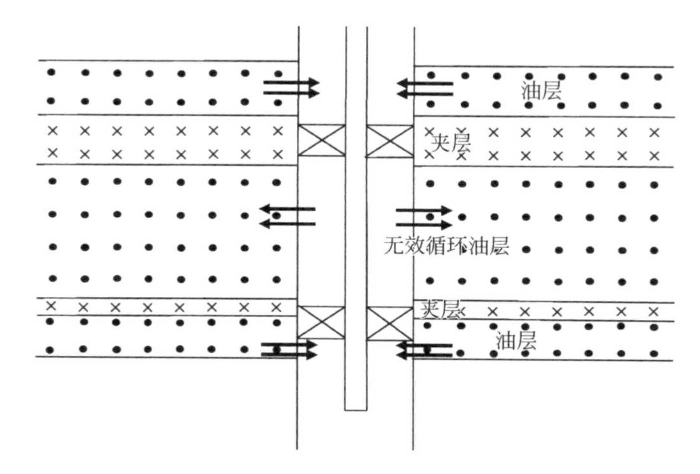

图 4.9　封隔器卡封无效循环层示意图

根据上述设计，在生产井井口则可以同步或间歇采油、注水。注入水达到油层顶部后进入穿过封隔器的立管，经立管越过产油层段，并越过下一个与其相连的封隔器到达无效循环层所在的环形空间，该空间下部由另一个封隔器封堵，这样注入水就可以进一步通过炮眼注入无效循环层。在立管通过的环形空间，采出层段不受注入水的干扰从油层到套管再到油管而正常生产。

由于无效循环层往往都是高渗透的厚油层，注入水容易进入油层，所以可用小直径立管地面低压注入，避免因垂向不同层段压差过大而引起套损。

4.2.2　单油层无效循环带的流线控制

利用上述注采同井技术，实现了不关井、不转注油井和不加密新井情况下单砂体的强化水驱及强化化学驱开采，在多层油藏单砂体内无效循环条带上转注采出井点，形成沿无效循环带分布注入井点的线状注水和驱油体系的较均匀的线状驱替，实现高渗高水洗注、低渗低水洗采以扩大驱油剂波及体积、提高驱油效率及采收率，增加含水率较低井的产量目标。

用此方法，在纵向上，可以对每口生产井的无效循环层逐层或多层同时转注，变无效生产井为有效生产井；在平面上，对于存在无效循环条带的油层，无效生产井点的转注后，这一条带则变成注水条带，增加了注水强度和总注水量，改变了驱油流场，扩大了注入流体的波及体积，使该油层整体产液量提高，含水率下降，从而达到增产原油和提高采收率的目的。

4.2.3　实例计算

选取大庆油田某典型区块存在无效循环条带的单砂体为例进行数值模拟研究，如图 4.10 所示，该层于 2000 年 1 月开始生产，所数模研究的区域包括 4 口注水井和 9 口采油井，在定产液生产制度下，注水井注水量为 337.5m^3/d。高渗透带上的 4 口油井含水率 98%时逐井点转注成为线型注水，预测到整体含水率 98%时采收率为 48.75%，多提高采收率 1.62 个百分点。

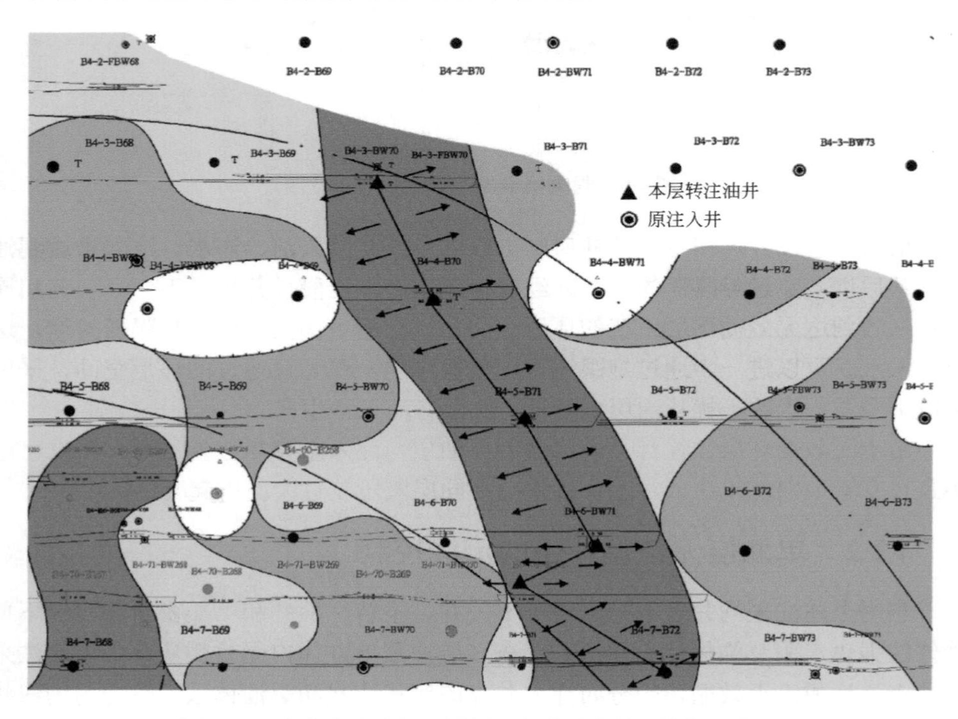

图 4.10　多井点连线的无效循环条带油井转注均匀驱替图

4.3　靶 向 调 堵

对于单独的无效循环驱替单元，只是一注一采，在并没有形成无效循环带的情况下，则可采用高效的封堵和调剖措施控制无效循环，进而将调堵剂输送到控制液流转向以扩大波及体积的最佳位置，实现靶向调堵是无效循环高效控制的关键。此处用数值模拟方法研究靶点位置与提高采收率的关系，以此指导定点靶向调堵。

利用 CMG 软件进行数值模拟。所建油层模型为单层，数值模拟时划分为 10 个模拟层，各模拟层的基本参数如表 4.5 所示。

表 4.5　数值模拟模型基本参数表

层位	水平渗透率/mD	垂向渗透率/mD	厚度/m	层位	水平渗透率/mD	垂向渗透率/mD	厚度/m
1	50	10	0.2	6	500	100	0.2
2	100	20	0.2	7	600	120	0.2
3	200	40	0.2	8	700	140	0.2
4	300	60	0.2	9	800	160	0.2
5	400	80	0.2	10	900	180	0.2

为了模拟非均质油层的情况，对以上模型在平面上进行分区并分别以 1.5 倍、1.0 倍、0.8 倍和 0.5 倍改变平面不同区域渗透率，垂向渗透率不变，改变后的参数如表 4.6 所示。

表 4.6　非均质数值模拟模型基本参数表　　（单位：mD）

层位	渗透率×1.5	渗透率×1.0	渗透率×0.8	渗透率×0.5	层位	渗透率×1.5	渗透率×1.0	渗透率×0.8	渗透率×0.5
1	75	50	40	25	6	750	500	400	250
2	150	100	80	50	7	900	600	480	300
3	300	200	160	100	8	1050	700	560	350
4	450	300	240	150	9	1200	800	640	400
5	600	400	320	200	10	1350	900	720	450

以非均质模型为基础方案 1，水驱到含水率为 98%，得到对应的采收率值。以此为基础设计调堵方案，分别以水井到油井井距 1/10、2/10、3/10、4/10、5/10、6/10、7/10、8/10 和 9/10 处调堵，垂向上以水淹程度为参考值进行调堵，具体方案见图 4.11。

经过数值模拟计算可以得到各方案的平面流线图、垂向剖面图和采收率值。

如图 4.11 和图 4.12 所示，从基础方案 1 的平面流线图和垂向剖面图可以看出，油层上部剩余油较多，水洗程度更弱，而油层下部水洗程度更强。垂向上注入水易进入底部高渗部位，出现舌进现象，而上部低渗透部位吸水量低，垂向上波及系数较小。

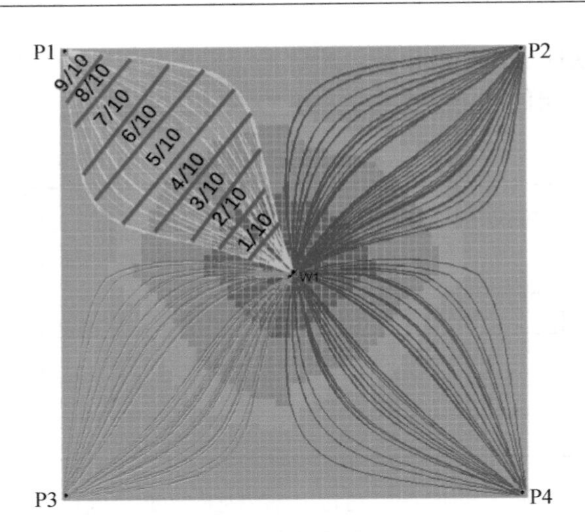

图 4.11 平面流场分布及不同调堵方案设计

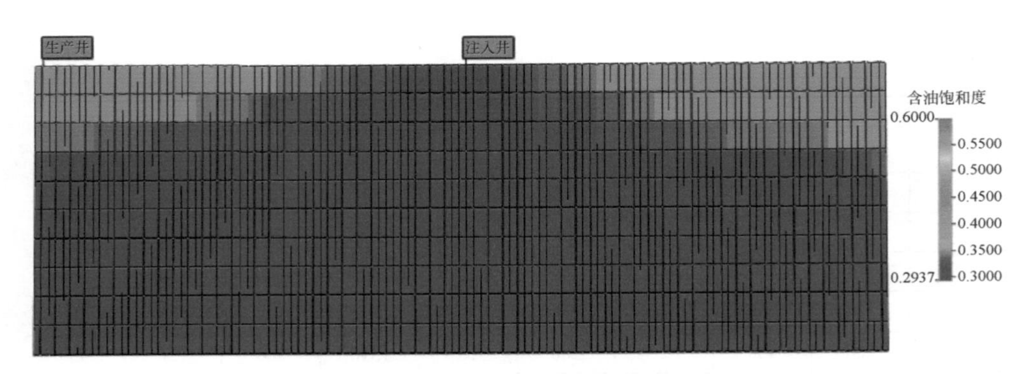

图 4.12 原方法计算水驱垂向剖面图

从其余 9 个方案与基础方案 1 之间的垂向剖面图对比可以看出，在不同位置调剖得到的垂向水流波及体积和驱油强度的分布不同，油层上部注入水是一个从注入井点开始先向下流动，到调剖位置前又向上绕流通过调剖段后继续向下流动的过程，调剖段塞在不同位置，这种流动的流线和波及的体积就不同，如图 4.13 所示。对比 10 个方案可以看出，采出井含水 98%时在层内下部（水流量高于 98%）优势渗流通道上距注入井 8/10 井处封堵的方案采收率最高，为 45.91%，如图 4.14 所示。

对于实际油藏，由于存在非均质性，应在精细地质描述的基础上，进行数值模拟和油层孔喉分布特征研究，针对不同的调堵剂，确定最佳调堵位置和调堵剂类型与配方。

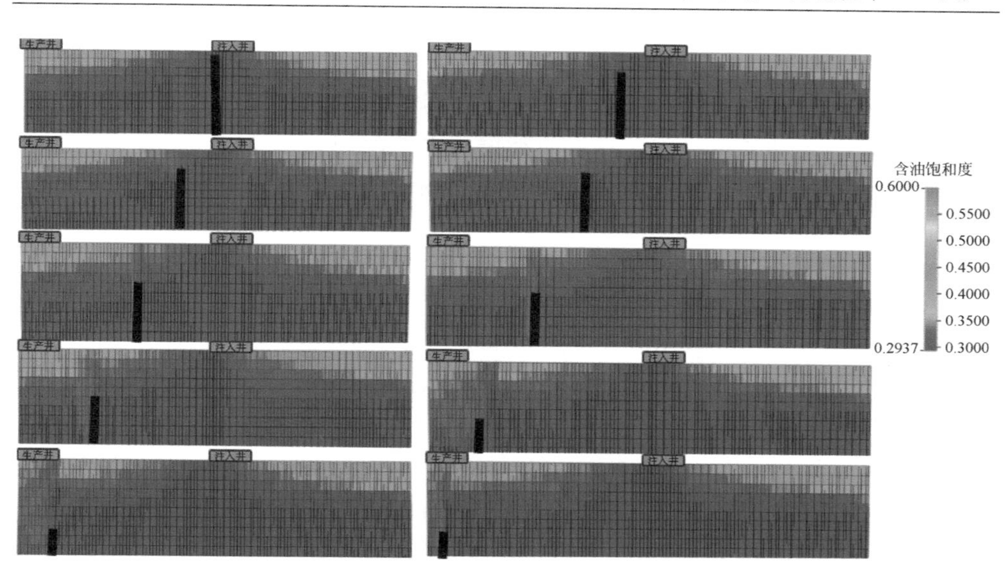

图 4.13 不同调堵位置层内垂向渗流场分布

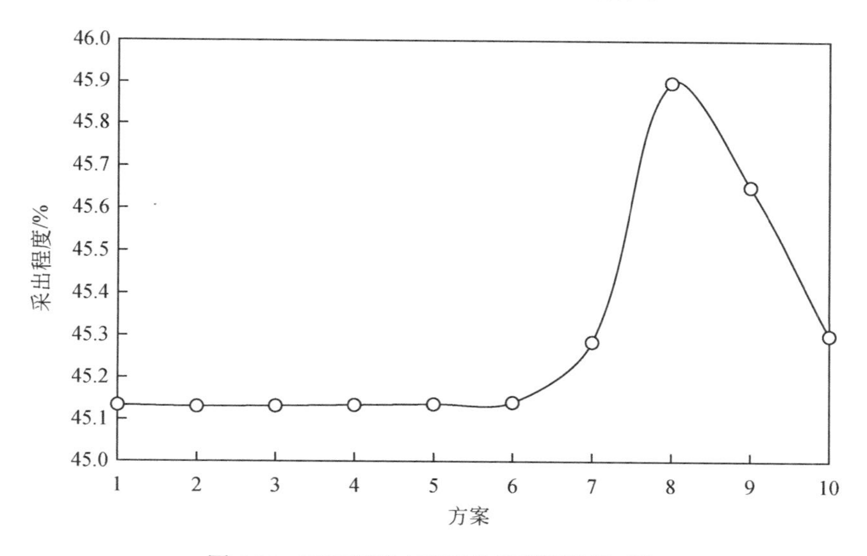

图 4.14 不同调堵方案采收率预测结果对比

4.4 增黏超临界 CO_2 驱

国内外高渗透岩心 CO_2 驱油实验，采收率可达 70%。CO_2 超临界点温度为 31.1℃、压力为 7.38MPa，大庆油田除部分油井周围外，油层多数区域满足超临界条件，而且在注入液态 CO_2 情况下油层温度减低，超临界区域会逐步增加。适当的大井距是有利因素，可以不打新井。超临界 CO_2 的密度为 0.2～0.9g/cm^3，是比水轻比气重的流体，非常适合驱替层内中上部剩余油。研究增黏扩大波及体积及防窜，加之超前注入、交互驱替、流场调控等措施，能够大幅度提高采收率。

研制出了不含氟和硅的聚合物类增黏剂，增黏驱油实验结果如下：温度为50℃、压力为 15MPa 下的 49mD 人造岩心驱油，水驱后采收率为 35%；水驱后普通超临界 CO_2 驱油提高采收率 18%，水驱后加入 0.2%增黏剂后超临界 CO_2 黏度增加 19.7 倍到 1.12mPa·s，提高采收率 24%，多提高了 6 个百分点。

同时进行了数值模拟研究，数值模拟油藏为一注一采两口井，井距为 300m，油层分为 5 个模拟层，渗透率从上到下依次为 100mD、500mD、500mD、700mD 和 700mD。先水驱到含水 98%，此时采收率为 45%；再用黏度为 1mPa·s 的 CO_2 驱替，当采收率不再增加时，记录此时的总注气量，再分别用不同黏度（0.032mPa·s、0.05mPa·s、0.1mPa·s、0.2mPa·s、0.3mPa·s、0.4mPa·s、0.5mPa·s、0.6mPa·s、0.7mPa·s、0.8mPa·s、0.9mPa·s 和 1.0mPa·s）且注气量相等的 CO_2 进行驱替，比较注入不同黏度 CO_2 的采收率。

结果表明：CO_2 黏度不增加的方案采收率为 48.4%，比水驱提高了 3.4 个百分点；黏度由 0.032cP 增到 1cP 时，采收率增加到 64.96%，比水驱提高 20 个百分点，比不增黏提高 16.5 个百分点，垂向剩余油分布更加均匀（图 4.15 和图 4.16）。

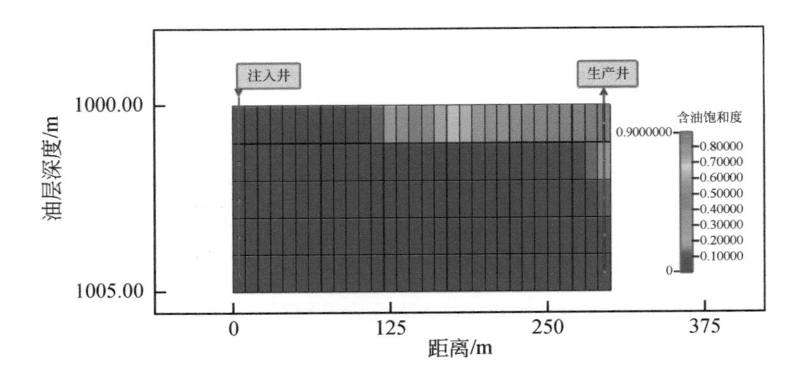

图 4.15　不同黏度 CO_2 驱初始时垂向上含油饱和度分布对比

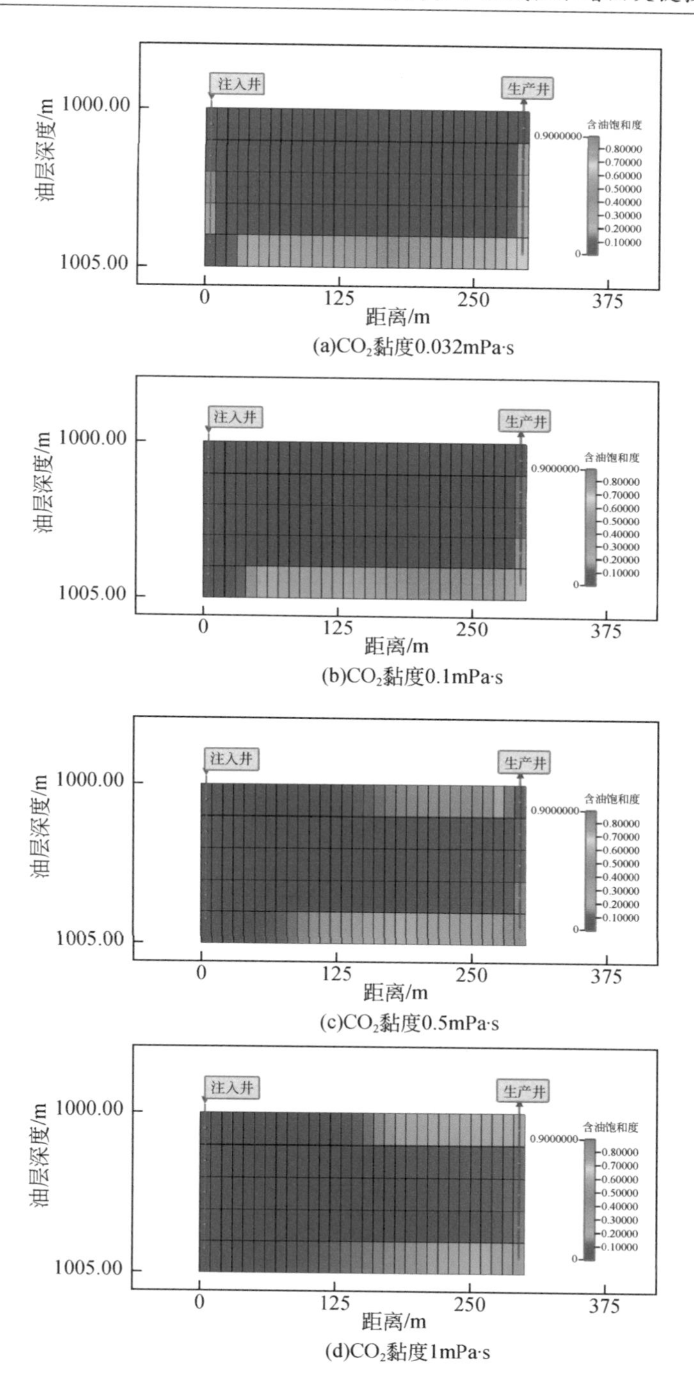

(a) CO_2 黏度0.032mPa·s

(b) CO_2 黏度0.1mPa·s

(c) CO_2 黏度0.5mPa·s

(d) CO_2 黏度1mPa·s

图4.16　不同黏度 CO_2 驱一年后垂向上含油饱和度分布对比

第5章 交互降黏驱油理论与技术

一般情况下，油田除不到10%的储量可用天然能量开采外，大部分原油要靠人工补充能量开采，即靠注入水或其他驱油剂把原油驱替出来。在砂岩油田注水开发过程中，要获得最佳的驱油效果，理想的方式是获得均匀推进的油水前缘。然而在水驱过程中，油水黏度的差别造成了水驱采收率较低。此外，在实际油田的水驱开发过程中，油层性质不论是在纵向上还是平面上都不是均匀的，即存在着一定的非均质性，会造成井间不同部位压力梯度不相等，进而使得无论采取何种注水开发方式进行开发，都会有注入水的突进和指进现象客观存在。由于生产井在注水井的不同方向，势必造成采出井受效不均匀，以及油层内部主流线和非主流线上剩余油分布的不均匀。

对于发育有裂缝或压裂投产的低渗透油藏，注水后裂缝发育方向上经常有部分井快速暴性水淹，而垂直裂缝发育方向的部分井长期见不到注水效果，处于低含水、低产量、低压力的生产状态。在水驱的基础上，以聚合物驱为代表的化学剂调剖和调驱技术极大地改善了驱油效果，使原油采收率在水驱基础上有了大幅度提高。目前油田上聚合物驱一般采用一个或多个段塞加后续水驱的方式，段塞内化学剂黏度为恒定值。然而实际油藏具有微观孔隙结构复杂、非均质性各异以及压力分布不均匀等特点，注入剂在地层当中的推进亦不均匀，导致不同渗透率油层和部位驱替相渗流速度存在差异，从而使油层水洗效果不同，剩余油分布也不均匀。

例如，均一段塞的驱油方式较水驱能够提高采收率15%左右，但聚合物驱后仍有40%以上的剩余油在油层内呈不均匀状态分布。因此，定黏度或段塞式的驱油剂与非均质的油层之间的矛盾仍然存在。

本章在对油田实际地质情况充分了解及大量室内实验研究的基础上，考虑到驱油剂溶液浓度、成分以及注入速度的易调性等特点，提出了针对中、高渗透油藏的变渗流阻力驱油技术，在水驱、聚合物驱、二元及三元复合驱等化学驱技术的基础上，研究采用渗流阻力不同的体系注入渗透率不同的非均质油藏，实现在平面或纵向上均匀推进以形成较为均匀的驱替前缘、扩大波及体积以提高中低渗透层的动用程度，达到在扩大波及体积的同时提高驱油效率等目的，使中高渗透油藏采收率有较大幅度的提高。

5.1　聚合物交互降黏驱油理论

聚合物驱是在水中加入聚合物以增加水相的黏度和弹性来提高驱油效果，此方面最早出现于 1959 年，由美国的 Spark 申请在水中添加多糖稠化剂专利；Pye（1964）和 Sandiford（1964）发表了水中加少量聚合物驱油实验的结果。我国在 20 世纪 60 年代末就开始研究聚合物驱，到目前为止，聚合物驱已成为成熟的化学驱油技术。从 1996 年开始，大庆油田就建成了世界上最大规模的聚合物驱生产基地（隋军等，1999；王启民等，1999；程杰成等，2000；王德民等，2008）。但由于聚合物驱优先在单一高渗透油层使用，通常采用恒黏度大段塞的注入方式，应用到中低渗且差异悬殊的多层同采和强非均质性油藏时，出现了越发严重的聚合物波及体积回缩和无效低效循环的问题，尽管驱油效率已达 80%，却仍有 48%～60%的原油储量没有采出。对此，笔者创新了交互降黏扩大聚合物波及体积提高采收率的方法和技术。

5.1.1　聚合物交互降黏驱油的分子动力学描述

1. 驱油的动力是注入剂分子与原油分子的碰撞、黏连和振动形成的对原油的推力和摩擦力

根据分子运动理论，宏观上的压力实际上是分子运动和相互作用的结果。聚合物驱过程中，驱油的过程实际上是注入剂分子与原油分子的碰撞和振动的过程，这种碰撞和振动在油层多孔介质中表现为宏观上的两种形式，一种是如图 5.1 所示的对原油形成的推挤力，另一种则是如图 5.2 所示的对原油形成的摩擦力。

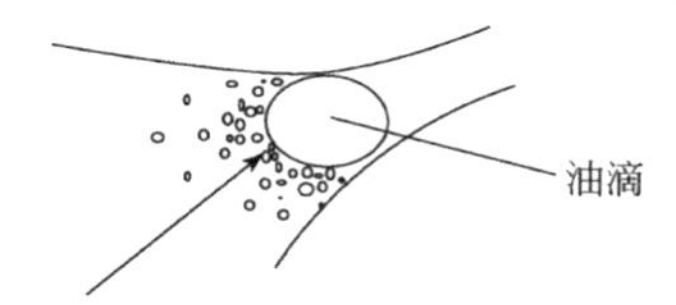

图 5.1　注入剂分子对原油推挤力示意图

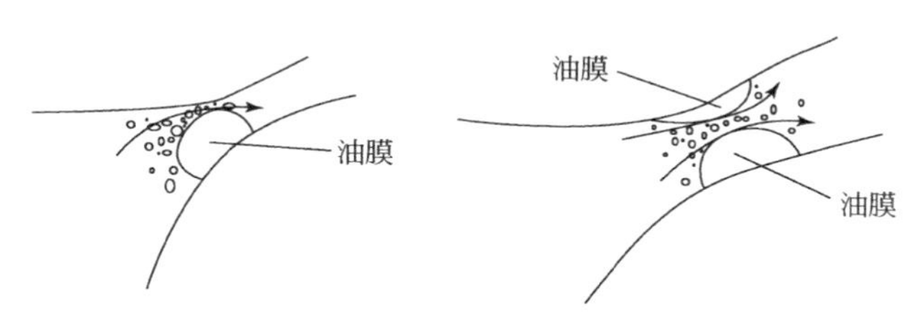

图 5.2　注入剂分子对原油摩擦力示意图

根据 Tomlinson（1929）描述摩擦机理的原子运动模型，摩擦力是由于原子间的碰撞、振动和黏连造成的，可由图 5.3 形象地说明。

图 5.3 Tomlinson 原子运动模型

根据文献的描述，黑球和白球分别代表摩擦副上下表面的原子，黑球用弹簧悬挂，白球刚性固定。在上表面相对于下表面滑动过程中，黑球的悬挂弹簧先弯曲变形，摩擦功即表面运动动能转换为弹性变形能而储存在弹簧中。随后黑白球脱离接触，黑球出现振摆并与相邻原子碰撞。这样弹性变形能又转换为黑球原子和相邻原子的振动能，同时，在黑白球接触后脱离前，形成黏连。

2. 聚驱过程中，分子的相互碰撞和黏连而使聚合物分子不断储存和释放弹性能，以及使更多的不动油变为可动油，从而降低原油黏度

一般情况下，根据上述 Tomlinson 原子运动模型可以推断，在与水驱相同的流速下，聚合物分子与岩石、油滴、油膜界面分子的这种“黑-白球”作用原理，使其 C-H 键上存储有弹性能，让表面原子与原油分子发生作用力更大的碰撞，从而使更多的原油分子从油相上分离而渗入注入剂溶液中运动。聚合物分子的弹性能越大，驱动原油的力就会越大。随着聚合物溶液流速的增高，聚合物分子对原油分子的冲击和碰撞加剧，摩擦力增大，从而原油黏度降低。

3. 界面摩擦力是聚合物驱降低原油黏度的主要因素

对于聚合物和水两种驱替方式，如图 5.1 所示的推动作用及机理是相同的，这种情况下对原油驱动作用的大小主要取决于作用在原油上的作用力，而与水或聚合物无关，即水驱和聚合物驱的作用是相同的。

而在图 5.2 所示的摩擦力作用下，聚合物分子与原油分子的作用力和水与原油分子的作用力完全不同。我们知道，宏观固体摩擦遵循阿蒙顿-库仑定律（Amontons-Coulomb’s law），即摩擦力（F）与截面载荷（P）成正比：

$$F = \mu P \tag{5-1}$$

式中，μ 为摩擦系数。

但在 1967 年 Bowdon 和 Tabor 提出，黏着接触表面的界面摩擦力是黏着结点被剪切需要克服的阻力，即

$$F = \tau_c A \tag{5-2}$$

式中，A 为黏着接触面积；τ_c 为黏着接触面积上的极限剪切应力。

对于驱油过程来说，由于驱替液与油全面接触，因此，单位油界面面积上的摩擦力为 τ_c。

根据 Homola 和 Israelachvili 的研究，极限剪切应力由以下三部分组成，即

$$\tau_c = \tau_{c1} + \tau_{c2} + \tau_{c3} \tag{5-3}$$

式中，τ_{c1} 为两表面相互作用的界面力引起的极限剪切应力；τ_{c2} 为外加载荷形成的极限剪切应力；τ_{c3} 为弹性变形引起的极限剪切应力。

在相同外加压力梯度的作用下，聚合物驱与水驱的 τ_{c2} 可认为是相同的，但 τ_{c1} 和 τ_{c3} 由于聚合物分子的“黑-白球作用原理”，使其形成脉冲式的作用力。在这种脉冲力的高峰，$\tau_{c1} + \tau_{c3}$ 大于水驱时的值；而在脉冲力的低谷，这种力则小于或等于水驱时的值。在脉冲力的峰值区域，加上聚合物分子与油中烃类的黏滞力，使得聚合物将更多的原油“拉”离不可动的部分而变为分散状的可动油，而在剪切应力的低谷期，并不会使已分离出的原油恢复到原始不可动状态。这是聚合物驱较常规水驱降黏驱油的重要原因之一。

4. 提高流速是驱出边界层原油的重要条件之一

根据 Hu、Carson 和 Granick 测得的结果，当十六烷的膜厚为 4.0nm 时，其黏度为 10Pa·s，而其体相黏度只有 0.1mPa·s，随着膜厚的减小，其等效黏度剧增，如图 5.4 所示。

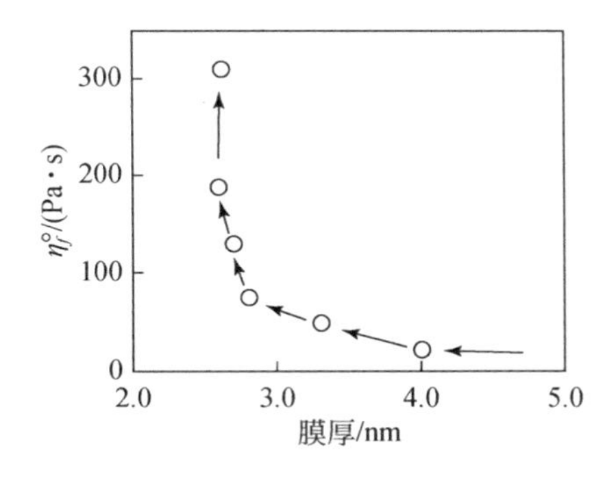

图 5.4　十六烷黏度与膜厚关系曲线

对于多孔介质中的原油来说，边界层原油的黏度也远比体相原油的黏度高，不同驱动剂靠摩擦力驱出原油的多少取决于油界面摩擦力的大小。摩擦力越大，

则油膜越薄，剩余油越少；相反，则剩余油越多。在相同的流速下，聚合物溶液对油膜的摩擦力较水的大，因此可驱出更多的原油。而水驱流速高于聚驱流速某一值以上时，水与油膜的摩擦力高于聚合物溶液的摩擦力，则水驱可使油膜变得更薄，从而使驱油的效率高于聚合物驱的驱油效率。

5. 不可及孔隙体积和吸附对聚驱油效率的影响是有条件的

聚合物在岩心中存在的不可及孔隙体积效应，使其在相同的注入条件下（包括相同的体积流量）通过岩石的流速比水的流速快，两者的比值为

$$V_w/W_p=1-\mathrm{IPV}/\phi \tag{5-4}$$

式中，V_w 和 W_p 分别为水和聚合物的流速；ϕ和 IPV 分别为孔隙度和不可及孔隙体积。

由式（5-2）和图 5.3 可知，渗透率越高，IPV 越小；渗透率越低，IPV 越大。式（5-4）成立的条件之一是水和聚合物溶液必须具有相同的体积流量。因此，如果把空白水驱与聚合物驱相比较，由于聚合物溶液黏度高，则需要增加注入压力来补偿黏度增加对体积流量的影响。从式（5-4）可知，当渗透率较低时，不可及孔隙体积较高，如能增加注入压力，保持住水驱时的渗流速度，则聚合物流速将大于水的渗流速度，从而提高驱油效率。

但在以下两种情况下，聚合物驱可能不提高驱油效率或比水驱油效率还小。第一种情况是，渗透率高到一定程度，不可及孔隙体积很小，聚合物的流速与水的流速相差很小，则靠聚合物速度增加提高驱油效率的作用就会很小；第二种情况是，油层对聚合物分子存在吸附，吸附使可流动的聚合物分子数减少，如果岩石中因吸附而损失的聚合物分子数目大于因 IPV 效应提前产出的聚合物分子数目，则聚合物分子的流速小于水的流速，并有可能使聚合物分子对原油的摩擦力小于水分子的摩擦力。

5.1.2 聚合物交互降黏扩大波及体积机理

将定分子量恒黏度渗流阻力为 R^0 的大段塞，调整为高黏度段塞在前多个黏度逐次降低的精细段塞并进行优化组合，总的渗流阻力仍为 R^0，此时 $R^0=R_1+R_2+\cdots+R_{n-1}+R_n$，但可以使后续段塞渗流阻力降低。从注入端到两段塞界面的剩余压力增高，造成相邻段塞界面压力梯度突变而形成冲击波（图 5.5），驱动聚合物冲过狭窄喉道不断向低渗透孔隙扩展，从而扩大驱油剂的波及体积。但当第一个段塞运移到出口端而采出后，注入端继续注入第 n+1 个段塞（图 5.6），此时总的渗流阻力 $R^1=R_2+R_3+\cdots+R_{n-1}+R_n+R_{n+1}$ 将小于 R^0，会出现注入压力降低或注入量增加的情况。为了保持注入压力恒定，则需要将最后一个阻力为 R_{n+1} 的小段塞换成最高

浓度阻力为 R_1 的第一个段塞。随着后续小段塞的采出，依次进行替换，这样就形成了第二个从浓度和渗流阻力最高到逐次降低的段塞组合，从而不断扩大驱油体系的波及体积。这种注入方式可以称之为交互式逐次降黏（降分子量、降阻力）驱油方式，简称交互降黏驱油方式。

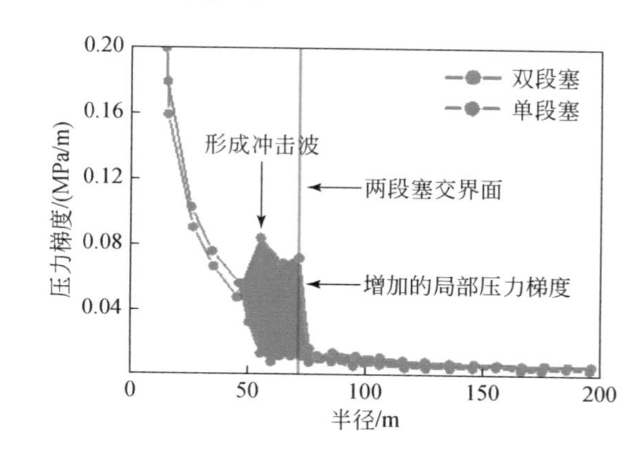

图 5.5　多段塞化学驱井间压力梯度分布图

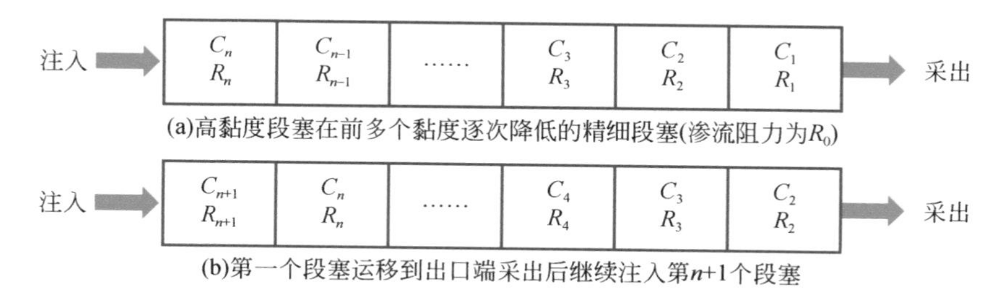

图 5.6　聚合物驱交互降黏示意图

在实际油藏中，聚合物溶液存在遇油层含水稀释、剪切降解以及面对孔隙宏观分布呈非均质性等问题。当聚合物溶液突破一个低渗透区进入高渗透区后，会出现总渗流阻力下降的情况，因此，要在以上机理指导下，结合孔喉分布曲线及精细地质描述来设计交互降黏段塞。

在多油层同时聚驱情况下，根据前述交互降黏扩大波及体积的机理，首先从调剖高渗窜流层开始，前置驱替剂在后续段塞推动下进入高渗透层，使高渗层存在阻力较大部位；逐次降低黏度，使黏度渐降的驱替剂仍沿高渗层进入地层，在遇到高阻力部位后，适合次高渗透率地层的后续驱替剂进入相对应地层，完成对该地层的调剖；继续注入设计的后续驱替剂，在地层纵向上形成均匀移动的前缘，在总压力固定的情况下，相当于提高了局部压力梯度，迫使降低黏度的驱替体系进入更微小的孔隙。在逐次降低黏度的驱替剂进入不同渗透率地层后，水驱的压力将推动不同渗透率地层内流体整体向采出井移动，形成不同渗透率地层都有驱替剂进入并驱替的驱油方式，进而使整个区块的波及效率最大化。当第一个高黏度段塞从高渗透层采出后，整体渗流阻力降低，此时再提高黏度进入第二个黏度逐次降低的组合段塞，实现交互降黏注入。

根据上述交互降黏扩大波及体积的机理，对于多层同时聚合物驱的情况，首先从调剖高渗窜流层开始，前置驱替剂在后续段塞推动下进入高渗透层，使高渗层存在阻力较大部位；逐次降低黏度，使黏度渐降的驱替剂仍沿高渗层进入地层，在遇到高阻力部位后，适合次高渗透率地层的后续驱替剂进入相对应地层，完成对该地层的调剖；继续注入设计的后续驱替剂，在地层纵向上形成均匀移动的前缘，在总压力固定的情况下，相当于提高了局部压力梯度，迫使降低黏度的驱替体系进入更微小的孔隙，在逐次降低黏度的驱替剂进入不同渗透率地层后，水驱的压力将推动不同渗透率地层内流体整体向采出井移动，形成不同渗透率地层都有驱替剂进入并驱替的驱油方式，进而使整个区块的波及效率最大化。当第一个高黏度段塞从高渗透层采出后，整体渗流阻力降低，此时再提高黏度进入第二个黏度逐次降低的组合段塞，实现交互降黏注入。

5.2 聚合物驱逐次降黏驱油实验

无论对于中高渗透油田，还是对于带裂缝的低渗透油田，都可用这一方法提高驱替剂的波及体积。变渗流阻力驱油体系可以根据油田渗透性、非均质性以及裂缝发育情况来设计，考虑到不通过体系的增黏效果，从高至低的体系可以从以下体系中优选，如高黏调驱剂、二元泡沫、聚合物、聚合物-表活剂二元、水、活性水、活性水-气、气。要求这种驱油体系具备的基本特征是初期注入的黏度高，之后黏度逐次降低。

对于不同渗透性油藏，需要采用不同变渗流阻力驱油体系，如对于高渗透油藏，驱油体系可从高黏调驱剂开始到纯水为止；而对于低渗透裂缝性油藏，则可从聚合物-表活剂形成的二元驱油剂开始，直到气驱为止。在设计这种驱油体系时，要考虑现场生产条件，在工程与技术上要便于实现（宋考平等，2010）。

以胡靖邦教授为首的东北石油大学提高油气采收率团队，在1990年完成了聚合物驱油不同组合段塞对驱油效率影响的物理模拟[①]。结果表明，在相同聚合物用

① 胡靖邦、吴凤芝、高振环、韩成林、张玉亮、张祥云、李彩虹、宋文玲、侯强华，聚合物驱油不同组合段塞对驱油效率影响的物理模拟实验研究，“七五”国家重点科技攻关项目成果报告，大庆石油学院，1990年6月。

量和注入速率下，后级段塞浓度为前级段塞浓度之半的“三阶梯”段塞注入方案较整体段塞驱提高 4.09 个百分点。本文通过以下几方面的实验，研究不同组合段塞对波及体积的影响以及交互降黏最大幅度提高原油采收率的驱油方式。

利用发明的一种可视化平面非均质填砂模型对交互式黏度逐次降低变渗流阻力体系提高采收率的机理进行定性的模拟分析，对黏度逐次降低变渗流阻力驱油体系提高波及体积的效果进行直观观察。同时采用微观玻璃蚀刻模型和人造非均质岩心对黏度逐次降低变渗流阻力体系的驱油效果进行定量的评价，证明变渗流阻力方案能够获得更大的波及体积，进而提高水驱或聚驱后的采收率。

5.2.1　可视化平面填砂模型实验

在保证聚合物注入干粉用量一致的条件下，开展二维可视化平面填砂模型实验研究逐次降黏注入方式相比于单一浓度段塞的改善聚合物驱油效果，通过人造岩心驱油实验分析交互式逐次降黏扩大波及体积的作用机理。图 5.7 为可视化平面填砂模型的示意图。

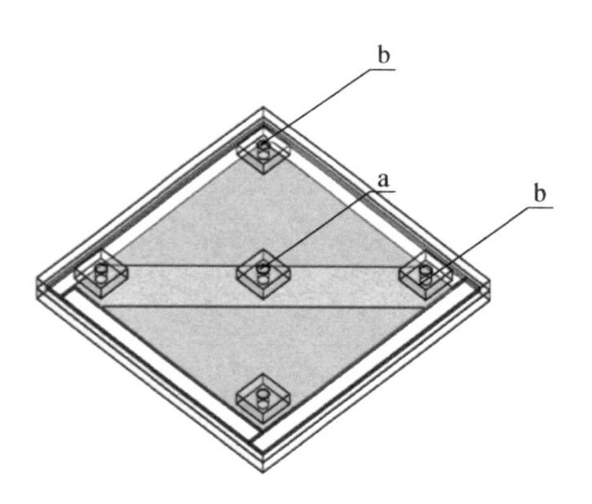

图 5.7　可视化平面填砂模型示意图

a. 注入井；b. 采出井

设计五块平行的人造非均质可视化平面填砂模型，所用聚合物平均分子量为 2500 万，固含量为 89.98%，聚合物干粉用量均为 0.084g。具体实验方案如下所示。

方案 1：用模型 1 先完成水驱，然后进行恒定黏度的聚合物驱。首先水驱到出口计量含水率 98%，然后注入浓度为 3000mg/L 的聚合物溶液 28mL，最后进行后续水驱到出口计量含水率 98%。

方案 2：用模型 2 先完成水驱，然后进行恒定黏度的聚合物驱。首先水驱到出口计量含水率 98%，然后注入浓度为 5000mg/L 的聚合物溶液 16.8mL，最后进行后续水驱到出口计量含水率 98%。

方案 3：首先水驱到出口计量含水率 98%，然后分三个不同黏度的段塞按照高、中、低顺序进行聚合物驱，后续水驱。

方案 4：首先水驱到出口计量含水率 98%，然后分三个不同黏度的段塞按照低、中、高顺序进行聚合物驱，后续水驱。

方案 5：首先水驱到出口计量含水率 98%，然后分五个不同黏度的段塞按照高、中、低、中、高顺序进行聚合物驱，后续水驱。

方案 6：首先水驱到出口计量含水率 98%，然后分五个不同黏度的段塞按照低、中、高、中、低顺序进行聚合物驱，后续水驱。

表 5.1 总结了各个实验方案的注入段塞基础数据和最终波及面积效果，图 5.8 为不同聚合物段塞组合驱油实验的可视化最终波及面积效果图。可以看出，方案 3 获得了最大的波及面积，比恒定黏度的方案 1 波及面积提高 7.7 个百分点。分析认为，由于采用了黏度逐次降低的方式注入，使驱油前缘较均匀地推进，避免了指进和突进现象的形成，同时加强了调剖作用，扩大了聚合物的波及体积。

表 5.1　不同聚合物段塞组合驱油实验的基础数据和最终波及面积效果

方案号	段塞号	溶液浓度/（mg/L）	体系黏度/（mPa·s）	聚合物溶液体积/mL	波及面积/%
1	1	3000	353.9	28	56.5
2	1	5000	682.9	16.8	49.8
3	1	5000	682.9	5.6	64.2
	2	3000	353.9	9.3	
	3	1500	92.6	18.6	
4	1	1500	92.6	18.6	53.3
	2	3000	353.9	9.3	
	3	5000	682.9	5.6	
5	1	5000	682.9	3.4	60.6
	2	3000	353.9	5.6	
	3	1500	92.6	11.2	
	4	3000	353.9	5.6	
	5	5000	682.9	3.4	
6	1	1500	92.6	11.2	59.2
	2	3000	353.9	5.6	
	3	5000	682.9	3.4	
	4	3000	353.9	5.6	
	5	1500	92.6	11.2	

注：聚合物平均分子量为 2500 万，聚合物干粉总用量为 0.084g。

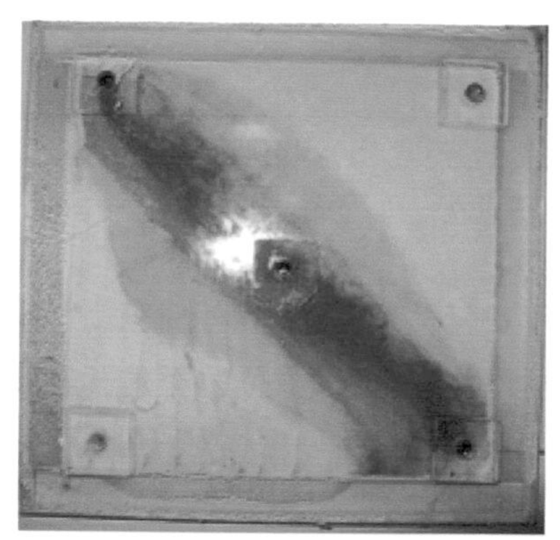

(a)均一浓度3000mg/L聚驱波及面积(56.5%)

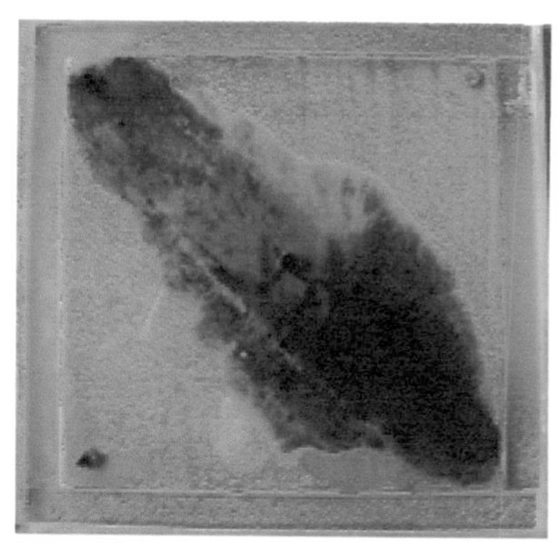

(b)均一浓度5000mg/L聚驱波及面积(49.8%)

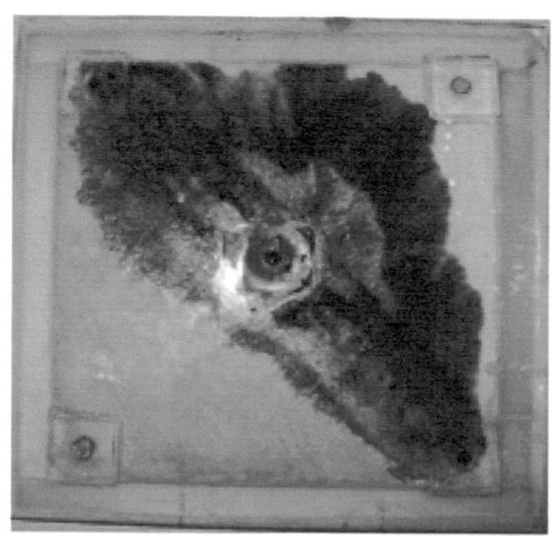

(c)高-中-低聚驱最终波及面积(64.2%)

(d)低-中-高聚驱最终波及面积(53.3%)

(e)高-中-低-中-高组合最终波及面积(60.6%)

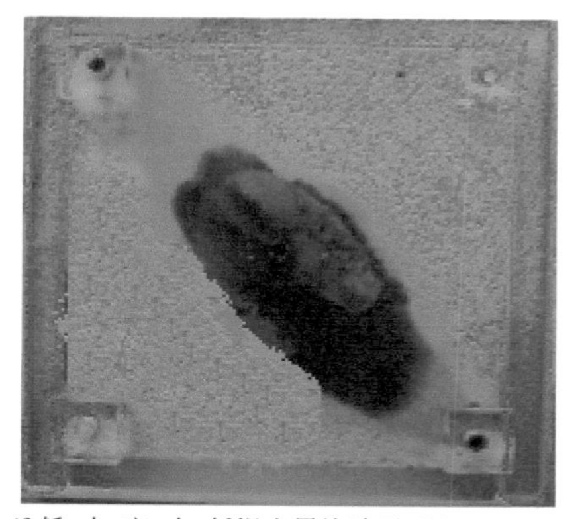

(f)低-中-高-中-低组合最终波及面积(59.16%)

图5.8　不同聚合物段塞组合驱油实验的可视化最终波及面积效果图

5.2.2 可视化微观刻蚀模型驱油实验

为了进一步研究黏度逐次降低驱油方法提高采收率，特别是扩大波及体积的效果，利用玻璃刻蚀的微观可视化模型进行了实验。

1. 实验条件及过程

驱油采用的微观模型为硅油控制润湿性的微观玻璃蚀刻模型，其尺寸为40mm×40mm。油藏岩石的润湿性是指一种流体在其他非混相流体存在的条件下，在固体表面展开或黏附的趋势。在一个由岩石、油、水组成的系统中，主要利用润湿性来衡量岩石是亲水岩石还是亲油岩石。如要形成均匀润湿，需要向岩心中注入一定浓度的硅油，在岩心壁面与硅油充分接触后，岩心润湿性发生改变，即岩心变为油湿岩心。如要形成不均匀润湿（岩心的不同区域具有不同的润湿性），则需将原油成分强烈吸附在岩石的一定部位，因而岩石一部分是强油湿的，而其余部分为强水湿。具体过程为将汽油和硅油充分混合后，再加入水混合并注入岩心，岩心中和硅油接触的部分润湿性变为油湿，与水接触的部分润湿性为水湿不变，进而形成不均匀性润湿。

实验所用岩心分为大小两种孔隙空间，中间为大孔隙，四周为小孔隙。

实验中所使用的油是30℃情况下、黏度为9.5mPa·s的大庆油田第一采油厂原油和煤油配置的模拟油；为聚合物，平均分子量为1700万，由大庆炼化，浓度分别为1000mg/L、1500mg/L和2500mg/L；水驱用水矿化度为508mg/L。

实验的基本步骤如下：

（1）玻璃模型抽空，饱和模拟油；

（2）为模拟油层中流体流动速度，设置驱替速度 0.03mL/h，水驱充分达到20PV；

（3）注入方案设计中的变渗流阻力或恒定阻力化学剂段塞，并实时获取驱替过程中的动态图像；

（4）对图像进行分析，同时计算阶段和总驱油效率；

（5）岩心清洗后待下次使用。

实验中水驱油 20PV 是为了保证孔隙中的剩余油为残余油。岩心驱替速度0.03mL/h 即约 1.0PV/h。

实验所在恒温箱温度控制在30℃。

2. 实验方案及效果

本实验设计了 5 种方案，方案设计方法与 4.2.2 节相同，即对应 4.2.2 节的均匀黏度和变黏度的各方案。方案中聚合物注入速度均为 0.03mL/h，聚合物用量均为 0.135mg，总的注聚时间也相同，方案设计见表 5.2。

表 5.2　微观可视化模型实验方案与驱油效果

方案号	水驱时间/h	聚合物注入方案		采收率/%		
		浓度/（mg/L）	注入时间/h	水驱	聚驱	合计
1	2	1500	3	52.71	20.43	73.14
2	2	2000	1	50.84	28.24	79.08
		1500	1			
		1000	1			
3	2	1000	1	50.64	18.31	68.95
		1500	1			
		2000	1			
4	2	2000	0.5	49.74	26.03	75.77
		1500	0.5			
		1000	1			
		1500	0.5			
		2000	0.5			
5	2	1000	0.5	50.32	25.71	76.03
		1500	0.5			
		2000	1			
		1500	0.5			
		1000	0.5			

不同方案的水驱、聚驱和总体采收率情况见表 5.2，不同方案的最终波及面积如图 5.9 所示。

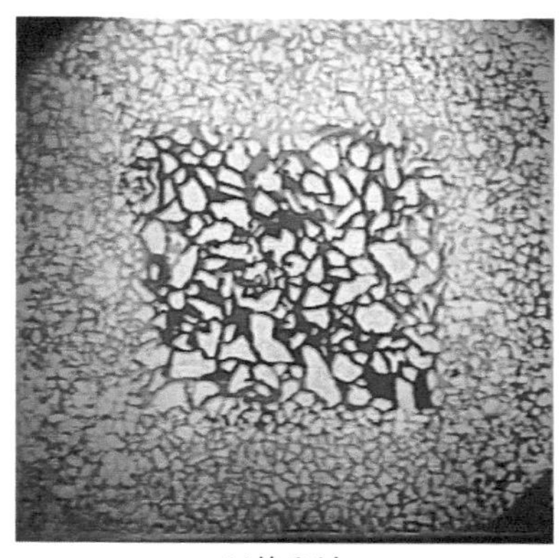

(a)饱和油

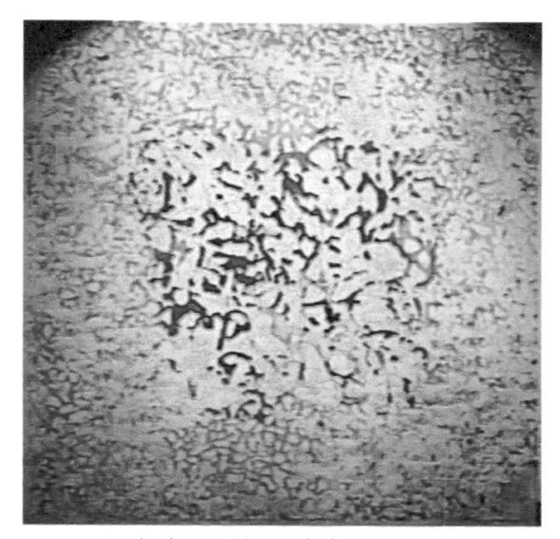

(b)方案1　均一浓度1500mg/L

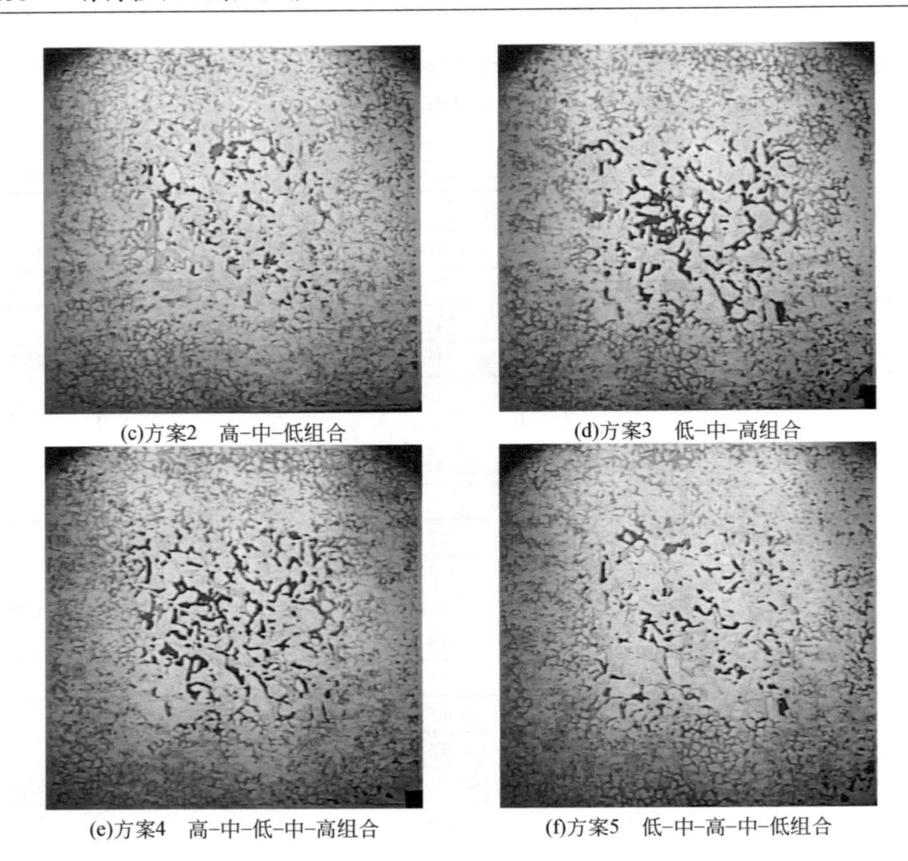

(c)方案2　高-中-低组合　　(d)方案3　低-中-高组合

(e)方案4　高-中-低-中-高组合　　(f)方案5　低-中-高-中-低组合

图 5.9　不同聚合物段塞组合最终驱油效果

实验结果表明，在水驱采收率近似相同的条件下，相同的聚合物质量，采用不同的驱替方式，不同方案得到的聚驱采收率不同。方案 1（等黏度方案）聚驱 3h 后的最终采收率为 73.14%；方案 2 为黏度逐次降低的方案，聚驱结束后的最终采收率为 79.08%，比方案 1 采收率多提高 5.94 个百分点；方案 3 为黏度连续增加体系的注入方案，聚驱结束后的最终采收率为 68.95%；方案 4 为高中低中高注入体系，聚驱结束后的最终采收率为 75.77%；方案 5 为低中高中低注入体系，聚驱结束后的最终采收率为 76.03%，与人造岩心实验结果能够较好吻合。从图 5.9 中区域可以看出，用变渗流阻力黏度逐次降低聚合物溶液体系驱油的效率和波及体积，均高于其他组合体系。

5.2.3　人造岩心驱油实验

1. 实验条件

实验设备同 4.2.1。

实验材料主要有实验用水为模拟地层水、大庆油田第一采油厂污水、清水（取自萨中 2 配制站和中二 2 注入站），清水和污水的离子组成见表 5.3。

表 5.3　清水和污水的离子组成

水质	矿化度/(mg/L)	Cl^-	Na^+、K^+	Ca^{2+}	Mg^{2+}	SO_4^{2-}	HCO_3^-	CO_3^{2-}
污水	5102.63	815.58	1546	32.06	7.3	19.21	120.04	2562.8
清水	304.95	53.1	50.6	28.06	7.29	9.61	30.01	126.28

实验用油为按照一定比例将煤油混入大庆油田第一采油厂原油中制成的模拟油，黏度为 9.8mPa·s（45℃）。

所用岩心为人造三层非均质岩心（4.5cm×4.5cm×30cm），平均渗透率为 $1100\times10^{-3}\mu m^2$（渗透率分别为 $300\times10^{-3}\mu m^2$、$800\times10^{-3}\mu m^2$、$2200\times10^{-3}\mu m^2$），变异系数为 0.72。正韵律，高渗层在下，低渗层在上。

所用聚合物为大庆炼化生产平均分子量为 2500 万，固含量 89.98%，部分水解聚丙烯酰胺。

2. 实验方案

方案 1：恒定渗流阻力的聚合物驱。首先水驱到出口含水率 98%，然后注入浓度为 1665mg/L 的聚合物溶液 0.6PV，后续水驱至出口含水率 98%。

方案 2：变渗流阻力的聚合物驱。首先水驱到出口计量含水率 98%，然后分三个不同黏度的段塞按照高-中-低的顺序进行聚合物驱，后续水驱至出口含水率 98%，段塞基本数据见表 5.4。

各方案中聚合物用量保持一致，均为 1000PV·（mg/L）。

3. 实验结果与分析

不同方案的水驱、聚驱阶段和总体采收率情况见表 5.4，不同方案的化学驱阶段特征曲线如图 5.10、图 5.11 所示。

对比两方案可以看出，在相同的聚合物用量条件下，黏度逐次递减的方法能够得到更高的采收率，方案 2 比方案 1 聚合物驱采收率多提高 6.53%，在岩心上的实验和填砂模型及玻璃微观蚀刻实验均得到了相同的结果。

表 5.4　不同方案聚合物溶液注入数据和采收率

方案号	注入段塞情况			孔隙度/%	饱和度/%	采收率/%		
	浓度/（mg/L）	注入量/PV	黏度/（mPa·s）			水驱	聚驱	合计
1	1665	0.60	65.8	25.8	78.1	36.09	18.14	54.23
2	2400	0.19	223.1	26.6	76.7	36.81	24.67	61.48
	1450	0.25	82.3					
	600	0.30	30.6					

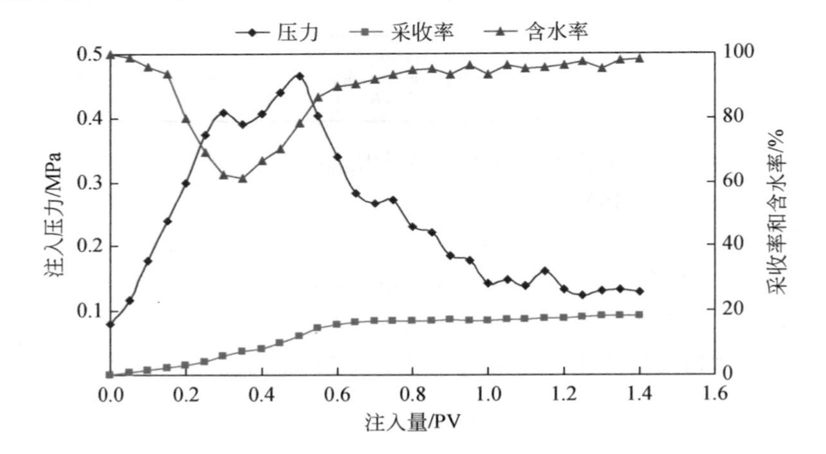

图 5.10　恒定黏度方案化学驱阶段特征曲线

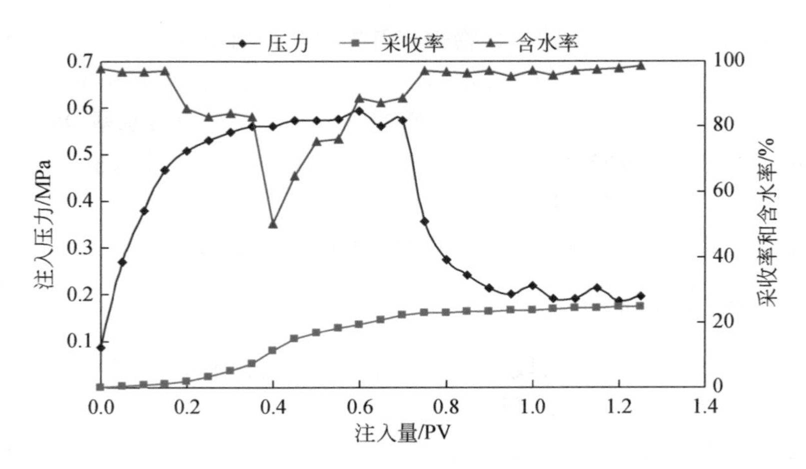

图 5.11　黏度逐次降低方案化学驱阶段特征曲线

结合交互降黏变渗流阻力提高采收率的机理，对比两方案的压力变化情况。在聚合物驱阶段，黏度逐次降低的方案压力明显高于恒定黏度的方案，说明逐次降低黏度的三个段塞起到了调剖的作用，避免了驱油体系在高渗透层形成主流通道，这样提高了岩心的局部压力梯度，逐渐形成了均匀推进的驱替前缘。后续黏度逐渐降低体系的连续注入，保证了驱替前缘保持均匀推进，此时的含水率也逐渐降低，采出液中含油量明显增加，说明变渗流阻力体系进入了低渗层，扩大了低渗层波及体积，提高了低渗透部位的动用程度，可见变渗流阻力体系有利于开发厚油层内弱水洗层和未水洗层部位的剩余油。

在后续水驱阶段，变渗流阻力体系的压力同样高于恒定黏度体系，在水驱压力近似相等的情况下，说明残余阻力系数前者也大于后者。聚合物溶液相对流度的大小可以用阻力来衡量，而聚合物对岩石渗透率永久性降低的能力则用残余阻力系数来衡量。在油层渗透率一定的情况下，聚合物的阻力系数和残余阻力系数决定了聚合物驱油效果、改善流度比和降低油层渗透率的能力。聚合物溶液的阻力系数越大，说明聚合物在油层中的渗流阻力越大，这就越有利于扩大聚合物在油层中的波及体积；残余阻力系数越大，说明油层孔隙介质的渗透率下降的百分比越大，即对提高原油采收率更有利。

5.3　聚合物交互降黏驱油实验

较大的原油黏度是驱替效率低和注入流体驱替波及系数低的主要原因，这是由于较大的原油黏度会存在较大的渗流阻力，地层流体难以流动。当驱替流体在孔喉中流动时，驱替流体会将孔喉中的流体驱替带走，于是在孔喉的壁面附近形成速度梯度，因而流层之间有内摩擦力，原油将受到内擦阻力。若原油的黏度越大，内擦阻力将越大，即黏滞阻力，它将成为阻碍渗流的主要影响因素。因此，对交替变渗流阻力注入实验的结果进行分析研究，以此来进行聚合物交互降黏驱油技术的可行性分析。

1. 实验设备和材料

实验用到的主要设备有以下几点。

（1）双联自控恒温箱，控制精度为±1℃；

（2）平流泵：型号 LB-1，北京卫星制造厂生产，流速范围为 0.1～600mL/h，控制精度为 0.01mL/h，用于驱替实验恒、变速控制；

（3）真空泵：Weleh Duo Seal Vaeuum Pump 1402 型一台，用于岩心抽空饱和；高速旋片式真空泵一台，ZXZ-4 型，用于聚合物溶液抽空过滤；

（4）WCJ-801 型控温磁力搅拌器，用于聚合物溶液的配制；

（5）压力传感器：低量程 DP130-26 型，量程为 3.5kPa；中量程 DT15-TL 型，量程为 35.0kPa；高量程 DT15-TL 型，量程为 140kPa。根据实验要求可选择不同量程以满足测压精度要求；

（6）黏度计：用于测定聚合物黏度；

（7）电子天平：精度为 0.001g；

（8）气瓶、容器等。

实验用水为饱和用水为人工合成盐水，矿化度为 6778mg/L，配制聚合物溶液用水为现场回注水。

实验所用化学剂是部分水解聚丙烯酰胺（HPAM），平均分子量为 2500 万，固含量为 89.98%；模拟油为试剂级液体石蜡。

具体实验流程如下：

（1）将黏结好的模型抽空 4h 后，饱和矿化度为 6778mg/L 的人工合成盐水，测量孔隙度；

（2）饱和模拟油；

（3）按规定的驱替速度水驱至模型出口含水 98%以上；

（4）进行聚合物驱，当达到所规定的体积时，转为后续水驱；

（5）后续水驱至出口含水 98%以上，计算最终波及体积；

（6）根据不同的方案进行驱替，计算不同方案的最终波及体积。

2. 聚合物黏-浓关系

测定了所用聚合物的黏-浓关系，绘制了黏-浓关系曲线。

清水配制四种聚合物母液 5000mg/L，然后污水稀释为 1000mg/L、1500mg/L、2000mg/L 和 2500mg/L 四种目的液，测试其黏度，绘制黏-浓关系曲线。

聚合物溶液黏度与浓度关系实验结果见表 5.5 和图 5.12。

表 5.5　黏度测试结果

浓度/（mg/L）	黏度/（mPa·s）			
	1600 万	1900 万	2500 万	3500 万
1000	18.1	19.2	37.8	40.8
1500	38.5	39.5	71.7	88.5
2000	72.0	73.2	152.0	180.8
2500	153.2	156.6	297.0	366.0

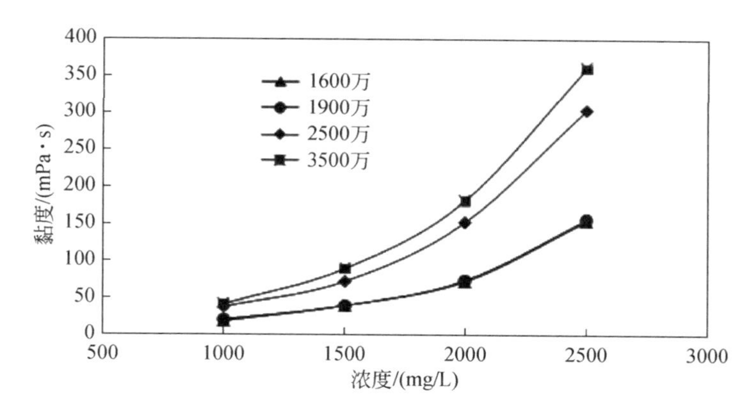

图 5.12　聚合物溶液黏浓关系

从表 5.5 和图 5.12 可知，聚合物溶液的浓度对其黏度存在影响。随着聚合物溶液浓度的升高，四种聚合物溶液黏度均呈上升趋势。从增黏性角度分析，3500 万聚合物增黏性最好，其他聚合物增黏性随分子量下降依次下降。

3. 实验流程和方案

（1）地层水配制、聚合物溶液的准备和人造岩心制作；

（2）抽真空至真空度 98%达 2h 以上，对岩心饱和模拟地层水，测定岩心孔隙体积，建立原始束缚水；

（3）45℃下饱和油至 2PV，同时原始含油饱和度达到 70%以上时认为满足条件；

（4）采用 6 支岩心并联，同注分采的方式进行空白水驱，水质为一厂污水，水驱至 6 支岩心出口综合含水到达 98%时结束，分别采集压力值，各时间段产液量、产水量及产油量；

（5）注入化学驱聚合物段塞，按实验方案交替注入相应段塞，分别采集各时间段压力变化值、产液量、产水量及产油量，一直驱替至模型出口综合含水 98%以上结束；

（6）分别计算各阶段采收率，总采收率，各方案中岩心分流率等指标，综合分析不同交替注入方案的驱油效果，并给出最佳交替注入方案，各实验方案如表（5.6）所示。

交替注入实验方案设计如表 5.6 所示，其中方案 1～方案 7 交替周期为 0.1PV，即每个段塞注入 0.1PV，方案 8～方案 14 交替周期为 0.2PV，方案 15～方案 21 交替周期为 0.4PV，方案 2 为单段塞不交替的方案。为区分对比注入分子量类型，本章用“高分”代指 2500 万分子量聚合物，“低分”代指 1600 万分子量聚合物，与现场实际常用名称不同。

表 5.6　交替注入实验方案

<table>
<tr><th>方案号</th><th>段塞号</th><th>分子量/万</th><th>浓度/（mg/L）</th><th>交替周期/PV</th></tr>
<tr><td rowspan="2">1</td><td>1</td><td rowspan="2">1600</td><td>2000</td><td rowspan="14">0.1</td></tr>
<tr><td>2</td><td>1000</td></tr>
<tr><td rowspan="2">2</td><td>1</td><td rowspan="2">2500</td><td>2000</td></tr>
<tr><td>2</td><td>1000</td></tr>
<tr><td rowspan="2">3</td><td>1</td><td>2500</td><td rowspan="2">1000</td></tr>
<tr><td>2</td><td>1600</td></tr>
<tr><td rowspan="2">4</td><td>1</td><td>2500</td><td rowspan="2">2000</td></tr>
<tr><td>2</td><td>1600</td></tr>
<tr><td rowspan="2">5</td><td>1</td><td>2500</td><td>1000</td></tr>
<tr><td>2</td><td>1600</td><td>2000</td></tr>
<tr><td rowspan="2">6</td><td>1</td><td>2500</td><td>2000</td></tr>
<tr><td>2</td><td>1600</td><td>1000</td></tr>
<tr><td rowspan="2">7</td><td>1</td><td>1600</td><td>1000</td></tr>
<tr><td>2</td><td>2500</td><td>2000</td></tr>
<tr><td rowspan="2">8</td><td>1</td><td rowspan="2">1600</td><td>2000</td><td rowspan="6">0.2</td></tr>
<tr><td>2</td><td>1000</td></tr>
<tr><td rowspan="2">9</td><td>1</td><td rowspan="2">2500</td><td>2000</td></tr>
<tr><td>2</td><td>1000</td></tr>
<tr><td rowspan="2">10</td><td>1</td><td>2500</td><td rowspan="2">1000</td></tr>
<tr><td>2</td><td>1600</td></tr>
<tr><td rowspan="2">11</td><td>1</td><td>2500</td><td rowspan="2">2000</td><td rowspan="8">0.2</td></tr>
<tr><td>2</td><td>1600</td></tr>
<tr><td rowspan="2">12</td><td>1</td><td>2500</td><td>1000</td></tr>
<tr><td>2</td><td>1600</td><td>2000</td></tr>
<tr><td rowspan="2">13</td><td>1</td><td>2500</td><td>2000</td></tr>
<tr><td>2</td><td>1600</td><td>1000</td></tr>
<tr><td rowspan="2">14</td><td>1</td><td>1600</td><td>1000</td></tr>
<tr><td>2</td><td>2500</td><td>2000</td></tr>
<tr><td rowspan="2">15</td><td>1</td><td rowspan="2">1600</td><td>2000</td><td rowspan="4">0.4</td></tr>
<tr><td>2</td><td>1000</td></tr>
<tr><td rowspan="2">16</td><td>1</td><td rowspan="2">2500</td><td>2000</td></tr>
<tr><td>2</td><td>1000</td></tr>
</table>

续表

方案号	段塞号	分子量/万	浓度/（mg/L）	交替周期/PV
17	1	2500	1000	0.4
	2	1600		
18	1	2500	2000	
	2	1600		
19	1	2500	1000	
	2	1600	2000	
20	1	2500	2000	
	2	1600	1000	
21	1	1600	1000	
	2	2500	2000	
22	—	2500	2000	不交替

4. 交替周期的影响

1）交替周期对分流率影响特征和剖面返转研究

合理的交替周期不易发生剖面返转现象，过大或过小的段塞出现剖面返转现象相对较早。聚合物驱过程中的注入剖面变化在注聚初期表现为其吸水剖面与水驱基本相同，即聚合物溶液主要还是进入高渗透层。随着高渗透层渗流阻力的增加，聚合物溶液开始进入低渗透层，注入剖面得到改善。随着低渗透层聚合物溶液的不断进入，其渗流阻力增加，导致其吸水比例逐渐下降，吸水剖面出现返转。低渗透油层相对吸水量开始下降的点称为返转点，在某些情况下，随着注聚量的增加，低渗透层的相对吸水量达到某一低值后，又会呈增加趋势，两个开始增加点之间的注入倍数称为一个返转周期。

先注高分 1600 万分子量 2000mg/L 聚合物溶液，再注低分 1600 万分子量 1000mg/L 聚合物溶液，0.1PV、0.2PV 和 0.4PV 不同方案实验岩心的分流率及单段塞不交替的方案分流率情况分别见图 5.13～图 5.16。

从图 5.13 可以看出，单一段塞调整剖面作用较差，而图 5.13～图 5.16 的各交替注入方案延迟了出现剖面返转现象的时间，交替周期为 0.2PV 时可以更好地抑制注聚合物驱替过程中的剖面返转，使剖面返转出现的时期更晚，即聚合发挥效用的时间更长，这样可以抑制高渗层在注聚过程中形成优势主流通道，保证低渗层在注聚阶段保持较高的分流率，进而得到更好的动用。图 5.17 为不同交替周期注聚阶段低渗层吸液比例。

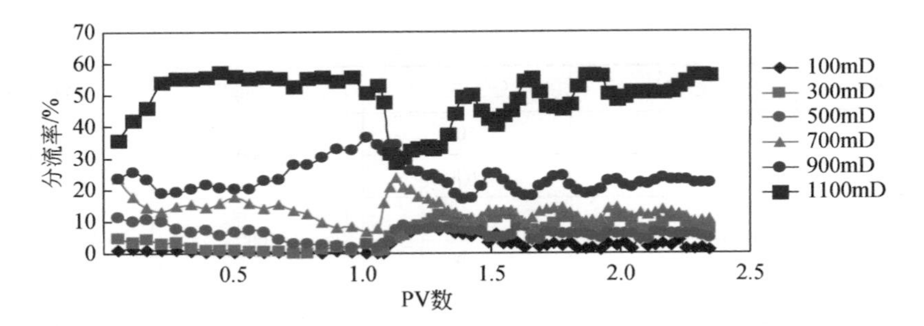

图 5.13　0.1PV（低分 2000mg/L-低分 1000mg/L）方案分流率

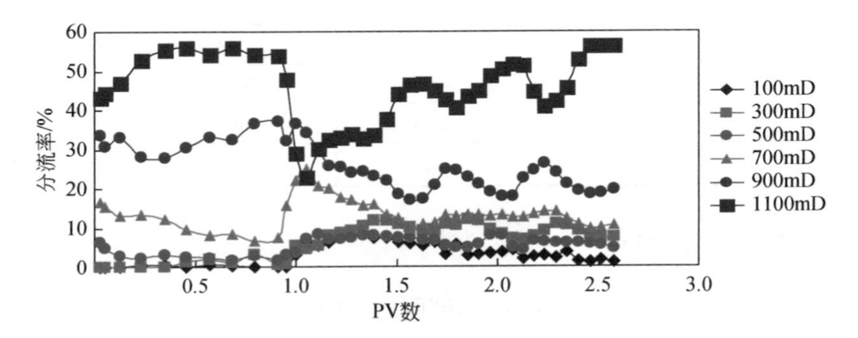

图 5.14　0.2PV（低分 2000mg/L-低分 1000mg/L）方案分流率

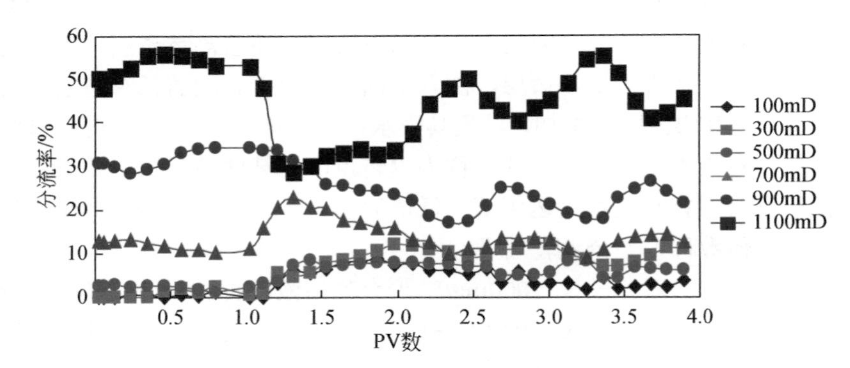

图 5.15　0.4PV（低分 2000mg/L-低分 1000mg/L）方案分流率

0.2PV 交替周期可增加低渗层吸液比例，图 5.17 分别为 0.1PV、0.2PV 和 0.4PV 交替注入时注聚阶段低渗层吸液比例。不论 $100\times10^{-3}\mu m^2$、$300\times10^{-3}\mu m^2$、$500\times10^{-3}\mu m^2$ 这三个低渗透层单层还是三层合计吸液比例，在 0.2PV 交替情况下相对 0.1PV 和 0.4PV 交替均较大，说明合适的交替周期和段塞大小对提高低渗层动用程度，从而提高低渗层和总体油藏最终采收率作用效果明显。

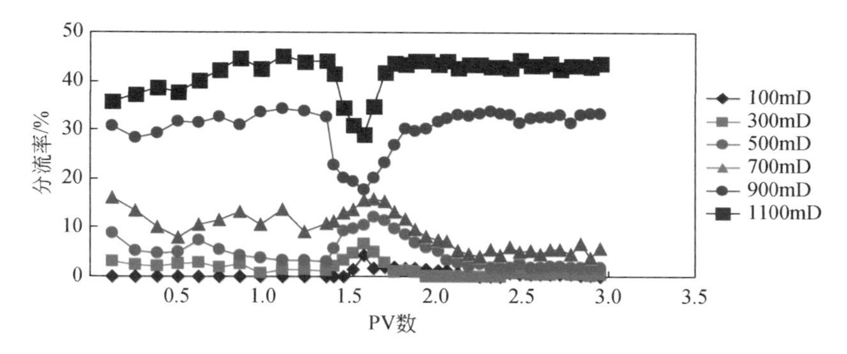

图 5.16　单一段塞（高分 2000mg/L）方案分流率

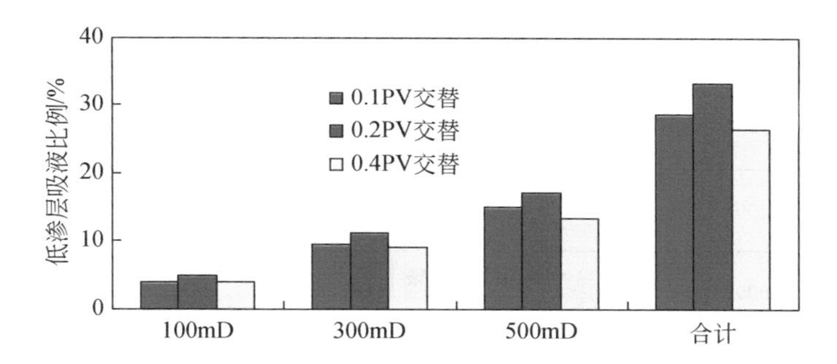

图 5.17　不同交替周期注聚阶段低渗层吸液比例（低分 2000mg/L-低分 1000mg/L）

2）交替周期对含水率变化的影响

对比了不同交替注入周期方案在聚驱阶段的含水变化情况，如图 5.18 所示。

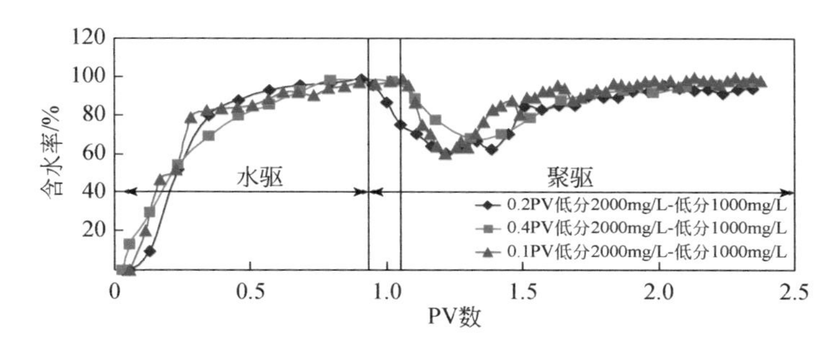

图 5.18　不同交替周期聚驱阶段含水变化（低分 2000mg/L-低分 1000mg/L）

对比低分 2000mg/L-低分 1000mg/L 方案，分别采用交替注入周期为 0.1PV、0.2PV 和 0.4PV 的交替注入方案，0.2PV 交替方案在聚驱阶段达到了最低含水率，并且在低点保持时间较长，而 0.1、0.4PV 交替方案在含水到达低点后，含水上升相对较快，说明交替周期段塞大小为 0.2PV 时注入，使含水率维持在低点时间更长，延长了聚驱受效时间。

3）交替周期对采收率的影响

对比了相同交替顺序不同交替周期方案的采收率情况，见表 5.7。

方案 1、方案 8 和方案 15 均为低分 2000mg/L-低分 1000mg/L 方案，在水驱采收率近似的情况下，交替周期为 0.2PV 的注入方案 8 在注入量达到 2000PV（mg/L）时聚驱采收率达到 31.95%，而交替周期为 0.1PV 的注入方案 1 聚驱采收率为 31.16%，交替周期为 0.4PV 的注入方案 15 聚驱采收率为 30.14%，交替周期为 0.2PV 的注入方案 8 提高采收率幅度最大。

表 5.7　各方案采收率

方案号	段塞号	分子量/万	浓度/（mg/l）	注入量/［2000PV·（mg/L）］	水驱采收率/%	注入量达到2000PV·（mg/L）聚驱采收率/%	总采收率/%	交替周期/PV
1	1	1600	2000	6 个周期+段塞 1	41.26	31.16	72.42	0.1
	2		1000					
8	1	1600	2000	3 个周期+0.1PV 段塞 1	40.03	31.95	71.98	0.2
	2		1000					
15	1	1600	2000	1 个周期+段塞 1	39.43	30.14	69.57	0.4
	2		1000					
22	1	2500	2000	1.0PV	40.29	29.50	69.79	不交替

综合以上数据，交替注入的方案聚驱阶段驱油效果普遍好于单段塞不交替的方案，而交替周期为 0.2PV 的注入方案聚驱效果好于交替周期为 0.1PV 和 0.4PV 的注入方案，聚驱阶段采收率最高。

分析其原因是合理的交替周期能够增加低渗层吸液量，聚合物有效调整了吸液剖面。但交替周期过于频繁时（0.1PV），段塞尺寸较小，高浓（高黏度）段塞不能在高渗层形成有效的封闭遮挡作用，近似于单一段塞注入，不能抑制剖面返转，低渗层吸液量仍不高；而 0.4PV 交替时，段塞过大，改变渗流阻力的效果也不好，同时 0.4PV 在现场实际注入时段塞已经足够大，接近注聚合物量经济上的最优值。因此认为，交替注入能够增加低渗层吸液量，有效改善非均质油层驱油效果，但存在一个最佳交替周期大小，就实验模拟的大庆油田一类非均质油层而言，交替周期为 0.2PV 时可获得最佳驱油效果。

5. 交替注入方式的影响

本节在交替周期相同，即均为 0.2PV 的情况下，通过对比不同交替注入方式表现的分流率、动态变化特征和对非均质油层的驱油效果，优选出最佳交替注入方式。

1）不同注入方式分流率特征

不同注入方式分流率情况如图 5.19～图 5.25 所示。

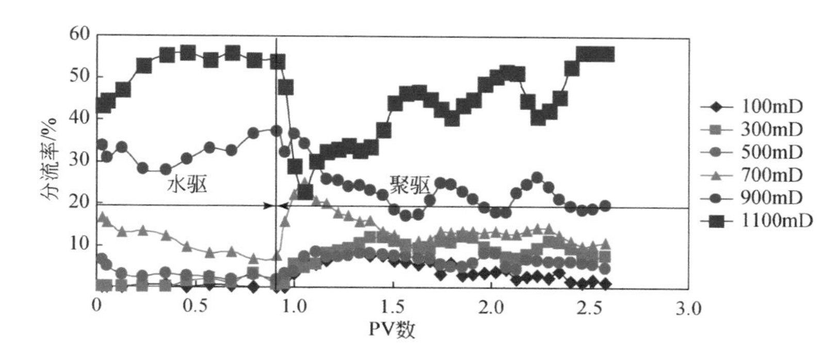

图 5.19 方案 8（低分 2000mg/L-低分 1000mg/L）分流率

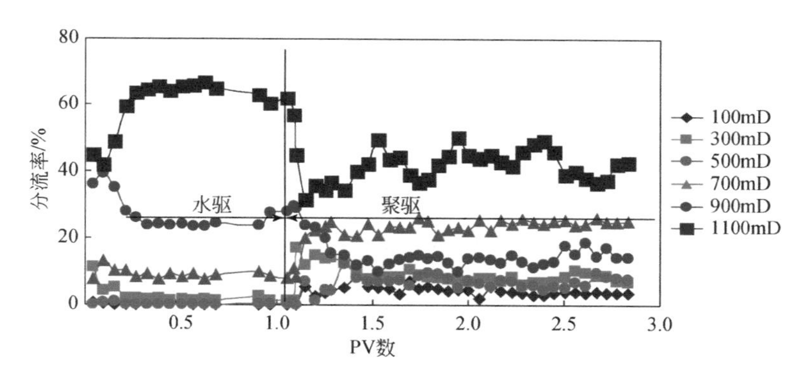

图 5.20 方案 9（高分 2000mg/L-高分 1000mg/L）分流率

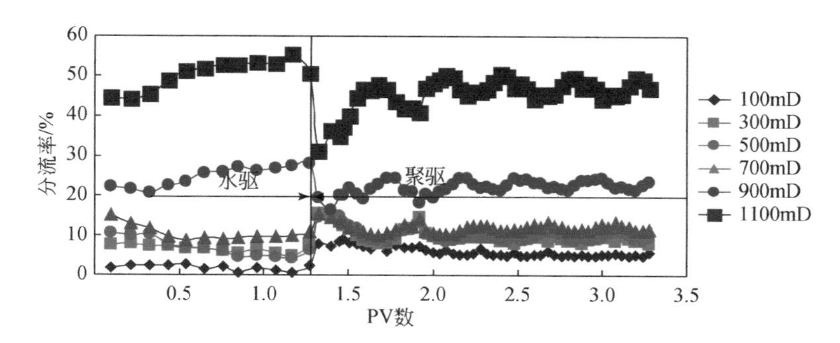

图 5.21 方案 10（高分 1000mg/L-低分 1000mg/L）分流率

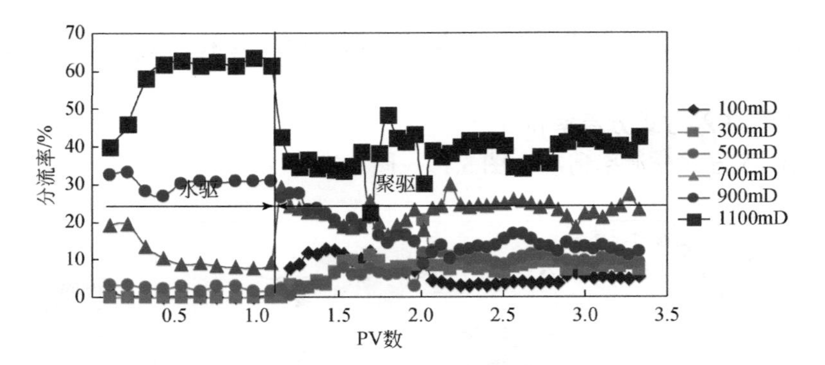

图 5.22　方案 11（高分 2000mg/L-低分 2000mg/L）分流率

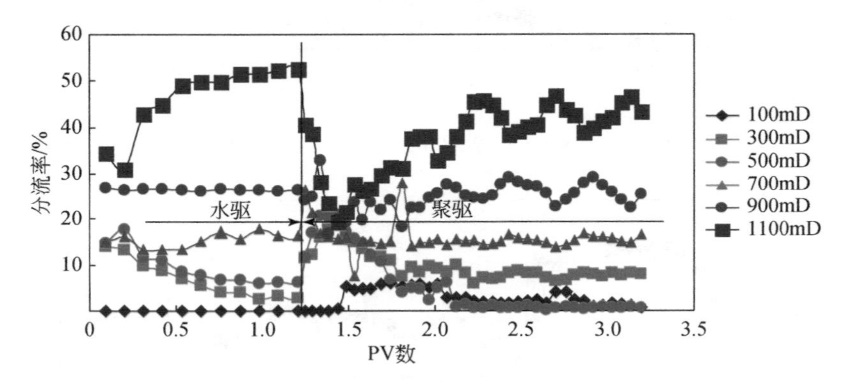

图 5.23　方案 12（高分 1000mg/L-低分 2000mg/L）分流率

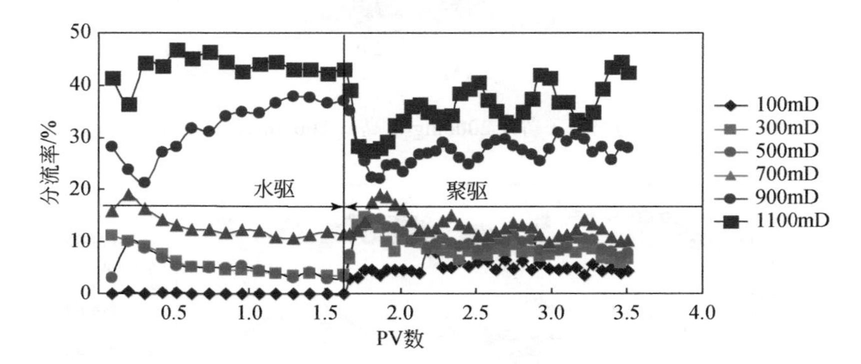

图 5.24　方案 13（高分 2000mg/L-低分 1000mg/L）分流率

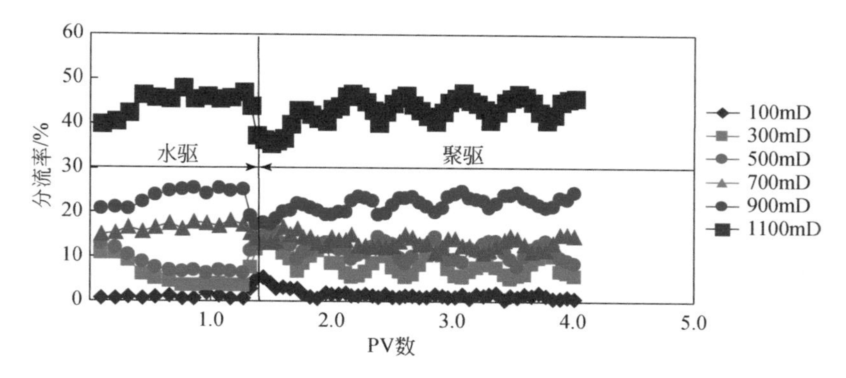

图5.25　方案14（低分1000mg/L-高分2000mg/L）分流率

从图5.19～图5.25可见，交替周期为0.2PV的各注入方案均起到了控制高渗层分流率、提高低渗层分流率的作用，在注聚阶段，渗透率为$1100\times10^{-3}\mu m^2$、$900\times10^{-3}\mu m^2$的岩心分流率普遍下降，渗透率为$100\times10^{-3}\mu m^2$、$300\times10^{-3}\mu m^2$、$500\times10^{-3}\mu m^2$的岩心分流率增大，但是下降和增加的幅度与交替注入方式有关，方案9、方案11和方案13均为高分2500万分子量、2000mg/L段塞在前方案，其控制分流、提高低渗透层分流的效果普遍好于低分低浓在前的方案。

方案8为低分高浓段塞在前的方案，虽然分子量较低，但是由于前置段塞浓度较高，同样起到了抑制高渗层分流率、增加低渗层分流率较好的效果。

方案10为高分1000mg/L-低分1000mg/L的交替顺序，由于前后交替的段塞浓度均为普通浓度，聚合物溶液黏度较低，起到的改变高低渗透层吸液的效果最差。

总结以上规律认为，高分、高浓段塞在前的交替顺序好于低分或低浓在前的交替顺序。

2）采收率和含水率和压力情况

不同注入方式方案的采收率、含水率和压力情况如图5.26～图5.32所示。

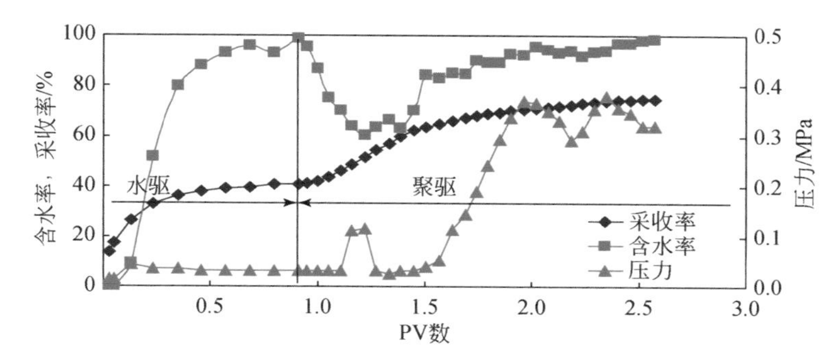

图5.26　方案8（低分2000mg/L-低分1000mg/L）含水率、采收率和压力曲线

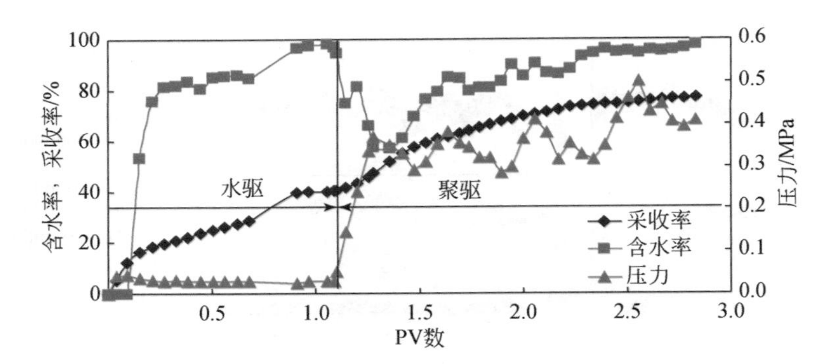

图 5.27 方案 9（高分 2000mg/L-高分 1000mg/L）含水率、采收率和压力曲线

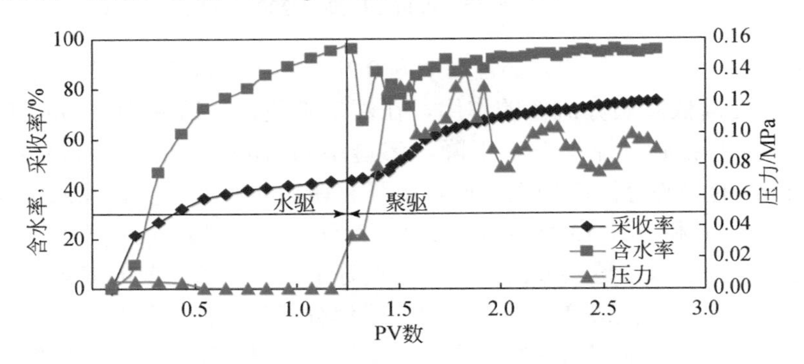

图 5.28 方案 10（高分 1000mg/L-低分 1000mg/L）含水率、采收率和压力曲线

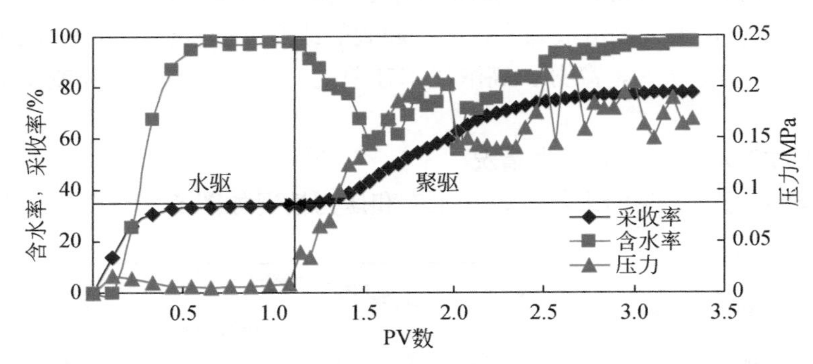

图 5.29 方案 11（高分 2000mg/L-高分 1000mg/L）含水率、采收率和压力曲线

对比 0.2PV 的 7 个方案的含水率曲线，多数表现出在聚驱阶段震荡上升，该特点不同于单一段塞注入，单一段塞一般含水下降到最低点后上升，很难出现第二次下降点。对比不同方案，方案 9（高分 2000mg/L-高分 1000mg/L）、方案 11（高分 2000mg/L-低分 2000mg/L）和方案 13（高分 2000mg/L-低分 1000mg/L）在聚驱阶段含水下降到最低点后上升，又多次出现含水下降的情况，延长了聚驱受

效时间，交替注入效果明显。方案 10（高分 1000mg/L-低分 1000mg/L）前后段塞均为低浓段塞，虽然整体含水下降幅度相对较小，但由于分子量的变化，也出现了含水率下降到最低点又出现含水下降的情况，从此方面也可认为驱油效果应当好于单一分子量低浓段塞注入。

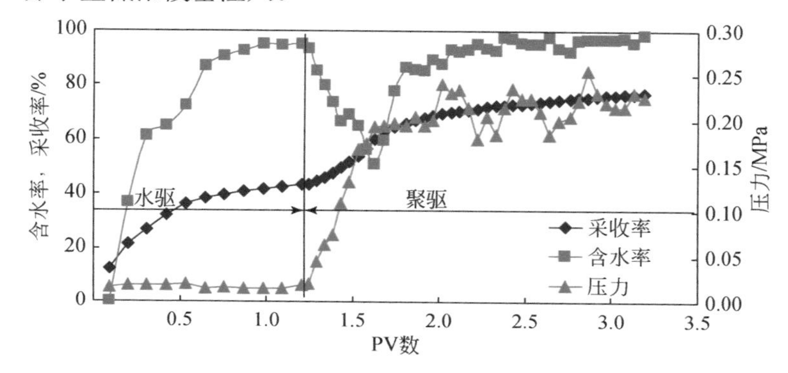

图 5.30　方案 12（高分 2000mg/L-高分 1000mg/L）含水率、采收率和压力曲线

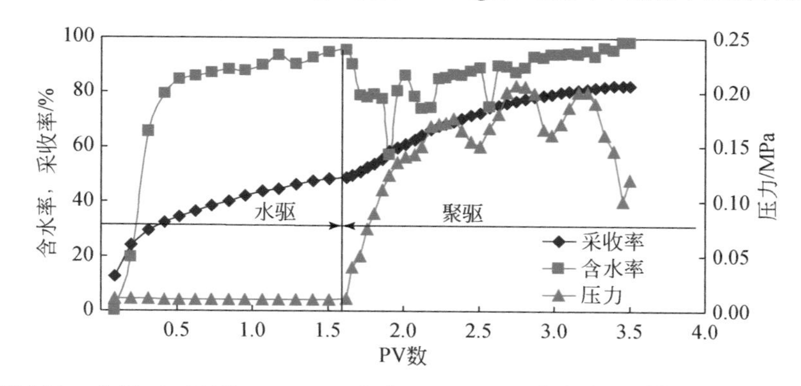

图 5.31　方案 13（高分 2000mg/L-高分 1000mg/L）含水率、采收率和压力曲线

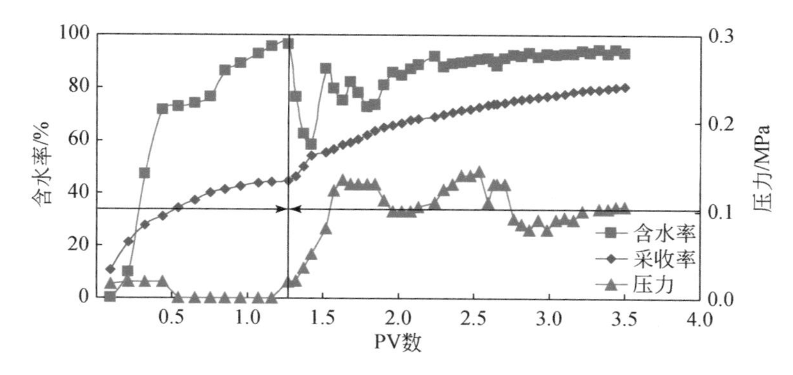

图 5.32　方案 14（低分 1000mg/L-高分 2000mg/L）含水率、采收率和压力曲线

对比 0.2PV 7 个方案的压力曲线，由于交替注入段塞而使聚驱阶段压力产生振荡变化，注入高浓或高分段塞时压力较高，注入低分或低浓时压力较低，压力高低顺序为高分高浓＞低分高浓＞高分低浓＞低分低浓，注高分高浓时压力达到最高为 0.5MPa。

3）聚驱阶段含水情况对比

交替注入周期为 0.2PV 的 7 个方案的聚驱阶段含水情况如图 5.33 所示。

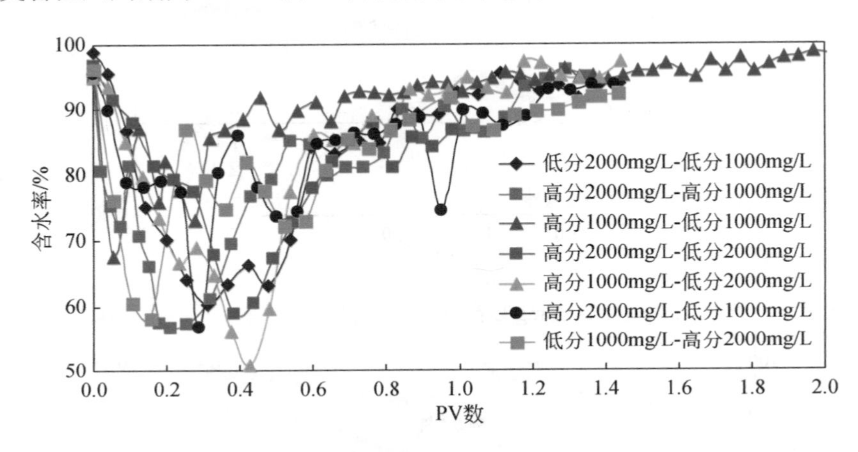

图 5.33 交替注入周期为 0.2PV 时聚驱阶段含水情况对比曲线

对比交替注入周期为 0.2PV 的 7 个方案，高分 2000mg/L-高分 1000mg/L 方案和高分 2000mg/L-低分 2000mg/L 方案在聚驱阶段达到了较低含水率，并且保持时间较长。高分 1000mg/L-低分 2000mg/L 方案在聚驱过程中含水虽然达到了 7 个方案中的最低点，但由于其很快上升，所以提高采收率幅度有限。高分 1000mg/L-低分 1000mg/L 方案的含水下降程度最低，并且含水上升最快。

4）采收率对比

交替注入周期为 0.2PV 的 7 个方案的采收率情况对比如表 5.8 所示。

在水驱采收率近似相同的情况下，注入量为 2000PV·（mg/L）时，聚驱阶段采收率最高为高分 2000mg/L-高分 1000mg/L 交替方案，聚驱采收率在水驱基础上提高了 34.51%，总采收率达 74.86%；其次为高分 2000mg/L-低分 2000mg/L 交替方案，聚驱采收率在水驱基础上提高了 33.54%，总采收率达 73.11%；第三为高分 2000mg/L-低分 1000mg/L 交替方案，聚驱采收率在水驱基础上提高了 32.90%，总采收率为 74.75%；第四为低分 2000mg/L-低分 1000mg/L 交替方案，聚驱采收率在水驱基础上提高了 31.95%，总采收率为 71.98%；第五为高分 1000mg/L-低分 2000mg/L 交替方案，聚驱采收率在水驱基础上提高了 30.27%，总采收率为

70.77%；第六为低分 1000mg/L-高分 2000mg/L 交替方案，聚驱采收率在水驱基础上提高了 30.19%，总采收率为 71.48%；最后为高分 1000mg/L-低分 1000mg/L 交替方案，聚驱采收率在水驱基础上提高了 30.11%，总采收率为 70.37%。

表 5.8　交替注入周期为 0.2PV 时不同方案采收率

方案号	段塞号	分子量/万	浓度/（mg/L）	注入量/［2000PV·（mg/L）］	水驱采收率/%	2000PV·（mg/L）注入量时聚驱采收率/%	总采收率/%
8	1	1600	2000	3 个周期+0.1PV 段塞 1	40.03	31.95	71.98
	2		1000				
9	1	2500	2000	3 个周期+0.1PV 段塞 1	40.35	34.51	74.86
	2		1000				
10	1	2500	1000	5 个周期	40.26	30.11	70.37
	2	1600					
11	1	2500	2000	2 个周期+段塞 1	39.57	33.54	73.11
	2	1600					
12	1	2500	1000	3 个周期+段塞 1	40.50	30.27	70.77
	2	1600	2000				
13	1	2500	2000	3 个周期+0.1PV 段塞 1	41.85	32.90	74.75
	2	1600	1000				
14	1	1600	1000	3 个周期+段塞 1	41.29	30.19	71.48
	2	2500	2000				

对比相同注入周期下不同交替方式的方案，注入量为 2000PV·（mg/L）时，方案 9、方案 11 和方案 13 为高浓高分在前的交替顺序，普遍好于方案 8、方案 10、方案 12 和方案 14 低分或低浓在前的交替注入顺序；分子量交替顺序一致，浓度不同时，段塞全部为高浓聚合物交替的方案 11 好于段塞全为普浓聚合物交替的方案 10。

高分高浓聚合物段塞在前时，浓度变化的方案 9 优于分子量变化的方案 11。

因此，最佳交替注入顺序和方式为高分聚合物，浓度交替变化的方案 9（高分 2000mg/L-高分 1000mg/L）。

第 6 章　进一步提高采收率理论与技术展望

在油藏经历了水驱及化学驱之后，采出液的含水率往往可达 95%以上，继续采用水驱或化学驱采油不仅效率低，而且投入成本高，很难保证经济有效开发。因此对于提高这一类特高含水油藏采收率需要在已有技术基础上，探索新的驱替方式或对水驱及化学驱技术进行一定程度上的改善。

地层原油密度通常小于注入水或注入化学剂的密度，这种重力差异导致在水驱和化学驱过程中，注入流体会率先进入到油藏底部储层，特别是高渗层位于油藏底部时，更会加剧这一现象，导致注入流体突破早，垂直波及效率低，降低了原油采收率。基于这类特高含水油藏主要剩余油潜力在层内中上部的实际情况，以扩大层内垂向波及体积为主攻方向，并以提高新波及区域的水洗强度为重要方式，能够有效控制采出液含水率进一步上升和提高原油采收率。应重点攻关以下方面的理论和技术。

6.1　已有理论技术的精细化应用

在常规的水驱方式基础上，特别是针对厚度较大的主力油层，通过更加精细的油藏描述，更加精准的加密井、水平井、层系细分与重构，以及压裂、堵水、调剖、酸化、补孔、周期注采、转注、检换泵、调参等措施，采用化学驱交互式逐次降黏等调整技术，实现流场调控，形成有利于驱替上部剩余油的流场，进而扩大层内波及体积和中上部驱油强度，能够有效促进采收率的提高。继续发展“二三结合”理论和技术并大范围推广，使二次开发的水驱和三次采油的化学驱更加紧密地结合，通过调整压力场、渗流阻力场、流场，可以扩大垂向波及体积，并提高低、未水洗部位的驱替强度，这是继续提高原油采收率的重要途径。

6.2　超临界 CO_2 驱油提高采收率

在我国的特高含水油藏内，除了近注采井区域以外，基本上都能达到 CO_2 的超临界状态。超临界 CO_2 的密度一般为 200～900kg/m^3，是比水轻、比气重的流体，非常适合驱替层内中上部的剩余油。但常规的超临界 CO_2 注入往往因油气流度差异大而导致黏性指进，同时也存有重力分异导致的重力超覆现象。因此，研究超临界CO_2流体增黏驱油扩大波及体积及防窜技术，加之对驱油过程中增强流动性和一致性控制，能够大幅度提高原油采收率。

向特高含水油藏注入超临界CO_2可有效提高采收率，在继续加强超临界CO_2增黏扩大波及体积及防窜技术研究的同时，应开展超临界CO_2密度调整驱油技术的研究：注入液态CO_2后，从注入井到采出井是一个高压低温到低压高温的变化过程，通过超前注入、交互驱替、周期注采，压力场、温度场、流场、相态等调控，可以对CO_2密度分布及变化规律进行调整，得到最有利于扩大波及体积和提高采收率的结果。

在储层高压高温条件下，CO_2与原油混合，产生低表面张力和低黏度的流体，更易于驱油。此外，CO_2能够侵入未被水驱侵入的区域，导致残余油的减少和释放。1952年，Whorton和Brownscombe推出了第一个二氧化碳提高采收率（EOR）技术专利，在特定的压力、温度和油的组成条件下，二氧化碳可以与油相混溶，导致油黏度降低、体积膨胀，降低界面张力。注CO_2驱油或吞吐是低渗、致密以及页岩油藏至关重要的增产和提高采收率的技术，但对于特高含水的中高渗透油藏，在生产中应用较少，还存在大量理论和技术问题尚待解决。

为了控制CO_2在储层内的流动性，大量研究者已经进行了许多尝试，包括直接使用CO_2增稠剂来增加CO_2的黏度，或加入化学剂产生泡沫增加CO_2的阻力等。在CO_2捕获、封存和利用（CCUS）整体目标下，在绝大多数油藏难以实现CO_2与原油混相的情况下，增黏的超临界CO_2驱和泡沫防窜技术将会成为水驱及化学驱后油层进一步大幅度提高原油采收率的强力举措。

6.3　化学驱油技术的推广

经过多年的努力，我国化学驱油技术适用的油藏条件越来越广泛，水驱油藏中渗透率在30mD以上的油层都可以进行化学驱。其中，聚合物驱是较为成熟的技术，较好地解决了耐高温高盐的问题，可以在特高含水油田全面推广应用，二元和三元复合驱则将采收率进一步大幅提高到更高的台阶。通过注入浓度、分子量的调节，加上无效、低效循环定点精准调控，扩大垂向波及体积，则可更好地发挥化学驱提高采收率的效能。

6.4　人工智能与纳米科技的研究和应用

人工智能和纳米科技的成果将为特高含水油藏增油控水及提高采收率注入了新的活力，国内外在此方面已取得多项研究成果。针对层内垂向剩余油挖潜，有关人工智能和纳米科技方面的研究，是油藏工程领域的热门方向，通过学科交叉研究，在无效循环量化智能识别、驱油体系扩大波及体积智能控制，在纳米材料增加驱油体系强度、提高驱油效率、绿色高效大幅度提高采收率等方面有望取得重大突破。

6.5　全油藏整体开发理论与技术

以贾承造院士为首的科技攻关团队，提出了全油气系统（whole petroleum system）新概念并建立了常规和非常规油气联合共生的分布模式（Jia，2017，2021；Jia et al.，2023），阐明了全油气系统理论的基本原理，郭旭升院士、郝芳院士以及付金华、赵贤正、庞雄奇、宋岩等多位学者发表了有关方面大量的研究成果。

全油气系统中的基本理论和思路可以延伸到特高含水油田的开发，在垂向剩余油挖潜和提高采收率方面寻找新的出路。例如，将整个油藏系统中的储层、盖层、隔（夹）层、层内小泥质夹层等统一考虑，油、气、水及不同驱油体系物理、化学作用综合研究，压力场、温度场、密度场、流场、渗流阻力场、相态场等整体优化，加密井网井型、压裂、调剖、堵水、侧钻等工程技术高效智能化实施，充分利用厚隔层，同时打破层内小泥质夹层和薄隔（夹）层的限制，变薄层为厚层，提高油层上部的渗透率，将最难解决的层内矛盾向相对容易解决的平面矛盾和层间矛盾转化，最大幅度挖潜垂向剩余油，最大幅度提高水驱老油田采收率，确保油田更加长期的高产稳产。

参 考 文 献

安纪星，刘静，罗安银，等. 2017. 致密油储层测井有效性评价方法. 长江大学学报（自科版），14（23）：33-38.

鲍俊军，乌永兵. 2019. 铸体薄片的制片方法. 辽宁化工，48（6）：531-533.

别爱芳，冀光，张向阳，等. 2007. 产量构成法中措施产量劈分及预测的两种方法. 石油勘探与开发，（5）：628-632.

曹成. 2014. 高潮等离散裂缝网络模型与有限元方法在页岩气藏数值模拟中的研究. 化工管理，（6）：84-85.

曹瑞波. 2009. 聚合物驱剖面返转现象形成机理实验研究. 油气地质与采收率，16（4）：71-73.

曹瑞波，韩培慧，侯维虹. 2009. 聚合物驱剖面返转规律及返转机理. 石油学报，30（2）：267-270.

曹瑞波，韩培慧，孙刚. 2011. 变黏度聚合物段塞交替注入驱油效果评价. 石油钻采工艺，33（6）：88-91.

柴晓龙，田冷，王恒力，等. 2022. 一种利用毛管压力确定致密储层岩石润湿性的方法. 科学技术与工程，22（31）：13730-13737.

陈宝玉. 2016. 基于多学科思路的无效循环识别方法. 大庆石油地质与开发，35（4）：98-101.

陈淦. 1991. 克拉玛依砾岩油藏开发阶段的划分及第III开发阶段的生产规律. 新疆石油地质，（1）：71-80.

陈科，张旭东，何伟，等. 2021. 河流相储层渗透率对水驱微观驱替效果的影响及挖潜方向研究. 油气藏评价与开发，11（5）：694-702.

陈明强. 2021. 致密储层孔隙网络模型及跨尺度传输规律研究. 北京：中国石油大学（北京）.

程杰成，王德民，吴军政，等. 2000. 驱油用聚合物的分子量优选. 石油学报，21（1）：102-106.

程杰成，周泉，周万富，等. 2020. 低初黏可控聚合物凝胶在油藏深部优势渗流通道的封堵方法及应用. 石油学报，41（8）：969.

崔传智，赵晓燕. 2004. 考虑油藏储层参数变化的数值模拟研究. 水动力学研究与进展（A 辑），（S1）：912-915.

戴建文，王亚会等. 2021. 海相砂岩稠油油藏高速水驱后矿物成分与孔喉结构变化规律. 当代化工，50（1）：204-208，216.

董驰，宋考平，石成方，等. 2017. 快速预测水驱油井分层动态指标的新方法.新疆石油地质，38（2）：233-239.

杜庆龙. 2016. 长期注水开发砂岩油田储层渗透率变化规律及微观机理. 石油学报，37（9）：

1159-1164.
杜庆龙，朱丽红. 2004. 油、水井分层动用状况研究新方法. 石油勘探与开发，（5）：96-98.
付强，杜志敏，王硕亮. 2020. 考虑动态相对渗透率曲线的油藏数值模拟方法. 中国海上油气，32（1）：79-86.
付艳波，刘仁强. 2009. 运用“四参数法”判别低效无效注水循环体. 大庆石油地质与开发，28（3）：74-78.
付志国，杨青山，刘宏艳，等. 2007. 低效、无效循环层测井识别描述方法. 大庆石油地质与开发，（3）：26.
盖英杰，吕德灵，郭元灵. 2000. 高含水期油藏分阶段数值模拟. 油气采收率技术，（1）：54-56.
高博禹，彭仕宓，黄述旺. 2004. 胜坨油田二区沙二段 3 砂层组分阶段油藏数值模拟. 石油勘探与开发，（6）：82-84.
高中亮，李洪博，张丽丽，等. 2023. 有限元数值模拟技术在潜山裂缝定量预测中的应用——以珠江口盆地惠州凹陷惠州 26 构造为例. 地质论评，69（2）：591-602.
顾文欢，刘月田，杨宝泉，等. 2014. 大孔道内流体流动规律的物理模拟实验. 科技导报，32（36）：75-79.
郭分乔. 2010. 砂岩油田经济极限含水率的预测方法. 大庆石油学院学报，34（3）：77-79.
郭红鑫，程林松，王鹏，等. 2022. 碳酸盐岩油藏不同裂缝产状岩心水驱油实验及水驱规律. 油气地质与采收率，29（6）：105-112.
郭京哲，郭小军，赵明，等. 2023. 基于多矿物模型的致密砂岩脆性指数常规测井评价方法——以鄂尔多斯盆地桐川地区长 7 段为例. 地球物理学进展，38（4）：1590-1602.
郭晶晶，王帝贺，王攀荣，等. 2023. 基于数字岩心的低渗储层孔隙结构及水驱剩余油分布特征. 特种油气藏，30（2）：101-108.
韩大匡. 2010. 关于高含水油田二次开发理念，对策和技术路线的探讨. 石油勘探与开发，37（5）：583-591.
何善斌，顾九骊，阳波，等. 2022. 华庆油田 X 区油藏工程方法研究. 中国石油和化工标准与质量，42（23）：121-123.
贺斌，吴伟，杨满. 2023. 利用三维数字岩心技术评价低渗透砂砾岩储层孔隙结构. 非常规油气，10（3）：15-21.
胡罡. 2012. 多层油藏油井生产井段跨度界限研究. 新疆石油地质，33（1）：72-74.
胡绿慧. 2006. 基于分形插值的砂体展布规律预测研究. 成都：成都理工大学.
胡书勇，张烈辉，罗建新，等. 2006. 砂岩油藏大孔道的研究——回顾与展望. 特种油气藏，（6）：10-14.
黄鹤. 2008. 辽河油区注水油田不同开发阶段产量变化规律研究. 大庆：大庆石油学院.
黄修平，黄伏生，卢双舫，等. 2007. 喇嘛甸油田特高含水期注采无效循环识别方法.大庆石油地质与开发，26（1）：76-78，82.
黄延章. 1997. 低渗透油层非线性渗流特征. 特种油气藏，（1）：9-14.
黄义涛. 2020. 不同隔夹层特征非均质油藏水驱规律及流场演化特征研究. 北京：中国石油大学（北京）.
黄迎松. 2019. 压裂井组非线性渗流模型求解. 石油钻探技术，47（6）：96-102.
姜春浴. 2020. 机采井智能控制装置的现场应用. 化学工程与装备，（2）：130-132.
姜汉桥，刘奋，刘伟. 2003. 不完全可逆变形介质油藏流体渗流模型及其数值解. 水动力学研究与进展（A 辑），（3）：343-348.
姜瑞忠，陈月明，邓玉珍，等. 1996. 胜坨油田二区油藏物理特征参数变化数值模拟研究. 油气采收率技术，（2）：50-56.
姜瑞忠，乔欣，滕文超，等. 2016. 基于面通量的储层时变数值模拟研究. 特种油气藏，23（2）：69-72.
姜瑞忠，崔永正，胡勇，等. 2019. 基于储层物性时变的聚合物驱数值模拟. 断块油气田，26（6）：751-755.
姜宇玲，周琴，关富佳，等. 2015. 基于气水相渗的合采气井产量劈分方法. 大庆石油地质与开发，34（5）：73-76.
金忠康，方全堂，王磊，等. 2016. 考虑储集层参数时变效应的数值模拟方法与应用. 新疆石油地质，37（3）：342-345.
阚利岩，张建英，梁光迅，等. 2002. 薄互层砂岩油藏产量劈分方法探讨. 特种油气藏，（S1）：37-39.
李昂，于浩波，谢斌，等. 2017. 基于有限体积法的致密油储层数字岩心中流动与传热研究. 测井技术，41（2）：135-140.
李季，罗东红，刘蜀知，等. 2011. 注水量与产液量的劈分方法研究. 内蒙古石油化工，37（6）：141-143.
李继强，胡世莱，杨棽垚，等. 2018. 水驱气藏产水气井产能计算数学模型. 特种油气藏，25（5）：89-92.
李江涛，汪志明，魏建光，等. 2019. 基于格子玻尔兹曼和有限差分方法的页岩气升尺度渗流模拟. 大庆石油地质与开发，38（3）：144-151.
李金宜，罗宪波，刘英宪，等. 2021. LD 油田高倍数水驱油效率实验研究. 石油化工高等学校学报，34（6）：42-49.
李平，樊平天，孙敏，等 . 2021. 特低渗油田历史拟合和调整方案研究. 中国石油和化工标准与质量，41（23）：93-95.
李威，李伟，闫正和，等. 2021. 考虑相渗时变的数值模拟历史拟合方法及应用. 天然气与石油，39（1）：67-73.

李文浩，卢双舫，王民，等. 2022. 基于扫描电镜大视域拼接技术定量表征致密储层微观非均质性. 石油与天然气地质，43（6）：1497-1504.

李文红，任超群，林瑞敏，等. 2019. 一种新的水驱油藏多层合采井产量动态劈分方法. 中国海上油气，31（4）：89-95.

李小彬. 2021. 基于三维数字岩心的岩石孔隙结构表征及弹渗属性模拟研究. 北京：中国地质大学.

李欣宇. 2016. 杏北扶余油层特低渗储层特征及含油性评价. 大庆：东北石油大学.

李鑫，金利，沈忠山，等. 2023. 特高含水老区油田断层构造大斜度定向井挖潜技术探讨. 非常规油气，10（2）：80-87.

李阳. 2009. 陆相高含水油藏提高水驱采收率实践. 石油学报，30（3）：396-399.

李阳，王端平，刘建民. 2005. 陆相水驱油藏剩余油富集区研究. 石油勘探与开发，32（3）：91-96.

李宜强，何书梅，赵子豪，等. 2023. 基于剩余油动用规律的高含水油藏水驱扩大波及体积方式实验. 石油学报，44（3）：500.

梁正中，许红涛，李昌. 2022. 低渗致密储层物性对含油性的控制作用浅析——以鄂尔多斯盆地西南缘为例. 地球物理学进展，37（6）：2417-2427.

廖顺舟. 2021. 高含水油藏储层黏土矿物含量变化特征及其对开发的影响. 复杂油气藏，14（2）：85-89.

林承焰，余成林，董春梅，等. 2011. 老油田剩余油分布——水下分流河道岔道口剩余油富集. 石油学报，32（5）：829-835.

林承焰，孙廷彬，董春梅，等. 2013. 基于单砂体的特高含水期剩余油精细表征. 石油学报，34（6）：1131-1136.

林玉保，张江，刘先贵，等. 2008. 喇嘛甸油田高含水后期储集层孔隙结构特征. 石油勘探与开发，35（2）：1590.

刘超，张雪芳，田博，等. 2021. 渤海海域Z油田水驱开发储层物性变化规律. 海洋地质前沿，37（1）：61-67.

刘红岐，李宝莹，王万福，等. 2014. 锦16区块储层及优势通道特征分析.西南石油大学学报（自然科学版），36（6）：60-68.

刘伟. 2004. 高含水期油藏多轮次调剖流体渗流模型及其数值解. 山东大学学报（理学版），（5）：8-13.

刘显太. 2011. 中高渗透砂岩油藏储层物性时变数值模拟技术. 油气地质与采收率，18（5）：58-62.

刘晓彤，轩玲玲，朱春艳，等. 2021. 中高渗透稠油油藏大孔道动态评价. 现代地质，35（2）：388-395.

龙明，徐怀民，陈玉琨，等. 2012. 结合相对渗透率曲线的KHK产量劈分方法研究. 石油天然气学报，34（4）：114-118.
卢欢，王清斌，杜晓峰，等. 2019. 低渗透储层类型划分及储层敏感性主控因素——以渤海海域古近系为例. 石油学报，40（11）：1331-1345.
卢异，胡浩，成亚斌，等. 2022. 多模型的油藏模拟自动历史拟合方法研究. 西南石油大学学报（自然科学版），44（6）：97-104.
罗超，曾凤凰，尹楠鑫，等. 2019. 高含水油田大孔道特征及控制机理分析以陇东地区延 9 油组为例. 西北大学学报（自然科学版），49（3）：428-436.
马俊修. 2016. 基于混合有限元方法的各向异性油藏数值模拟研究. 成都：西南石油大学.
欧伟明. 2019. 基于有限差分法的裂缝和孔隙地层对井中声波影响的研究. 长春：吉林大学.
庞惠文，金衍，高彦芳，等. 2021. 风城油田齐古组油砂细观结构和渗流特征. 新疆石油地质，42（4）：487-494.
权景明. 2016. 基于 RSD 方法随钻测井曲线实时对比技术研究. 测井技术，40（2）：180-183.
上官禾林. 2014. 基于压汞法的油页岩孔隙特征的研究. 太原：太原理工大学.
邵晓岩，杨学武，孟令为，等 . 2022. W 油田 C_6 低渗透油藏水驱后储层特征变化规律. 特种油气藏，29（5）：107-112.
司睿，石成方，王英圣，等. 2022. 基于驱替单元的水驱油藏动用状况分类评价方法. 大庆石油地质与开发，42（1）：73-82.
宋考平，王立军，何鲜，等. 2000. 单层剩余油分布及动态指标预测动态劈分法. 石油学报，(6)：122-126.
宋考平，吴玉树，计秉玉. 2006a. 水驱油藏剩余油饱和度分布预测的 φ 函数法. 石油学报，(3)：91-95.
宋考平，杨秋荣，付青春，等. 2006b. 模糊综合评判方法判断低效循环井层. 钻采工艺，(4)：35-37.
宋考平，任刚，夏惠芬，等. 2010. 变黏度聚合物驱提高采收率方法. 东北石油大学学报，34(5)：71-74.
隋军，廖广志，牛金刚. 1999. 大庆油田聚合物驱油动态特征及驱油效果影响因素分析. 大庆石油地质与开发，18（5）：17-20.
孙东盟，孙灵辉，萧汉敏，等. 2021. 页岩储层微观孔隙特征及连通性表征综述. 天然气与石油，39（6）：95-101.
孙洪国，周丛丛，张雪玲，等. 2018. 大庆油田特高含水期三元复合驱层系优化组合方法研究. 长江大学学报（自科科学版），15（9）：28-33.
孙焕泉，杨勇，王海涛等. 2023. 特高含水油藏剩余油分布特征与提高采收率新技术. 中国石油大学学报：自然科学版，47（5）：90-102.
谭礼洪，蔡明，蔡德洋，等. 2022. 基于核磁实验的致密砂岩束缚水饱和度研究. 当代化工，51

（5）：1066-1070.
谭龙，王晓光，程宏杰，等. 2021. 玛湖致密砾岩油藏注烃类气混相驱油藏数值模拟. 西南石油大学学报（自然科学版），43（5）：193-202.
唐潮，陈小凡，杜志敏，等. 2018. 基于有限体积法的裂缝性油藏两相流动模型. 石油学报，39（8）：924-936.
唐绪川. 2017. 基于有限体积法的页岩气藏压裂水平井生产动态模拟方法研究. 成都：西南石油大学.
汪新光，郇金来，彭小东，等. 2022. 基于数字岩心的致密砂岩储层孔隙结构与渗流机理. 油气地质与采收率，29（6）：22-30.
王德民，程杰成，杨清彦. 2000. 粘弹性聚合物溶液能够提高岩心的微观驱油效率. 石油学报，21（9）：45-51.
王德民，王刚，吴文祥，等. 2008. 黏弹性驱替液所产生的微观力对驱油效率的影响. 西安石油大学学报（自然科学版），20（1）：45-51.
王冬梅，韩大匡，侯维虹，等. 2007. 聚合物驱剖面返转类型及变化规律. 大庆石油地质与开发，26（4）：96-99.
王付勇，赵久玉. 2022. 基于深度学习的数字岩心图像重构及其重构效果评价. 中南大学学报（自然科学版），53（11）：4412-4424.
王刚. 2009. 粘弹性无碱二元体系提高采收率机理研究. 大庆：大庆石油学院.
王记俊，孙强，凌浩川，等. 2023. 基于沉积特征和冲刷程度的注采优化研究. 天然气与石油，41（1）：68-74.
王珏，刘义坤，徐庆. 2019. 喇嘛甸油田厚油层内液量劈分方法研究. 化学工程师，33（1）：19-22.
王君如，杨胜来，曹庚杰，等. 2020. 致密油注水吞吐影响因素研究及数学模型建立. 石油化工高等学校学报，33（6）：26-31.
王启民，廖广志，牛金刚. 1999. 聚合物驱油技术的实践与认识. 大庆石油地质与开发，21（4）：11-15.
王塞塞. 2019. 基于多目标算法的油藏历史拟合与生产优化的研究. 青岛：中国石油大学（华东）.
王少椿，付铄然，郭凌空，等. 2023. 基于模拟有限差分法的水驱油藏渗透率时变数值模拟研究. 成都：成都理工大学.
王羽君，赵晓东，周伯玉，等. 2022. 基于高压压汞-恒速压汞的低渗砂岩储层孔隙结构评价. 断块油气田，29（6）：824-830.
王正茂，阎存章，刘明新. 2004. 出砂储层流固耦合渗流数值模拟. 乌鲁木齐：第十八届全国水动力学研讨会.
王志东，汪德爟，赖锡军. 2003. 非正交同位网格中的SIMPLE算法. 河海大学学报（自然科学版），（5）：509-512.

王志伟. 2009. 聚驱后等流度平行多段塞提高采收率方法研. 青岛：中国石油大学（华东）.
魏帅帅，沈金松，杨午阳，等. 2020. 基于微观结构信息的缝洞型孔隙介质等效渗透率的有限差分计算方法. 物探化探计算技术，42（2）：157-168.
魏真真，朱善瑜，等. 2021. 鄂尔多斯盆地陇东地区长 8 段储层特征及成岩相定量研究. 科学技术与工程，21（29）：12519-12528.
巫旭狄，鲁洪江，郭波，等. 2022. 基于数字岩心的哈得逊油田东河砂岩储层不同层理类型微观精细描述. 成都理工大学学报（自然科学版），49（5）：552-560.
吴巍，周孝德，王新宏，等. 2010. 复杂边界大尺度流场模拟中同位网格的实施. 西北农林科技大学学报（自然科学版），38（5）：209-216.
吴湘. 1998. 油田不同开发阶段油藏数值模拟工作特点及发展方向. 石油勘探与开发，（3）：57-59.
吴徐鹏. 2018. 孤东七区西馆上段测井曲线时间一致性校正研究. 北京：中国石油大学（北京）.
吴忠维，崔传智，杨勇，等. 2018. 高含水期大孔道渗流特征及定量描述方法. 石油与天然气地质，39（4）：839-844.
夏惠芬，王德民，刘仲春，等. 2001. 粘弹性聚合物溶液提高微观驱油效率的机理研究. 石油学报，22（4）：60-65.
夏惠芬，王德民，侯吉瑞，等. 2002. 粘弹性聚合物溶液对驱油效率的影响. 大庆石油学院学报，26（2）：109-111.
向进. 2017. 吞吐稠油开发阶段划分及各阶段开发特点研究. 海峡科技与产业，215（5）：176-177.
肖阳，张茂林，梅海燕. 2005. 油藏数值模拟求解中的 IMPIMS 方法. 内蒙古石油化工，（10）：131-133.
肖曾利，蒲春生，秦文龙，等. 2007. 低渗油藏非线性渗流特征及其影响. 石油钻采工艺，（3）：105-107.
谢进庄，朱焱，郑华，等. 2006. 特高含水期油田动态监测系统优化技术研究. 石油学报，27（1）：77-80.
熊山，王学生，张遂，等. 2019. WXS 油藏长期水驱储层物性参数变化规律. 岩性油气藏，31（3）：120-129.
熊昕东，杨建军，刘坤，等. 2004. 运用劈分系数法确定注水井单井配注. 断块油气田，（3）：56-59.
熊钰，姜杰，王建君，等. 2009. 油水井分层产量计算新方法. 石油地质与工程，23（5）：72-74.
徐飞，姜汉桥，刘铭，等. 2023. 基于 2.5D 微流控技术的黏土矿物运移对喉道封堵与原油运移的影响. 大庆石油地质与开发，42（4）：64-73.
徐文斌. 2020. 岩石类型分类在碳酸岩油藏动态模型中的应用. 内蒙古石油化工，46（3）：109-113.

许璟，葛云锦，贺永红，等. 2023. 鄂尔多斯盆地延长探区长7油层组泥页岩孔隙结构定量表征与动态演化过程. 石油与天然气地质，44（2）：292-307.

颜世翠. 2023. 基于多测井曲线联合分析的石炭系裂缝性致密储层物性分析及应用. 工程地球物理学报，20（1）：56-62.

杨宏伟，吕德灵，张玉晓. 2015. 不同含水阶段油藏数值模拟开发预测精度分析——以垦西71块东营组为例. 长江大学学报（自然科学版），12（2）：72-74.

杨永华，罗东坤，常瑞清，等. 2015. 大庆油田机械采油方式单耗变化规律. 大庆石油地质与发，34（5）：87-90.

姚秀田，盖丽鹏，崔传智，等. 2023. 多种驱替方式后储层物性及剩余油变化规律研究——以GD油田中一区Ng3单元11-检11井区为例. 科学技术与工程，23（4）：1488-1493.

姚振杰，赵洋，李剑，等. 2021. J区块注水开发储层物性变化规律研究. 非常规油气，8（6）：46-51.

易小会，尹太举，杨东兴. 2011. 单层注水量及产量劈分的依据及算法设计. 吐哈油气，16（3）：272-275.

袁士义，王强. 2018. 中国油田开发主体技术新进展与展望. 石油勘探与开发，45（4）：657-668.

翟上奇，雷源，孙广义，等. 2019. 基于油水相指数时变的相对渗透率计算方法. 天然气与石油，37（4）：73-77.

翟云芳. 2016. 渗流力学（第四版）. 北京：石油工业出版社.

张戈，冯其红，同登科，等. 2008. 可动凝胶深部调驱的数学模型及快速求解方法. 油气地质与采收率，（4）：55-58.

张国威. 2021. 非均质砂岩油藏注水开发矢量性特征及优化匹配研究. 北京：中国地质大学.

张洪军，李二党，牛海洋，等. 2019. 低渗透岩性油藏长期水驱储层特征变化规律. 特种油气藏，26（6）：4.

张辉，王健，施赵南，等. 2023. 基于灰色关联法的钻井效率优化方法——以大牛地气田为例. 内蒙古石油化工，49（1）：37-41.

张吉磊，罗宪波，何逸凡，等. 2020. 储层物性时变的稠油底水油藏定向井水锥变化. 西南石油大学学报（自然科学版），42（2）：133-140.

张吉群，邓宝荣，胡长军，等. 2016. 天然边水水域分层水侵量的计算方法. 石油勘探与开发，43（5）：758-763.

张佳悦. 2008. 分阶段数值模拟在八面河油田面4区剩余油研究中的应用. 内蒙古石油化工，142（18）：94-95.

张金冬，王雪梅，谭羽非，等. 2022. 低渗透气藏型储气库储层物性参数的反演分析. 哈尔滨工业大学学报，54（6）：105-111.

张烈辉，单保超，赵玉龙，等. 2017. 页岩气藏表观渗透率和综合渗流模型建立. 岩性油气藏，

29（6）：108-118.

张娜，王少椿，李立，等. 2023. 考虑毛管力的全张量裂缝性介质两相流拟有限差分模拟. 中国石油大学学报（自然科学版），47（1）：98-105.

张启燕，史维鑫，刘晓，等. 2022. 高光谱扫描在碳酸盐岩矿物组成分析中的应用. 岩矿测试，41（5）：815-825.

张伟. 2015. 有限元法重复压裂数值模拟研究. 大庆：东北石油大学.

张贤松. 2009. 水驱油藏特高含水期非线性渗流产生条件. 中国石油大学学报（自然科学版），33（2）：90-93.

张晓亮，杨仁锋，袁忠超，等. 2014. 低渗透油藏非线性渗流数值模拟方法. 重庆科技学院学报（自然科学版），16（2）：56-59.

张旭，姜瑞忠，崔永正，等. 2017. 考虑束缚水时变的致密气藏数值模拟研究. 中国海上油气，29（5）：82-89.

张允. 2008. 裂缝性油藏离散裂缝网络模型数值模拟研究. 北京：中国石油大学（北京）.

张允，薛亮. 2012. 致密油藏有限元数值模拟. 科技导报，30（10）：39-42.

赵迪斐，郭英海，解德录，等. 2014. 龙马溪组下部页岩储层孔隙结构特征与评价方案——以重庆南川三泉剖面泉浅 1 井为例. 煤炭学报，39（S2）：452-457.

赵辉，康志江，孙海涛，等. 2016. 水驱开发多层油藏井间连通性反演模型. 石油勘探与开发，43（1）：99-106.

赵立安，史乐，钟彩霞，等. 2020. 新型油气两相有限体积 IMPES 数值试井模型算法. 西安石油大学学报（自然科学版），35（5）：60-64.

赵寿元. 2009. 注水开发储层物性参数变化数值模拟研究. 北京：中国石油大学（北京）.

郑浩，马春华，宋考平，等. 2007. 应用数值模拟方法判定特高含水期“低效、无效循环”井层的形成条件. 石油天然气学报，（2）：91-96.

支继强，王海栋，刘义坤，等. 2020. 多层合采注入液劈分机理研究. 数学的实践与认识，50（3）：173-179.

支伟. 2013. 某区螺杆泵应用节能效果与费用投入对比分析. 中国石油和化工标准与质量，33（12）：61.

朱敬梅. 2022. 生产测井解释中油气水物性参数的计算方法研究. 石化技术，29（1）：125-126.

朱丽红，杜庆龙，姜雪岩，等. 2015. 陆相多层砂岩油藏特高含水期三大矛盾特征及对策. 石油学报，36（2）：210-216.

朱丽红，王海涛，魏丽影，等. 2019. 基于容量阻力模型的低效无效循环场定量识别.大庆石油地质与开发，38（5）：239-245.

朱绍鹏，李茂，劳业春. 2010. 涠西南凹陷复杂储层测试资料分析与探索. 油气井测试 19（5）：24-26.

朱维耀，宋洪庆，何东博，等. 2008. 含水低渗气藏低速非达西渗流数学模型及产能方程研究. 天然气地球科学，（5）：685-689.

朱焱，谢进庄，杨为华，等. 2008. 提高油藏数值模拟历史拟合精度的方法. 石油勘探与开发，（2）：225-229.

Cao R，Jia Z，Cheng L，et al. 2022. Using high-intensity water flooding relative permeability curve for predicting mature oilfield performance after long-term water flooding in order to realize sustainable development. Journal of Petroleum Science and Engineering，215：110629.

Chen Y，Chang P，Xu G，et al. 2022. Wettability alteration process at pore-scale during engineered waterflooding using computational fluid dynamics. Modeling Earth Systems and Environment，8（3）：4219-4227.

Duan D，Chen X，Feng X，et al. 2022. Study on failure mechanism of mudstone based on digital core and digital volume correlation method. Applied Sciences，12（15）：7933.

Feng C，Feng J，Feng Z，et al. 2021. Determination of reservoir wettability based on resistivity index prediction from core and log data. Journal of Petroleum Science and Engineering，205：108842.

Herring A L，Sun C，Armstrong R T，et al. 2021. Evolution of bentheimer sandstone wettability during cyclic $scCO_2$-brine injections. Water Resources Research，57（11）：e2021WR030891.

Huang B，Song K P，Yang K，et al. 2013. Evaluation on effect of alternating injection polymer flooding in heterogeneous reservoir. Advanced Materials Research，616：1013-1016.

Huang J，Huang J，Yu D，et al. 2022. Reconstructing a three-dimensional geological model from two-dimensional depositional sections in a tide-dominated estuarine reservoir：a case study of oil sands reservoir in Mackay River，Canada. Minerals，12（11）：1420.

Iglauer S，Fernø M A，Shearing P，et al. 2012. Comparison of residual oil cluster size distribution，morphology and saturation in oil-wet and water-wet sandstone. Journal of colloid and interface science，375（1）：187-192.

Jia C Z. 2017. Breakthrough and significance of unconventional oil and gas to classical petroleum geology theory. Petrol. Explor. Dev. 44（1）：1-10.

Jia C Z. 2021. Whole Petroleum System: from Source Rocks to Continuous Accumulation of Unconventional Oil and Gas and Conventional Oil and Gas Trap Accumulation. The 6th Unconventional Oil and gas Geological Evaluation and New Energy Conference，Wuhan，China.

Jia C Z，Pang X Q，Song Y. 2023. Whole petroleum system and ordered distribution pattern of conventional and unconventional oil and gas reservoirs，20（1）：1-19.

Jin L，Liu Y，Gao J，et al. 2021. Quantitative interpretation of water sensitivity based on well log data：a case of a conglomerate reservoir in the Karamay Oil Field. Lithosphere，（Special 1）：1-15.

Kai W，Yan Z，Wen S Z，et al. 2020. Study on the time-variant rule of reservoir parameters in sandstone reservoirs development. Energy Sources, Part A: Recovery, Utilization, and Environmental Effects, 42 (2): 194-211.

Katz A J, Thompson A H. 1985. Fractal sandstone pores: implications for conductivity and pore Formation. Physical Review Letters, 54 (12): 1325-1328.

Li B, Sun L, Liu X, et al. 2022a. Effects of clay mineral content and types on pore-throat structure and interface properties of the conglomerate reservoir: a case study of baikouquan formation in the Junggar Basin. Minerals, 13 (1): 9.

Li J, Li X R, Song M S, et al. 2021a. Investigating microscopic seepage characteristics and fracture effectiveness of tight sandstones: a digital core approach. Petroleum Science, 18: 173-182.

Li S, Feng Q, Zhang X, et al. 2023a. A new water flooding characteristic curve at ultra-high water cut stage. Journal of Petroleum Exploration and Production Technology, 13 (1): 101-110.

Li Y, Jiang G, Li X, et al. 2022b. Quantitative investigation of water sensitivity and water locking damages on a low-permeability reservoir using the core flooding experiment and NMR test. ACS omega, 7 (5): 4444-4456.

Li Y, Onur M. 2023. INSIM-BHP: a physics-based data-driven reservoir model for history matching and forecasting with bottomhole pressure and production rate data under waterflooding. Journal of Computational Physics, 473: 111714.

Li Y, Suzuki S, Horne R. 2021b. Well Connectivity Analysis with Deep Learning. Dubai: SPE Annual Technical Conference and Exhibition, SPE D012S074R002.

Li Y, Zhang Z, Hu S, et al. 2023b. Evaluation of irreducible water saturation by electrical imaging logging based on capillary pressure approximation theory. Geoenergy Science and Engineering, 224: 211592.

Luo X, Wang X, Wu Z, et al. 2022. Study on stress sensitivity of ultra-low permeability sandstone reservoir considering starting pressure gradient. Frontiers in Earth Science, 10: 890084.

Mandelbrot B B. 1982. The fractal geometry of nature. New York: WH Freeman.

Nemer M N, Rao P R, Schaefer L. 2020. Wettability alteration implications on pore-scale multiphase flow in porous media using the lattice Boltzmann method. Advances in Water Resources, 146: 103790.

Opuwari M, Ubong M O, Jamjam S, et al. 2022. The impact of detrital minerals on reservoir flow zones in the Northeastern Bredasdorp Basin, South Africa, Using Core Data. Minerals, 12 (8): 1009.

Otchere D A, Abdalla A M M, Ganat T O A, et al. 2022. A novel empirical and deep ensemble super learning approach in predicting reservoir wettability via well logs. Applied Sciences, 12 (6): 2942.

Pye D J. 1964. Improved secondary recovery by control of water mobility. Journal of Petroleum

Technology，16（8）：911-916.

Qi G, Zhao J, He H, et al. 2022. A new relative permeability characterization method considering high waterflooding pore volume. Energies，15（11）：3868.

Qu H Z，Wang Z Y，Wang X，et al. 2013. Reservoir geological model of reef-bank carbonate rocks of ordavician in Tazhong area，Tarim Basin，NW China. Advanced Materials Research，765：2949-2951.

Rodrigues L G，Cunha L B，Chalaturnyk R J. 2007. Incorporating Geomechanics into Petroleum Reservoir Numerical Simulation Denver，Coloradc：SPE Rocky Mountain oil & Gas Technology Symposium，SPE 107952.

Sandiford B B. 1964. Laboratory and field studies of water floods using polymer solutions to increase oil recoveries. Journal of Petroleum Technology，16（8）：917-922.

Shams M，El-Banbi A H，Khairy M. 2015. Capillary Pressure Considerations in Numerical Reservoir Simulation Studies-Conclusion Maps Cario，Egypt：SPE North Africa Technical Conference and Exhibition，SPE 175760.

Tan Q，You L，Kang Y，et al. 2021. Formation damage mechanisms in tight carbonate reservoirs：the typical illustrations in Qaidam Basin and Sichuan Basin，China. Journal of Natural Gas Science and Engineering，95：104193.

Tomlinson G A. 1929. A molecular theory of friction. The London，Edinburgh，and Dublin Philosophical Magazine and Journal of Science，7（46）：905-939.

Wan X，Rasouli V，Damjanac B，et al. 2020. Coupling of fracture model with reservoir simulation to simulate shale gas production with complex fractures and nanopores. Journal of Petroleum Science and Engineering，193：107422.

Wang M，Li Z，Liang Z，et al. 2023. Method selection for analyzing the mesopore structure of shale—using a combination of multifractal theory and low-pressure gas adsorption. Energies，16（5）：2464.

Wu H，Dong X，Xu Y，et al. 2021. Seepage mechanism of tight sandstone reservoir based on digital core simulation method. Applied Sciences，11（9）：3741.

Xie W, Yin Q, Zeng J, et al. 2023. Fractal-based approaches to pore structure investigation and water saturation prediction from NMR measurements：a case study of the gas-bearing tight sandstone reservoir in Nanpu Sag. Fractal and Fractional，7（3）：273.

Ye X, Huo C, Shi X, et al. 2019. Modeling Method of Point Bar Internal Lateral Accretion Interlayers of Meandering River Reservoir Based on Reservoir Numerical Simulation Dynamic Response. Houston，Texas：Offshore Technology Conference. OTC，D032S058R001.

Yu J，Jahandideh A，Jafarpour B. 2022. A Neural Network Model with Connectivity-Based Topology for Production Prediction in Complex Subsurface Flow Systems. SPE Journal，27（6）：1-20.

Zaretskiy Y，Geiger S，Sorbie K，et al. 2010. Efficient flow and transport simulations in reconstructed 3D pore geometries. Advances in Water Resources，33：1508-1516.

Zhai X，Wen T，Matringe S. 2016. Production Optimization in Waterfloods with a New Approach of Inter-Well Connectivity Modeling. Peth：SPE Asia Pacific Oil & Gas Conference and Exhibition，SPE 182450.

Zhang L，Zhou Y，Zhao L，et al. 2015. Finite element method using a characteristic-based split for numerical simulation of a carbonate fracture-cave reservoir. Journal of Chemistry，2015：1-13.

Zhang P，Lu S，Li J，et al. 2023. Microscopic characteristics of pore-fracture system in lacustrine shale from Dongying Sag，Bohai Bay Basin，China：evidence from scanning electron microscopy. Marine and Petroleum Geology，150：106156.

Zhang Y，Li B，Lu T，et al. 2023. Adaptation study on nitrogen foam flooding in thick reservoirs with high water cut and high permeability. Colloids and Surfaces A：Physicochemical and Engineering Aspects，657：130539.

Zhao J，Yin S. 2021. Microscopic heterogeneity and distribution characteristics of reservoirs controlled by a sequence framework：a case study of the Donghe sandstone reservoir in the Tarim Basin，SW China. Geological Journal，56（10）：5343-5362.

Zhao J，Zhang Y，Zhang M，et al. 2022a. Research on micro-pore structure and 3D visual characterization of inter-salt shale based on X-CT imaging digital core technology. Processes，10（7）：1321.

Zhao W，Zhao L，Jia P，et al. 2022b. Influence of micro-heterogeneity of fractured-porous reservoirs on the water flooding mobilization law. Sustainable Energy Technologies and Assessments，53：102694.

Zhou Q，Yang Z，Huang C，et al. 2022a. Evaluating the pore structure of low permeability glutenite reservoir by 3D digital core technology. SN Applied Sciences，4（11）：294.

Zhou Y，Yang W，Yin D. 2022b. Experimental investigation on reservoir damage caused by clay minerals after water injection in low permeability sandstone reservoirs. Journal of Petroleum Exploration and Production Technology，2022：1-10.